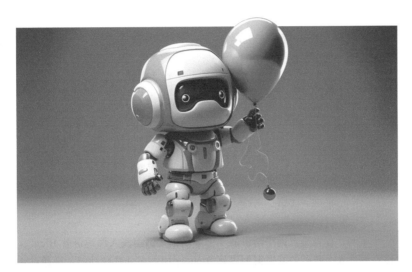

张楚阳 编著

Blender 3D
保姆级基础入门教程

人民邮电出版社

北 京

图书在版编目（CIP）数据

Blender 3D保姆级基础入门教程 / 张楚阳编著. --
北京：人民邮电出版社，2023.10
ISBN 978-7-115-61784-2

Ⅰ．①B… Ⅱ．①张… Ⅲ．①三维－动画－图形软件
－教材 Ⅳ．①TP391.41

中国国家版本馆CIP数据核字(2023)第152093号

内 容 提 要

本书共 7 章，包含 16 个案例。首先通过循序渐进的 3 个零基础案例由浅入深地讲解 Blender 的基础知识和操作，让读者快速上手 Blender；然后通过 6 个基础的静态案例讲解 Blender 的大部分基础功能；再通过 4 个不同类型的小动画讲解 Blender 的动态制作技术；最后介绍 Blender 的特色功能和新功能，并通过 3 个案例来讲解功能的具体应用。书中每个案例还配有教学视频，并且针对关键的步骤提供了 Blender 源文件，供读者参考。

本书案例丰富，步骤讲解详细，非常适合零基础的读者阅读。有一定基础的读者也可以通过阅读本书查漏补缺，进一步提高 Blender 操作水平。

◆ 编　著　张楚阳
　　责任编辑　王　冉
　　责任印制　马振武

◆ 人民邮电出版社出版发行　　北京市丰台区成寿寺路 11 号
　　邮编　100164　　电子邮件　315@ptpress.com.cn
　　网址　https://www.ptpress.com.cn
　　北京捷迅佳彩印刷有限公司印刷

◆ 开本：880×1092　1/16
　　印张：17.25　　　　　　　　　　2023 年 10 月第 1 版
　　字数：570 千字　　　　　　　　2025 年 3 月北京第 9 次印刷

定价：128.00 元

读者服务热线：(010)81055410　印装质量热线：(010)81055316
反盗版热线：(010)81055315

前言

本书内容

本书以基础内容为主，通过多个不同难度、不同形式的案例讲解 Blender 中各种不同的功能模块，包括工具、各种按钮和菜单的功能等。读者在案例制作中使用相关的工具和功能，在实践中学习，效率会更高，更容易记住知识点。

本书所有的案例都是针对初学者设计的，为了保证大多数人都能够完成，最终的案例效果不一定会像专业的作品一样炫目。为了介绍更多的功能和知识点，在案例制作过程中可能会特意使用一些新的操作，尽量不重复使用之前讲过的操作，所以在学习完成之后独立制作时，读者可按照个人习惯选用合适的操作。

如何阅读本书

学习本书的案例制作时，一定要先看一遍，然后再跟着案例步骤制作，切忌直接开始边看边做。第一遍阅读的目的是了解清楚内容，如案例要做什么，大致的步骤是怎样的，中间有什么注意事项，可能会出现什么问题等。了解清楚案例内容和操作后，再开始跟着制作，这样就能有效避免很多问题的出现。

如果直接边看边做，容易出现的情况是，一旦在某一步制作时出现了一个问题，可能就会卡在这里，尽管想了很多办法解决，但始终不得要领，其实下一步可能就会讲解如何解决这一问题。这类情况笔者遇到过很多次，所以一定要先阅读一遍，弄清楚流程，在第二遍甚至第三遍阅读时再跟着制作。

本书还有配套的视频，书和视频是需要搭配使用的。先阅读本书，在遇到操作上的问题时再观看视频（视频包含操作的详细过程）。

为了照顾初学者，本书分层次配备源文件，针对一些关键的步骤会提供源文件，所以一个案例可能配有四五个源文件。步骤旁有 Blender 图标，就代表有源文件，如下图所示。

Blender 使用人群

现在艺术创造的需求越来越多，基本上只要身在设计领域，就可以使用 Blender。艺术家、自由设计师、动画制作师、室内设计师甚至平面设计师，都可以使用 Blender 创造所需要的元素。但一定要专业人士才能使用专业软件吗？当然不是。在互联网时代，任何技术都不神秘，任何人都可以使用 Blender 进行艺术创造。现在很多手办爱好者也在使用 Blender 做一些建模、3D 打印之类的工作，制作自己喜欢的"二次元"人物。我的学员里还有一位全职妈妈，在家使用 Blender 给孩子设计一些买不到的玩具。所以说无论你身在什么行业、有没有基础，只要你有想法，都可以学习使用 Blender。

资源与支持

本书由"数艺设"出品，"数艺设"社区平台（www.shuyishe.com）为您提供后续服务。

配套资源　　　　　**资源获取**

案例源文件　　　　　**请扫码** ☞ 　　（提示：微信扫描二维码关注公众号后，输入

在线教学视频　　　　　　　　　　　　　51页左下角的 5 位数字，获得资源获取帮助。）

> **"数艺设"社区平台，**为艺术设计从业者提供专业的教育产品。

与我们联系

我们的联系邮箱是 szys@ptpress.com.cn。如果您对本书有任何疑问或建议，请您发邮件给我们，并请在邮件标题中注明本书书名及 ISBN，以便我们更高效地做出反馈。

如果您有兴趣出版图书、录制教学课程，或者参与技术审校等工作，可以发邮件给我们。如果学校、培训机构或企业想批量购买本书或"数艺设"出版的其他图书，也可以发邮件联系我们。

关于"数艺设"

人民邮电出版社有限公司旗下品牌"数艺设"，专注于专业艺术设计类图书出版，为艺术设计从业者提供专业的图书、视频电子书、课程等教育产品。出版领域涉及平面、三维、影视、摄影与后期等数字艺术门类，字体设计、品牌设计、色彩设计等设计理论与应用门类，UI 设计、电商设计、新媒体设计、游戏设计、交互设计、原型设计等互联网设计门类，环艺设计手绘、插画设计手绘、工业设计手绘等设计手绘门类。更多服务请访问"数艺设"社区平台 www.shuyishe.com。我们将提供及时、准确、专业的学习服务。

目录

第1章 学习 Blender 必备的基础知识

1.1 三维基础知识

1.1.1 什么是 CG / 11

1.1.2 三维图形的基本概念 / 11

1.2 Blender 介绍

1.2.1 软件背景介绍 / 13

1.2.2 Blender 功能介绍 / 14

1.2.3 使用 Blender 创作的作品 / 15

第2章 准备工作

2.1 设备准备

2.1.1 计算机配置 / 17

2.1.2 多系统使用 / 18

2.1.3 显示器 / 18

2.1.4 键盘和鼠标等 / 18

2.2 软件准备

2.2.1 下载 Blender / 19

2.2.2 安装 Blender / 21

2.2.3 软件更新和多版本问题 / 22

2.2.4 基本偏好设置 / 23

2.2.5 分辨率缩放 / 25

2.2.6 保存和迁移设置 / 25

2.3 插件

2.3.1 什么是插件 / 26

2.3.2 内置插件 / 26

2.3.3 去哪里找插件 / 27

2.3.4 如何安装插件 / 27

2.3.5 自己开发插件 / 27

第3章 渐进式入门小案例

3.1 积木基础版

3.1.1 观察一下积木 / 29

3.1.2 模型制作 / 30

3.1.3 灯光和材质 / 43

3.1.4 渲染输出 / 53

3.2 积木中级版

3.2.1 更复杂的建模 / 56

3.2.2 尝试不同的材质和灯光 / 68

3.2.3 使用 Cycles 渲染 / 70

3.3 积木进阶版

3.3.1 积木的自由落体 / 74

3.3.2 制作环境 / 77

3.3.3 灯光材质 / 84

3.3.4 高级渲染 / 91

3.3.5 合成调色 / 93

第 4 章　Blender 基本逻辑

4.1 Blender 整体基础逻辑

4.2 用户界面逻辑

4.2.1 基础控件 / 99

4.2.2 界面布局 / 101

4.2.3 侧边栏和工具栏 / 103

4.2.4 图像编辑器 / 104

4.2.5 文件视图窗口 / 104

4.3 数据块

4.3.1 什么是数据块 / 106

4.3.2 用户与生命周期 / 106

4.3.3 伪用户 / 107

4.3.4 数据块操作 / 107

4.4 操作逻辑

4.4.1 什么是操作 / 109

4.4.2 操作流程 / 109

4.4.3 撤销 / 110

4.4.4 修改器 / 110

4.4.5 物体交互模式 / 112

4.4.6 操作技巧 / 112

4.5 快捷键逻辑

4.5.1 什么是快捷键 / 113

4.5.2 快捷键的类型和组成 / 113

4.5.3 快捷键的通用性 / 114

4.5.4 查找快捷键 / 115

4.5.5 自定义快捷键 / 115

4.6 文件逻辑

4.6.1 Blender 文件结构 / 116

4.6.2 文件基本操作 / 117

4.6.3 追加和关联 / 118

4.6.4 打包文件 / 120

4.6.5 备份文件 / 120

4.6.6 自动保存 / 120

4.7 节点逻辑

4.7.1 什么是节点 / 121

4.7.2 节点的逻辑 / 122

4.7.3 节点的应用 / 124

4.8 大纲视图逻辑

4.8.1 什么是集合 / 125

4.8.2 集合操作 / 125

4.8.3 父子级关系 / 126

4.8.4 过滤功能 / 127

第 5 章　基础案例

5.1 基础知识
- 5.1.1 像素 / 131
- 5.1.2 颜色 / 131
- 5.1.3 分辨率 / 132
- 5.1.4 循环边 / 边循环（Edge Loop） / 132
- 5.1.5 并排边 / 边环（Edge Ring） / 133
- 5.1.6 UV 映射（UV Mapping） / 134

5.2 金币制作
——建模
- 5.2.1 金币建模 / 136
- 5.2.2 金币 UV 展开 / 143
- 5.2.3 更多玩法 / 144

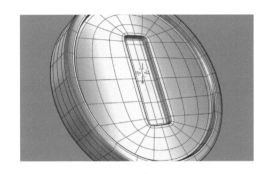

5.3 乒乓球拍
——建模和材质
- 5.3.1 结构分析 / 147
- 5.3.2 底板和胶面建模 / 147
- 5.3.3 球拍手柄建模 / 153
- 5.3.4 程序化纹理材质 / 158
- 5.3.5 三点光 / 163
- 5.3.6 渲染 / 167

5.4 Low Poly 小房子
——插件
- 5.4.1 布尔 / 169
- 5.4.2 什么是 Low Poly / 171
- 5.4.3 小房子建模 / 172
- 5.4.4 材质和灯光 / 177
- 5.4.5 渲染 / 178

5.5 孟菲斯风格场景
——材质
- 5.5.1 什么是孟菲斯风格 / 180
- 5.5.2 孟菲斯风格场景建模 / 180
- 5.5.3 孟菲斯风格材质制作 / 183
- 5.5.4 灯光和渲染 / 186

5.6 三渲二场景
——材质

5.6.1 什么是三渲二 / 188

5.6.2 导入模型文件 / 188

5.6.3 基础三渲二材质 / 189

5.6.4 进阶三渲二材质 / 192

5.6.5 Eevee 渲染输出 / 195

5.6.6 像素风格 / 196

5.7 写实做旧物体
——材质

5.7.1 PBR 纹理 / 198

5.7.2 做旧材质 / 205

5.7.3 使用 HDRI / 208

5.7.4 渲染输出 / 210

第 6 章　动态案例

6.1 金币动画
——关键帧动画

6.1.1 动画设计 / 213

6.1.2 旋转动画 / 213

6.1.3 跳跃动画 / 216

6.1.4 输出动画 / 218

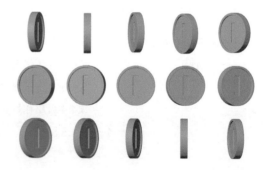

6.2 粒子效果

6.2.1 什么是粒子 / 220

6.2.2 发射型粒子 / 221

6.2.3 毛发型粒子 / 224

6.3 膨胀字体
——布料模拟

6.3.1 布料模拟基础 / 229

6.3.2 字体制作 / 231

6.3.3 膨胀效果制作 / 232

6.3.4 渲染动画 / 233

6.4 破碎的鸡蛋
——Cell Fracture

6.4.1 破碎基础 / 238

6.4.2 个性化破碎 / 239

6.4.3 连接刚体 / 241

6.4.4 动画完善 / 244

6.4.5 材质和渲染 / 245

第 7 章 特色功能介绍

7.1 蜡笔工具的使用
——Grease Pencil

7.1.1 什么是蜡笔工具 / 249

7.1.2 在平面上绘画 / 250

7.1.3 在三维模型上绘画 / 254

7.2 雕刻初体验

7.2.1 什么是雕刻 / 255

7.2.2 初尝雕刻 / 255

7.2.3 雕刻一个石头 / 257

7.2.4 绘制纹理贴图 / 260

7.3 几何节点

7.3.1 什么是几何节点 / 262

7.3.2 初尝几何节点 / 263

7.3.3 桌子资产基础 / 265

7.3.4 桌子资产进阶 / 267

7.3.5 更多尝试 / 270

附录

附录 1 常见中英文专业术语 / 273

附录 2 常用第三方插件 / 276

第 1 章

学习 Blender 必备的基础知识

"工欲善其事，必先利其器。"要想学习好 Blender，必须打下坚实的基础。本章将介绍三维和 Blender 的基础知识，只有打好理论基础并了解工具本身，才能在学习的道路上畅通无阻，从而创作出优秀的作品。

1.1 三维基础知识

三维 (3D) 是什么？跟二维 (2D) 有什么区别？三维模型是如何构成的？
本节将介绍一些与三维相关的基础知识来解答这些疑问。

1.1.1 什么是 CG

CG 是学习 Blender 和任何设计软件都需要了解的一个基本概念，CG 的全称是 Computer Graphics，即"计算机图形"。CG 是指用计算机辅助创造图形，例如游戏、动漫、特效大片、网页、海报等都属于 CG 的应用，可以说我们生活中处处都有 CG 的身影。

CG 一词最早由波音的设计师 William Fetter 在 1960 年提出，距今已有 60 余年。虽然历史悠久，但是 CG 仍然是"一位正在茁壮成长的青少年"。CG 的发展总是伴随着科技的发展，一开始只能制作一些简单的二维图形，现在已经能轻松做出复杂的三维特效了。很多知名的 CG 作品，例如《阿凡达》《奇异博士》《阿丽塔》等都证明了 CG 技术的成熟。《阿丽塔》平均一帧需要渲染 100 小时，整部电影总计渲染了约 4.32 亿小时，当然这不是一台计算机就能搞定的，负责特效制作的维塔数码公司有约 800 名员工和约 30000 台计算机共同制作这个项目，所以说 CG 和科技是分不开的。

那么 CG 有什么好处呢？与 CG 相对应的就是传统的艺术形式。拿传统动画领域来说，传统的动画制作需要把每一帧都以手绘的形式画出来，一部动画可能有成千上万张画稿，工作量很大且需要的人力相当多，画的时候还需要借助拷贝台等设备，综合成本很高，而且因为是纸质档案，有丢失或被损毁的风险。而用计算机创作动画就容易多了，逐帧动画可以借助手绘板和软件完成，不论画多少张图都可以保存在一个小小的硬盘中，还可以备份很多份，在绘制过程中也可以随意修改、调色，这也是传统方式做不到的。计算机还可以制作补间动画，只需要做好几个关键帧，其他的都由计算机自动生成。近些年甚至开始使用三维技术制作二维风格的动画。不只是动画方面，可以说 CG 极大地降低了各个艺术领域的创作成本。

CG 就真的那么好吗？传统艺术就一无是处吗？其实也不是，任何事物都要从两面去看。CG 虽然效率高、成本低，但是它无法取代传统绘画独特的风格，无法模拟出真实的笔触，因为所有的 CG 艺术的载体目前来说都是屏幕，始终是一个发光的平面，而国画、油画等艺术都是呈现在纸上的，看得见、摸得着，有独特的触感。装置艺术也是 CG 无法取代的，因为现实存在的物体给人的感觉是无法从计算机中体会到的。虽然现在 VR 很流行，但其实它也只是在模仿现实世界。还有就是 CG 创作所使用的很多素材都来源于现实，例如三维的 PBR（Physically Based Rendering，基于物理的渲染）贴图、HDR（High Dynamic Range，高动态范围）环境贴图基本来自现实中相机的拍摄。综上所述，不同的艺术创作形式各有千秋，最重要的还是创作者本身。

1.1.2 三维图形的基本概念

CG 作品可以分为二维和三维两种类型。二维球体和三维球体的对比如图 1-1 和图 1-2 所示，两张图中都是球体，可以看到三维球体立体感更强，二维的相对扁平一些。维度到底是什么呢？维度的英文是 dimension，2D 和 3D 中的"D"即这个单词的首字母。零维是一个没有长度的点；一维是一条无限长的线；二维是一个平面，比如一张图片就是二维的；三维就是在二维的基础上增加了一个深度，让平面有了纵深。这里所说的三维都是指计算机中用笛卡儿坐标系表示的三维空间，并不是现实中的三维概念。相信大家上数学课的时候都画过坐标系，那就是笛卡儿坐标系。数学课上画的一般都是二维的，也就是两个维度，有 x 轴和 y 轴，如图 1-3 所示；三维多了一个 z 轴，如图 1-4 所示。

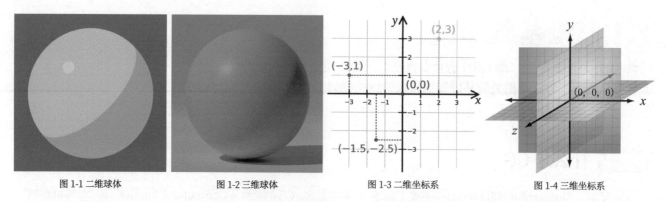

图 1-1 二维球体　　　　　　　图 1-2 三维球体　　　　　　　图 1-3 二维坐标系　　　　　　　图 1-4 三维坐标系

　　本书所指的三维空间是人们为了方便创作或其他用途而虚拟出来的，就像经纬度一样，不是实际存在的。三维 CG 创作的基础是三维模型（注：本书中的三维模型指多边形建模的模型，非工业建模等其他类型的模型）。三维模型是在三维空间中定义的，看似高深，其实很简单。在二维坐标系中画几个点并依次连接起来就可以生成一个形状，如图 1-5 和图 1-6 所示。如果在三维空间中画一些点再连接起来会怎么样？如图 1-7 至图 1-9 所示，这些点组成了一个立方体。（注：本书所称"立方体"包括对立方体进行变形操作后形成的长方体。）由此可见三维模型是由点、线、面所构成的，不同数量、不同位置的点可以组成不同的模型，而创作三维模型的过程就叫作建模。如果还不清楚的话，可以试着画一下现实中的一些物体，把它们的立体感画出来，先在三维坐标系中定义一些点，然后把点连接起来，就能生成有立体感的模型。

　　注意，将三维模型画在纸上的时候，三维就变成了二维，现实中的物体都是真实存在的三维物体，人为创作的三维是计算机中的三维，屏幕是载体，只要是显示在屏幕上它就始终只是二维的平面，只是其中的内容会很有空间感和立体感。

二维图形构成

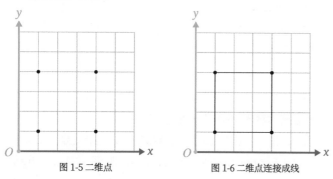

图 1-5 二维点　　　　　　　　　图 1-6 二维点连接成线

三维图形构成

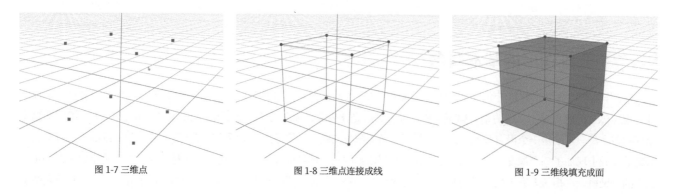

图 1-7 三维点　　　　　　　图 1-8 三维点连接成线　　　　　　　图 1-9 三维线填充成面

1.2 Blender 介绍

Blender 为什么叫这个名字？Blender 多少岁了？有哪些功能？人们用它创作过哪些作品？本节将从头开始介绍 Blender，帮助读者彻底了解 Blender。

1.2.1 软件背景介绍

Blender 是一个开源的跨平台三维创作软件，可以用来制作三维的静态图和动画，以及进行特效合成和视频剪辑等。此外，它还可以用来制作二维动画，甚至可以用三维做出二维风格（三渲二），可以说非常强大，在 Windows、Linux、macOS 上都可以安装使用。

1988 年，Ton Roosendaal 与人合作创建了位于荷兰的动画工作室 NeoGeo。Ton 认为当时的三维软件太陈旧、复杂，难以维护和升级，于是 Ton 开始开发新的软件。1994 年 1 月 2 日，Blender 诞生，1 月 2 日也就成了 Blender 的官方生日。Blender 这个名字取自 Yello 乐队的一首歌。

刚开始 Blender 是一个商业软件，可以免费下载，付费可解锁更高级的功能。但是由于公司经营不善，投资人决定停止投资 Blender 的开发。在用户的支持下，Ton 并没有放弃 Blender，而是于 2002 年 3 月创办了非营利组织"Blender 基金会"，同年 7 月，发起首次众筹活动 Free Blender，Blender 基金会在短短 7 周内筹集到 11 万欧元，Blender 重获新生。2002 年 10 月 13 日，Blender 以 GNU 通用公共许可证向全世界发布。Blender 不仅是免费的，它的源代码也将永远免费开放。

Blender 的 Logo 设计也是一波三折，经过多次修改才有了我们现在看到的这个像眼睛一样的图形，如图 1-10 和图 1-11 所示，当时设计的关键词是"网络""社区""手和眼睛"。说起 Blender 的形象，则不得不提 Suzanne，Suzanne 是一个有一定复杂程度的三维模型（见图 1-12），它是一个猩猩头造型，由三维概念艺术家 Willem-Paul van Overbruggen 于 2002 年为 Blender 2.25 创建，主要用来做三维测试，其名字来源于 2001 年上映的电影《杰与鲍伯的回击》中的猩猩。Suzanne 之后逐渐成为 Blender 的吉祥物和卡通形象。

图 1-10 Blender Logo 提案之一　　　　　　图 1-11 Blender 正式 Logo　　　　　　图 1-12 Suzanne

1994 年至今，Blender 从最早的 1.0 版本发展到了 3.5.1 版本，已经变成了可以独当一面的专业软件。Blender 的最大变革是从 2.79（见图 1-13）到 2.8（见图 1-14）的升级，Blender 2.8 之前是鼠标右键选择、鼠标左键放置游标，反常的操作方式和落后的界面让很多人望而却步。直到 2.8 版本重新设计了用户界面和很多交互逻辑，加入了强大的实时渲染引擎 Eevee，Blender 才成为一款现代化且更专业的软件。也就是 Blender 2.8 发布之后，学习 Blender 的人数开始激增，这一年是 2019 年。

近几年越来越多的公司加入了 Blender 基金会，如 Unity、AMD、Epic Games、Intel、NVIDIA、Adobe、Microsoft、Google 等知名企业都是 Blender 基金会成员，帮助和支持 Blender 发展。

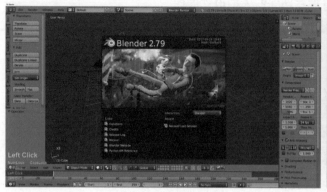 

图 1-13 Blender 2.79 界面　　　　　　　　　　　　　　　　图 1-14 Blender 2.8 界面

虽然 Blender 功能强大，但是 Blender 没有售后服务，这也是开源软件的普遍问题，也就是说，如果遇到了某些软件使用方面的问题，只能求助于社区（网站）或者朋友，而没有客服能够解决问题，所以 Blender 是高度依赖社区的。Blender 在世界各地都有社区，例如我国有"Blender 中国社区"，在社区里可以发布作品或讨论问题。此外，遇到软件问题也可以直接向 Blender 官方团队报告，只是解决时间就不得而知了。

1.2.2 Blender 功能介绍

Blender 的功能很多。在三维方面，Blender 可以独立完成建模、材质贴图、灯光渲染、动画制作、特效制作等工作，建模时可以使用多边形建模和雕刻等方法，关键帧动画、角色绑定等也都能在 Blender 中轻松完成。除了常规的功能，Blender 还可以做模拟解算，可以制作流体（液体）、火焰、爆炸、烟雾、布料、毛发等特效，有特效师就曾使用 Blender 为知名美剧《西部世界》制作过部分特效镜头。

Blender 还能够完成很多三维软件无法完成的工作，例如视频的剪辑、调色、追踪和合成等，用户也可以把 Blender 当作一个视频编辑软件使用。

Blender 还是一个绘画软件，其最出名的一个工具可能就是蜡笔工具（Grease Pencil）了。使用蜡笔工具可以在三维空间中绘制出二维风格，可以用来绘画和制作动画。例如，2019 年法国动画片《我失去了身体》就是用 Blender 制作的，该动画片获得第 92 届奥斯卡金像奖最佳动画长片（提名）、第 72 届戛纳电影节影评人周单元大奖、第 32 届欧洲电影奖最佳动画片（提名）。日本动漫工作室 Khara 于 2019 年转向 Blender，这家工作室当时正在制作《新·福音战士（剧场版）》，并且尝试使用 Blender 进行一些探索。其实还有很多工作室或者公司正在使用 Blender 或者转向 Blender，但是并不为人所知。

除了三维和二维的制作，Blender 还可以用来编程，而 Blender 是开源的，如果有开发者为 Blender 开发了新的功能，得到认可后是可以加入 Blender 中的，所以 Blender 未来可能会出现让人想象不到的功能。例如在 2.8 版本之前 Blender 是有游戏引擎的，用户甚至可以在 Blender 中开发游戏，但遗憾的是这一功能在 2.8 版本及之后的版本中被删除了，因为有更好的开源游戏引擎可以使用。总而言之，开源带来的可能性太多，可能 Blender 的下一个新功能就是正在阅读本书的你开发的。

Blender 的功能实在太多，本书会尽量通过案例讲解大部分功能，让读者对 Blender 有全面的了解。

1.2.3 使用 Blender 创作的作品

　　为了让读者能够更直观地感受到 Blender 的强大，笔者从 Blender 官网的 Demo Files 中选择了一部分作品进行展示，如图 1-15 至图 1-20 所示，作品名称和作者都有标注。Demo Files 是 Blender 官方提供的演示文件，所有作品都是用 Blender 制作的，用来展示 Blender 的各种功能和特性，所有源文件都可以从 Blender 官网的 Download>Demo Files 页面下载，且都可免费使用，注册作者名即可。笔者只是挑选了几个有代表性的作品，并不代表 Blender 只能创作这些风格的作品。

图 1-15 *The bucolic Tram Station* by Dedouze

图 1-16 *Spring* by Blender Studio

图 1-17 *Red forest, wind blowing* by Robin Tran

图 1-19 *Hatching Shader*
by Ocean Quigley

图 1-18 *The Junk Shop* by Alex Treviño. Original Concept by Anaïs Maamar

图 1-20 *Cupcakes* by Sanctus

第 2 章

准备工作

凡事都要有所准备，正式学习之前自然也有很多准备工作需要做，包括设备和软件方面的准备等，做好准备才能够在本书的学习上更加顺利。这一章非常关键，请读者务必认真阅读。

2.1 设备准备

设备对 CG 创作来讲是比较重要的，选择合适的设备才能够保证更好地进行创作。本节将详细讲解设备的选择。

2.1.1 计算机配置

　　首先要声明的是设备并不是越贵越好，而是要选合适的。刚开始时可以用普通的设备，等水平逐渐提高就可以用更好的设备了。本书案例都是入门案例，使用普通性能的台式计算机或者笔记本式计算机就能完成，计算机配置一般只影响 CG 创作的速度，不影响质量。

　　Blender 本身很小，运行和使用 Blender 对计算机运行的压力比较小。Blender 官方有最低配置和推荐配置要求（见图 2-1 和图 2-2，配置要求摘自 2022 年的 Blender 官网）。配置具体要怎么均衡，其实取决于要使用的功能，下面的内容会说明哪些领域对哪些配置要求较高（说明：这里只做简单介绍，不会推荐具体的型号，具体如何配置计算机还需咨询专业人士。配置是与时俱进的，这里介绍的只是写书时的情况）。

CPU	64 位 4 核处理器，支持 SSE2 指令
内存	8GB
显示器分辨率	1920 像素 ×1080 像素
外设	鼠标、触控板或者手绘板
显卡	2GB 显存，OpenGL 4.3

图 2-1 最低配置

CPU	64 位 8 核处理器
内存	32GB
显示器分辨率	2560 像素 ×1440 像素
外设	三键鼠标或者手绘板
显卡	8GB 显存

图 2-2 推荐配置

　　以下内容详细介绍计算机的主要硬件，针对的是非苹果计算机，对于苹果计算机，本小节最后会单独讲解。

　　CPU： Blender 最低要求 4 核的 CPU，目前大部分设备都能满足。Blender 中使用 CPU 最多的是模拟解算功能，也就是说如果特效制作需求多，那么 CPU 一定要好，主频要高，单核性能要强，可以选用不带核心显卡的 CPU 型号，前提是要有独立显卡。CPU 还可以用于渲染，只是目前在渲染方面显卡比 CPU 用得更多。

　　内存： 最低要求是 8GB。很多笔记本式计算机只有 4GB 内存，台式计算机一般有 8GB 内存，如果只有 4GB 内存，需要加装一根同样频率的 4GB 内存条，前提是有足够的插槽，或者直接用 8GB 内存条替代之前的 4GB 内存条。需要注意内存条的插槽是有区别的，笔记本式计算机和台式计算机内存条长度也不一样，不通用。内存推荐 32GB 以上，Blender 的文件是加载在内存中的，尤其是三维模型，内存越大也就能加载越复杂的模型。所以，如果喜欢建模或制作大场景，一定要有足够的内存，内存不够可能会造成计算机卡顿甚至崩溃。

　　显卡： 显卡对于渲染来说是最重要的设备了，因为其渲染速度快，对个人和小工作室而言显卡渲染已经是主流了。最好用独立显卡，CPU 自带的核心显卡很难处理复杂的情况，并且建议显卡的驱动程序要一直保持最新。计算机显卡主要有英伟达（NVIDIA）和 AMD 两个品牌，三维 CG 制作目前首选英伟达（NVIDIA）显卡，因为市面上主流显卡渲染引擎大都使用英伟达的技术，不过 Blender 也一直致力于对 AMD 显卡的支持。如果使用英伟达显卡渲染，需要注意显卡的 CUDA 核心数量，一般来说 CUDA 核心数量越多，渲染速度越快。显卡同样也是有内存的，显卡的内存叫作显存，三维场景在渲染时是加载到显存中的，场景越大，占用显存就越多，显存不够可能出现渲染失败的情况。显存不可扩展，所以购买显卡时要按需求选择。

苹果计算机配置要求

Blender 是可以完美运行在 macOS 上的，但是苹果计算机的键盘和鼠标不太适合 Blender 操作，最好另购，详见 2.1.4 小节。苹果计算机可扩展性不强，所以内存等配置需要在购买时就选择好。苹果计算机很多型号都没有独立显卡，所以只能使用 CPU 渲染，如果三维制作比较多，最好购买配有独立显卡的型号。

2.1.2 多系统使用

Blender 在 Windows、Linux、macOS 三大主流系统上的使用方法和操作结果都是一样的，源文件也是可以完全兼容的，无须重新制作。Blender 在不同系统上的主要区别在于快捷键方面，苹果计算机的键盘有 Option 和 Command 键，所以快捷键会略有不同，本书会列出 Windows 和 macOS 的快捷键以供更多读者学习。

Blender 在 Windows 和 Linux 上都能比较好地使用显卡渲染，但在 macOS 上 Blender 显卡渲染的兼容性仍有待提高。好在 2021 年苹果公司加入 Blender 基金会，支持 Blender 的发展，并且会帮助 Blender 开发以适配 macOS，从而解决 macOS 兼容性问题。不同系统需要在 Blender 偏好设置中正确设置 Cycles 渲染设备，具体操作见 2.2.4 小节。

对于 macOS 和 Linux 用户，尤其推荐使用 Blender，因为这两个系统能运行的三维软件并不多。而且 macOS 和 Linux 的用户多为轻度三维软件用户，Blender 作为一款轻量级软件再合适不过了。

2.1.3 显示器

官方推荐的显示器最低分辨率是 1920 像素 ×1080 像素（1080P），1080P 的分辨率能够清晰显示 Blender 的界面。现在的 1080P 显示器由于成本降低，市场占有率逐渐升高，已经成为主流显示器了，但是还有很多笔记本式计算机的屏幕是低分辨率的，如 1366 像素 ×768 像素等，好在笔记本式计算机一般可以外接更高分辨率的显示器。

分辨率是不是越高越好呢？也不是，1080P 和 2K（2560 像素 ×1440 像素）的分辨率较为合适，4K 甚至更高分辨率就会导致 Blender 界面很小，字也会很小，容易引起视觉疲劳，过高的分辨率也会占用部分显卡性能。那 Blender 为什么会对分辨率有要求呢？一方面是因为在太低分辨率下 Blender 界面会缩在一起，有的部分可能会被遮挡，容易导致找不到某些功能；另一方面是 CG 作品在高分辨率屏幕上看起来效果会比较好。好在 Blender 界面系统非常灵活，在低分辨率屏幕下也有调整的办法，详见 2.2.5 小节。

屏幕尺寸推荐 23 英寸以上，笔者使用的屏幕尺寸为 27 英寸。对于笔记本式计算机用户，推荐外接一台显示器，在相同分辨率下大尺寸屏幕显示效果会更好。显示器的色域也非常重要，最好能够覆盖 99% 的 sRGB 色域或更高，但要注意显示的色彩饱和度不能太高，否则可能导致颜色显示不准确。苹果用户要注意，苹果设备的色域是 DCI-P3，选购显示器时要选择支持 DCI-P3 色域的显示器。

2.1.4 键盘和鼠标等

要学习 Blender，鼠标一定要用三键鼠标（见图 2-3），否则大部分操作都无法进行。三键包括鼠标左键、鼠标中键和鼠标右键，鼠标中键指的是鼠标滚轮。鼠标滚轮本身也是一个按键，在视图切换时，鼠标中键使用得非常频繁，如果实在没有也可以修改 Blender 设置，修改方法见 2.2.4 小节。使用 Blender 必须使用全键键盘，也就是 104 键或 107 键键盘。Blender

中有很多操作都要用到数字小键盘，而全键键盘才有数字小键盘（见图 2-4）。笔记本式计算机普遍没有数字小键盘，可以外接一个全键键盘或者修改 Blender 设置，修改方法见 2.2.4 小节。手绘板对于绘画和雕刻用户是必需的，如果没有这方面的需求可以不购买手绘板。

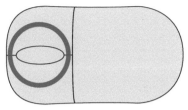

图 2-3 三键鼠标

图 2-4 104 键全键键盘

CG 制作也不能只使用计算机，纸和笔同样重要，甚至更重要。计算机只是用于实现，在正式实现之前，需要先在大脑里构思创意，然后用笔画在纸上，反复调整、修改，最后才在计算机中实现。

2.2 软件准备

设备有了，接下来就是软件的准备了。对软件来说不只是下载和安装，还有一些设置和常用的插件也非常重要。

2.2.1 下载 Blender

Blender 的下载方式有很多，首选在 Blender 官方网站下载，但是因为网络问题可能下载会比较慢，本小节只介绍如何在 Blender 官方网站下载。

Blender 有 3 种版本：稳定版、长期支持版（LTS）和每日构建版。本书只需要下载稳定版，其他版本的下载了解即可。正常流程下载的就是稳定版，大概每 4 个月会有一个新的稳定版。LTS 版是专门为有长期制作需求的项目发布的，每年都会有一个 LTS 版，LTS 版会持续更新两年，不增加任何新功能，只是修复 Bug，所以有很高的稳定性（比稳定版更稳定）。Blender 的源代码也是可以下载的，可以拿来学习、研究或者开发自己想要的功能。

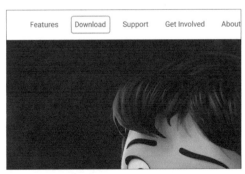

图 2-5 Blender 官网导航栏

稳定版的下载

打开浏览器，搜索并进入 Blender 官网，然后单击顶部导航栏中的 "Download"，如图 2-5 所示。跳转到下载页面后，单击蓝色的 "Download Blender 3.0" 按钮，如图 2-6 所示，稍等片刻即可自动下载。如需下载其他版本，如 Windows 便携版，可单击图 2-6 中的 "macOS，Linux,and other versions" 按钮，具体版本介绍如图 2-7 所示。

图 2-6 Blender 下载页面

图 2-7 所有版本

LTS 版和每日构建版的下载

  LTS 版和每日构建版一般不建议新手使用，所以本书仅做简单介绍。LTS 版的下载位置如图 2-8 所示，每日构建版的下载按钮如图 2-9 所示（需滑动到网页底部）。每日构建版包括当前版本和过往版本的每日版，也包括正在开发中的新版本和 LTS 版的每日构建版。每日构建版基本都是在之前版本的基础上修复 Bug，每天发布一次。每日构建版不同版本的名称后缀是不一样的，LTS 版的每日构建版名称后面蓝色的是 "Release Candidate"，也就是候选发布的意思；当前版本和过往版本名称后面绿色的字母 "Stable" 代表这是稳定版；开发中的新版本名称后面红色的字母 "Alpha" 指的是开发中。尝试新版本主要是为了使用新功能，但是新版本可能会不稳定，所以不能用于日常使用。

图 2-8 LTS 版的下载位置

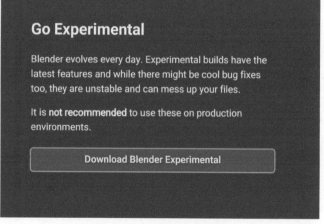

图 2-9 每日构建版的下载按钮

2.2.2 安装 Blender

不同系统安装 Blender 的方式略有不同，安装前需检查硬件和软件能否达到要求，如系统是否是新版，显卡驱动程序有没有更新。Blender 从 2.93 版本开始不再支持 Windows 7 系统，使用 Windows 7 系统的用户最好升级系统或者下载旧版本的 Blender。

Windows 系统上的安装方法

Windows 系统上的 Blender 有安装版和便携版，便携版直接解压并运行 blender.exe 即可。本书建议使用安装版，Windows 系统上 Blender 的安装文件扩展名为 .msi，如无特殊情况，安装过程如图 2-10 至图 2-13 所示。

1 打开安装文件等待片刻后单击 Next 按钮，如果不能继续，需检查设备配置是否达到要求。

2 先阅读相关协议，然后勾选表示同意协议的复选框，单击 Next 按钮。

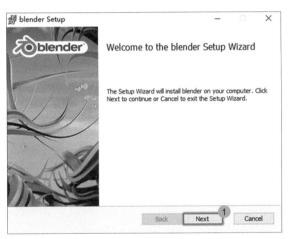

图 2-10 欢迎界面

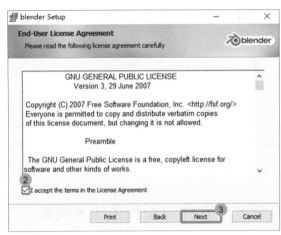

图 2-11 软件协议

3 默认是安装在 C 盘，建议不要更改安装位置（单击 Browse 按钮可以更改安装位置），单击 Next 按钮。

4 单击 Install 按钮，等待安装完成即可。

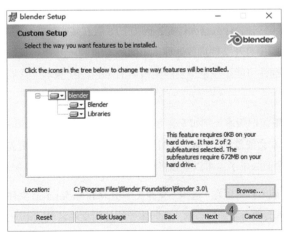

图 2-12 自定义设置界面

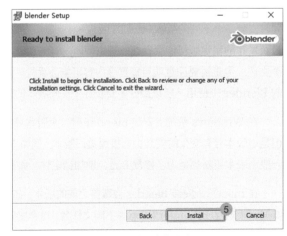

图 2-13 确认安装界面

21

安装完后可以在"开始"菜单中找到并启动 Blender，或者进入安装路径打开"blender.exe"。建议直接将 Blender 的快捷方式图标拖入任务栏中，以方便下次使用。

macOS 上的安装方法

macOS 上的 Blender 有 Intel 和 Apple Silicon 版，根据设备选择下载选项，不可下错！macOS 上 Blender 的安装文件扩展名是 .dmg，双击打开安装文件后，把 Blender 拖入右边的文件夹即可，如图 2-14 所示。安装完毕后可以从 Launchpad 上或者在应用文件夹中找到并启动 Blender。

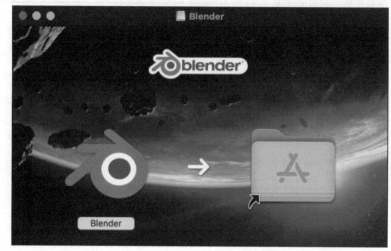

图 2-14 macOS 上 Blender 的安装方法

Linux 系统上的安装方法

在 Blender 官网下载合适的 Linux 版本安装文件，并将文件解压缩到所需位置（如～/software 或 /usr/local），双击可执行文件即可启动 Blender。也可以通过包管理器安装 Blender。

2.2.3 软件更新和多版本问题

Blender 没有内置更新功能，因为一个项目最好是用同一个版本做，更新版本可能会带来预料不到的问题，所以说只有"安装新版本"，没有"更新软件"这一说。想要安装 Blender 新版本，直接从官网下载安装即可。新版本往往没有旧版本稳定，但是新版本有新功能。如果是为了尝试新功能，可以安装新版本；如果追求稳定性，建议使用最新发布的稳定版或者 LTS 版。

在一台计算机中 Blender 是可以同时存在多个版本并且不冲突的，也可以同时运行多个不同版本的 Blender。笔者推荐同时安装多个不同的版本，如 LTS 版装一个，最新发布的稳定版装一个。为什么这么做呢？因为 LTS 版在某些功能上更加稳定，最新发布的稳定版可能会存在一些小问题，有问题时可以在 LTS 版中打开文件进行处理。不同版本的 Blender 可以操作同一个文件，但是需要注意项目设置等内容可能会丢失。此外，部分插件可能还没来得及匹配最新的 Blender 版本，只能在旧版的 Blender 中使用。所以最好多安装几个不同版本的 Blender。

在 Windows 系统上安装 Blender 时，大版本号有变化不会覆盖旧版本，例如安装 Blender 3.0 不会覆盖 Blender 2.9。但是小版本号有变化时安装会直接覆盖旧版本，例如安装 3.0.2 版本会覆盖 3.0.1 版本。如果有新的小版本推荐直接覆盖更新，一般小版本更新都是为了修复 Bug、增加稳定性。如果不需要某个旧版本了，可以单独将其卸载。

在 macOS 上安装 Blender 会覆盖之前的版本，如需保留多个版本，可以在"应用"文件夹中更改 Blender.app 文件名，例如把旧版本改成 Blender2.app 等不同文件名。这样安装新版本就不会覆盖之前的版本，新版本始终使用文件名 Blender.app。

2.2.4 基本偏好设置

本小节介绍 Blender 的基本偏好设置，在读完本书后，读者可以按照自己的喜好去进行设置。Blender 的设置是以文件的形式保存在配置文件夹当中的，不同系统下 Blender 的配置文件路径也不同，如表 1-1 所示。不同版本又有不同的文件夹存放配置文件，文件夹中包含插件、默认文件、设置等内容，需要记住配置文件路径。

表 1-1 配置文件路径

系统	路径
Windows	%USERPROFILE%\AppData\Roaming\Blender Foundation\Blender\
macOS	/Users/$USER/Library/Application Support/Blender/
Linux	$HOME/.config/blender/

初次启动

Blender 首次启动会有初始化界面，如图 2-15 所示，可以在此选择语言并完成一些常用的基础设置。可以把语言设置为简体中文，如图 2-16 所示。Blender 默认是深色主题 Blender Dark，为了更方便阅读，笔者把主题设置成了 Print Friendly，如图 2-17 所示。其他的保持默认设置，单击 Save New Settings 按钮即可保存新设置。如果之前安装过旧版本的 Blender，可以加载旧版本的设置。

图 2-15 初始化界面

图 2-16 更改语言

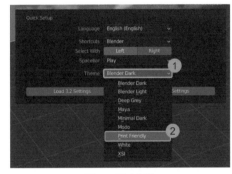

图 2-17 更改主题

语言设置

如果没有在初始化界面中把语言切换成简体中文，可以在偏好设置中更改语言，操作方法如图2-18 和图 2-19 所示。

图 2-18 打开偏好设置

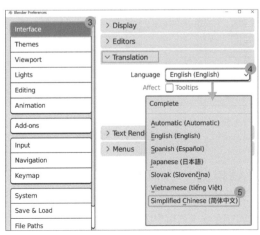

图 2-19 更改语言

偏好设置

更改好语言后，再次打开偏好设置，如图 2-20 所示。偏好设置主要涉及个性化设置和插件两部分，个性化设置部分主要是调整软件的设置和用户的操作、视觉等体验，而插件部分是增强和扩展 Blender 的功能，插件部分见 2.3 节。

图 2-20 偏好设置

视图切换设置

视图切换设置中有 3 个选项推荐勾选上，如图 2-22 所示。后文会具体介绍其功能。

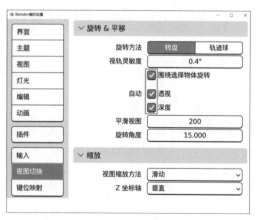

图 2-22 视图切换设置

输入设置

输入设置指的是鼠标、键盘等设备的设置。单击"输入"，切换到输入设置的界面，如图 2-21 所示，其中的"模拟数字键盘""模拟 3 键鼠标"适用于没有三键鼠标和全键键盘的情况。

图 2-21 输入设置的界面

模拟数字键盘

使用字母按键上面的一排数字键来模拟数字小键盘，适合笔记本式计算机用户使用。此设置会占用部分快捷键，所以更建议使用全键键盘。

模拟 3 键鼠标

使用 Alt+ 鼠标左键模拟鼠标中键，适用于没有中键的鼠标。开启此设置后，需要双击才可选择循环边，也会占用其他快捷键，所以更建议使用三键鼠标。

状态栏设置

界面设置的状态栏中，4 个选项都要勾选，如图 2-23 所示。勾选后可以在 Blender 界面右下角看到相应数值。

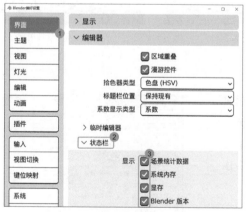

图 2-23 界面设置

系统设置

系统设置中 Cycles 渲染设备至关重要，如图 2-24 红色框所示，这里的设置决定了 Cycles（渲染引擎）渲染时使用的设备。NVIDIA 显卡的用户选择 CUDA，并且勾选正在使用的显卡，暂时不勾选 CPU。AMD 显卡的用户选择 HIP（Blender 3.0 之前的版本无 HIP 选项，可以选择 OpenCL）。如果这里什么都没有，那就证明只能使用 CPU 渲染。

绿色框中的"设为默认"可以把当前打开的 Blender 设置为系统默认的 Blender，这个设置适合安装了多个版本 Blender 的系统，此设置从 Blender 3.0 起才有。"内存 & 限额"中的"撤销次数"推荐改到 256，这样就可以在操作过程中撤销更多次，但是也会占用更多内存，需要根据内存大小等情况设置。

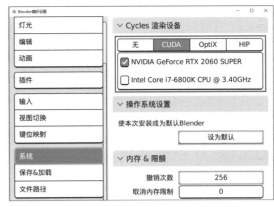

图 2-24 系统设置

2.2.5 分辨率缩放

Blender 的界面大小可以根据需求修改。对小尺寸屏幕和高分辨率屏幕的用户来说，如果 Blender 的界面太大或太小，可以打开偏好设置，调整界面 > 分辨率缩放，如图 2-25 所示。

在 4K 甚至 5K 等高分辨率屏幕上，Blender 界面可能会显得非常小，推荐把分辨率缩放到 2.00 左右，这样会比较适合日常使用。需要注意的是，放大界面之后，部分按钮之类的组件可能会被遮挡住，需要在遮挡区域滚动鼠标滚轮才能找到，如图 2-26 和图 2-27 所示。4.2 节会详细讲解界面相关知识。

图 2-25 分辨率缩放

图 2-26 被遮挡后　　　　　图 2-27 未被遮挡的状态

2.2.6 保存和迁移设置

保存设置

Blender 设置完成后一定要手动保存设置！Blender 虽然有自动保存设置的功能，但还是手动保存更保险。单击左下角的按钮 > 保存用户设置，如图 2-28 所示，如果需要加载默认设置，也可以单击"加载初始设置"。偏好设置会保存在配置文件路径（见 2.2.4 小节）的 config 文件夹中一个名为"userpref.blend"的文件中，如图 2-29 所示。

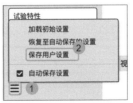

图 2-28 保存用户设置

图 2-29 用户设置文件所在路径

迁移设置

首次启动新版本后，Blender 初始化界面下方会有两个按钮（在安装、使用过旧版本的前提下），单击左边的按钮可以把之前版本的设置、插件、默认文件转移过来，如图 2-30 所示。如果错过了这个界面，可以关闭 Blender，然后把新版本的配置文件"userpref.blend"删除，再启动 Blender 就会出现此界面。

图 2-30 初始化界面

2.3 插件

插件是 Blender 非常重要的一部分。Blender 内置很多插件，市面上也有很多第三方插件。本节将介绍插件相关内容，但本书案例不会使用第三方插件，2.3.4 小节的内容是重点。

2.3.1 什么是插件

部分读者可能对"插件"这个词感到陌生。插件是用来扩展功能的，例如手机支架和手机壳就算是手机的插件。对软件而言，插件就是用来扩展软件功能的，提供软件本身没有的功能，或者是提升软件本身的功能。插件跟软件的区别就是插件一般都比较小，只提供某一方面的功能。有的大型插件也是有独立软件的，一般是先有独立软件才有给其他软件提供的插件。

因为 Blender 具有非常高的扩展性，且有非常好的插件开发体系，所以 Blender 有大量优秀的插件可以使用。插件的主要作用是提高工作效率，弥补软件的短处，让一些操作更简单。

2.3.2 内置插件

Blender 有很多功能强大的内置插件，只要安装了 Blender 就可以使用，如图 2-31 至图 2-33 所示，图中所有插件都建议启用（有一部分是默认就启用了）。勾选插件名称左侧的复选框即可启用插件，如图 2-34 所示。启用完插件后一定要记得保存用户设置，保存方法见 2.2.6 小节。

图 2-31 推荐内置插件一

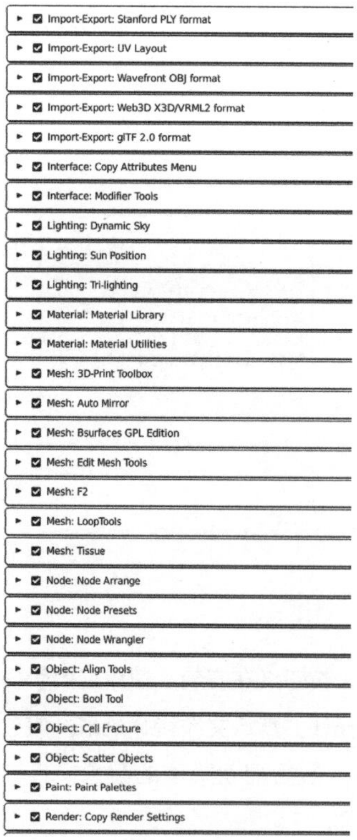

图 2-32 推荐内置插件二

图 2-33 推荐内置插件三

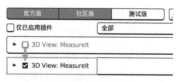

图 2-34 启用插件的方法

2.3.3 去哪里找插件

虽然 Blender 内置很多插件，但是有些时候还是需要第三方插件，也就是非官方开发的插件。Blender 插件大多能在 Blender Market 网站找到。还有一些插件是需要到插件的官网下载的，例如渲染引擎的插件就需要到官网购买后才能下载，有的免费插件也有官网。总之，插件的下载途径有很多，下载插件的时候一定要注意插件是否匹配正在使用的 Blender 版本。

2.3.4 如何安装插件

插件安装方法如图 2-35 所示（以 EdgeFlow 插件为例），除极少数特殊情况外，Blender 插件是不分系统的。Blender 插件的安装包是 ZIP 格式的压缩文件，但是无须解压，直接安装即可。安装完毕后，Blender 会自动搜索安装的插件，这时候还需要勾选插件，才能正式启用插件。如果没有看到安装的插件，可以手动搜索，如果搜不到，代表安装未成功，如果能搜到但是不能启用，需要检查相关的错误提示，一般是因为版本不匹配（有错误时插件名称旁会有感叹号）。多数情况插件都是安装一个 ZIP 文件就可以了，也有些大型插件需要安装独立程序，或者需要安装指定的组件，具体情况需要查看插件的官方文档。

插件是分版本的，安装插件时要注意插件所支持的 Blender 版本，例如有些插件是匹配 Blender 2.7 的，Blender 2.8 及以后的版本就无法安装，所以插件安装后是需要不断更新的。Blender 新版本发布之后，插件开发者会更新插件以使其匹配新版本的 Blender，也有的插件开发者会放弃开发，这时候就需要找替代的插件了。

插件如果有更新，则需要手动安装新版本，新版本会自动覆盖旧版本。展开插件详细信息即可看到插件版本号，如图 2-36 所示，每个插件都有自己的版本号。

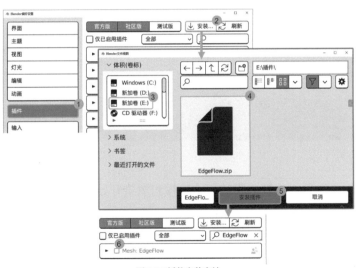

图 2-35 插件安装方法

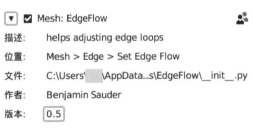

图 2-36 插件版本号

2.3.5 自己开发插件

找不到合适的插件怎么办呢？这时候就只能自己开发了。得益于 Blender 的灵活性，用户不仅可以修改其源代码，还可以制作插件，不需要专业开发工具，直接在 Blender 中就可以开发插件。由于使用的是 Python，所以开发很简单，如果有编程基础，可以尝试自己开发插件。

第 3 章

渐进式入门小案例

本章将介绍使用 Blender 制作我们的第一个作品，从基础版的积木建模和渲染开始，到逐渐复杂的积木建模和渲染，最后做一个积木下坠的场景。让我们开启 Blender 三维制作之旅吧！

3.1 积木基础版

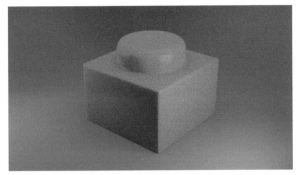

图 3-1 本节目标成果

图 3-1 所示为本节积木基础版的目标成果，是不是很好看呢？阅读完本节你也可以做到，赶快学起来吧！

难度	★☆☆☆☆
插件	LoopTools（内置插件）
知识点	基本的建模、灯光、材质、渲染
类型	静态渲染图

3.1.1 观察一下积木

是不是已经迫不及待地打开软件了呢？不需要这么着急，开始制作之前应该先观察和分析要做的东西。那么如何观察呢？手上有积木是最好的，如果没有，可以在网上找一些不同角度的积木图片来观察，如图 3-2 和图 3-3 所示。

图 3-2 积木（1）

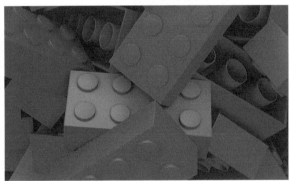

图 3-3 积木（2）

观察物体不仅需要观察外观形状，也需要观察材质和颜色，同时也要想象在三维空间中相应模型会是什么样子的。通过观察可以发现，积木是由一个立方体和一个圆柱构成的，如图 3-4 至图 3-6 所示。任何复杂的模型都能被拆分成简单的几何体，拆分成多个几何体对建模来说会更简单。

分析完成后可以试着在纸上或者图 3-7 所示的手绘区画一下，锻炼自己的三维空间构想能力。对于积木的观察就到这里了，下面正式开始制作。

图 3-4 单个积木

图 3-5 透视视图

图 3-6 拆解图

图 3-7 手绘区

3.1.2 模型制作

基本上制作所有三维作品的第一步都是建模，建模也就是建立三维模型。现实中捏橡皮泥、雕刻等都属于制作模型的方法，计算机中的建模就是操作点、线、面，使不同位置的点、线、面组合成模型。

步骤	名称	操作位置	可用的快捷操作	扩展知识或提醒
01	新建文件		新建文件 Ctrl N	Blender 启动画面的源文件都可到 Blender 官网上的 Download>Demo Files 页面下载。

首先打开 Blender，中间的这部分区域（见图 3-8）叫作启动画面，然后单击"新建文件"下方的"常规"即可新建一个常规文件。常规文件也就是默认的文件，如图 3-9 所示（Blender 文件的相关知识见 4.6 节）。**Blender 启动的时候有一个黑色窗口，这属于正常现象，不可以关闭。**

图 3-8 Blender 启动画面

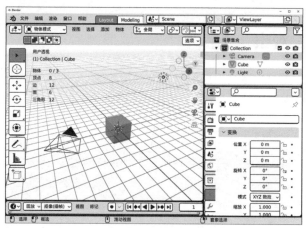

图 3-9 新建的常规文件

02	删除物体		删除 X Delete	Blender 中的快捷键大部分都通用，如 X 键，可以用于删除各类内容，不限于模型。

默认的常规文件包括 3 个物体：立方体、点光和摄像机。为了学习创建物体，这里先把它们全部删除，按住鼠标左键并拖动框选这 3 个物体，如图 3-10 所示，然后放开鼠标左键，按 X 键或者 Delete 键，即可删除选中的物体（数字小键盘中的 Del 键不可用于删除）。

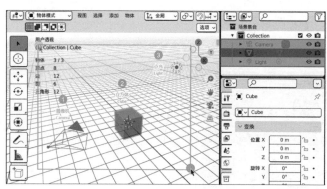

图 3-10 选中 3 个物体

⚠ 注意观察被选中的物体在大纲视图中的状态，可以和图 3-9 所示的大纲视图对比，看看有什么不同。

03 **添加立方体** 添加 **Shift A**

Blender 中长度的默认单位是"米"(m)，基面一个正方形格子的边长是 1m，如图 3-11 所示。 图 3-11 基面

还记得之前的分析吗？积木由立方体和圆柱组成，接下来先添加一个立方体，执行添加 > 网格 > 立方体命令，如图 3-12 所示。该操作默认会创建一个 2m×2m 的立方体 🔲，创建之后可以看到立方体有黄色外框（不同主题下颜色可能不同），如图 3-13 所示，这代表立方体处于被选中的状态，同时注意窗口右侧的大纲视图跟添加立方体前相比有什么不同。

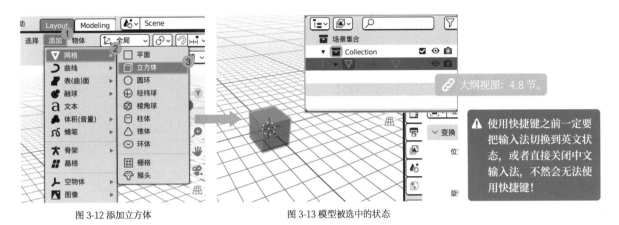

图 3-12 添加立方体 图 3-13 模型被选中的状态

04 **缩放视图** 缩放视图 ➕ ➖

所有视图操作都不会改变物体本身，只是改变观察范围、观察角度、观察距离等。

在 3D 视图中立方体看起来太小或太大，该怎么办呢？通过滚动鼠标滚轮即可放大和缩小视图，向前滚动鼠标滚轮即可离立方体更近，向后滚动可以离立方体更远，这个操作叫作缩放视图。注意，这里并不是放大立方体，只是调整观察距离而已。缩放后如图 3-14 所示，这样就清晰多了。其他关于视图的操作会在步骤 07 和 09 中讲解。

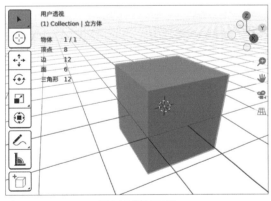

图 3-14 缩放视图后

05 **进入编辑模式** 设置物体模式 **Tab**

⚠ 物体交互模式非常重要，经常需要切换，务必始终跟本书保持一致！详见 4.4.5 小节。

对比图 3-1 可以发现，目前的立方体太高了，所以需要让它"矮"一点。要想调整模型的高度，就需要把想要修改的模型切换到编辑模式（目前处于物体模式）。选中立方体（单击即可选中），单击左上角的物体模式，在弹出的下拉列表中选择编辑模式 🔳，如图 3-15 所示。

从物体模式切换到编辑模式才能正式开始建模，因为在编辑模式下才能修改模型的点、线、面。物体模式下的模型就像是一个已烤好待售的面包，已经无法改变它的形状；编辑模式就像"穿越"到面包还处于面团状态的时候，这时可以自由塑造外形。而使用计算机制作的好处就是可以随意切换到任意状态，就算定了形也可以回炉重造。对比模式切换前后界面的变化可以看出，编辑模式下左侧的工具栏多了很多工具，并且模型所有的面都被选中，如图 3-16 所示，被选中的面颜色会不一样，通过颜色就能够区分出哪些面处于被选中的状态。

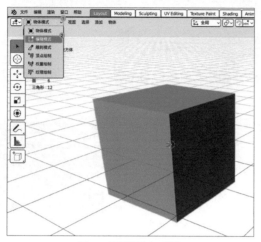

图 3-15 设置物体交互模式

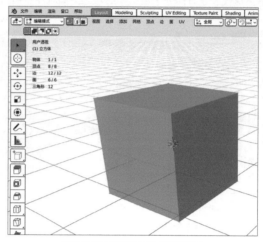

图 3-16 进入编辑模式后模型的状态

06 调整立方体的高度　　移动　z轴　　**G** **Z**　工具栏中工具右下角的三角形图标代表其中包含更多同类工具，长按此类工具会出现下拉列表框，显示更多的工具。

要移动模型的点、线、面，首先单击工具栏中的移动工具 ✛，然后切换到面选择模式 ▣（要操作面就必须切换到面选择模式，点、线同理），单击选择顶面，按住蓝色的箭头（也就是 z 轴）往上或者往下拖动，就可以把选中的面沿着 z 轴移动，操作过程如图 3-17 所示。拖动的距离参考图 3-1，降低高度后的效果如图 3-18 所示。

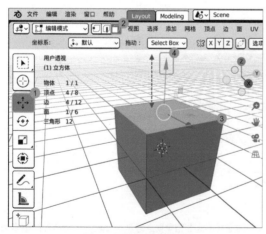

图 3-17 调整立方体的高度

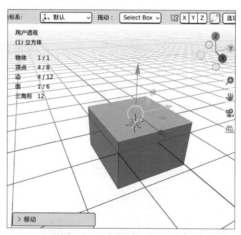

图 3-18 降低高度后的效果

⚠ **容易出现的问题**

没有看到左侧的工具栏

解决方法：在英文输入法状态下按 T 键，或者单击左上角"视图"菜单里的"工具栏"，详见 4.2.3 小节。

07 平移视图

  平移视图 **Shift**

鼠标中键指的是鼠标滚轮,如果鼠标没有滚轮,建议换一个三键鼠标,在 Blender 中会频繁使用鼠标中键。

如果模型有点偏, 想要把它居中, 该怎么做呢? 按住 Shift 键和鼠标中键不放, 然后拖动鼠标平移视图(平移视图时鼠标指针需要保持在 3D 视图中)以使模型居中, 如图 3-19 所示。**物体模式和编辑模式操作视图的方式一样。**

如果没有鼠标中键, 可以在立方体右侧的手形图标(即"移动视图"按钮, 见图 3-20)上按住鼠标左键拖动, 同样可以平移视图。

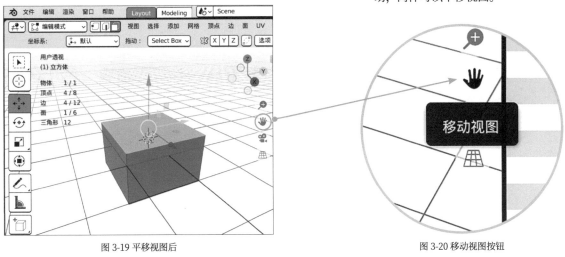

图 3-19 平移视图后

图 3-20 移动视图按钮

08 细分立方体

 全选 ⚠ 一般情况下不要单独对一个面进行细分。

立方体有了, 需要新建一个圆柱吗? 不需要, 我们可以直接在立方体的基础上制作圆柱。在编辑模式下, 执行选择 > 全部命令, 选中全部的面(见图 3-21), 执行边 > 细分命令(见图 3-22), 单击左下角的"细分"即可展开参数(见图 3-23), 详见 4.4 节。

细分之后立方体表面多了一些线, 就像被刀切过一样, **模型由 6 个面变成了 24 个面。**

图 3-21 选择全部的面

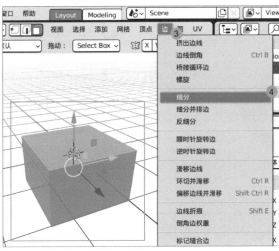

图 3-22 细分立方体

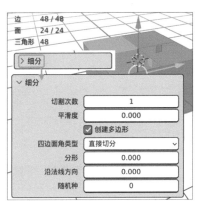

图 3-23 细分参数

执行大部分操作后，界面左下角都会出现一个框，展开即可修改参数。执行一次别的操作，这个框就会消失，可以按 F9 键调出此框。

> **❓ 知识点：什么是细分？**
>
> 使用细分工具可以将边和面切开，添加新的顶点，并细分对应的面。它通过将边和面切割为更小的单元来增加模型的细节，可以理解为"切而不断"。

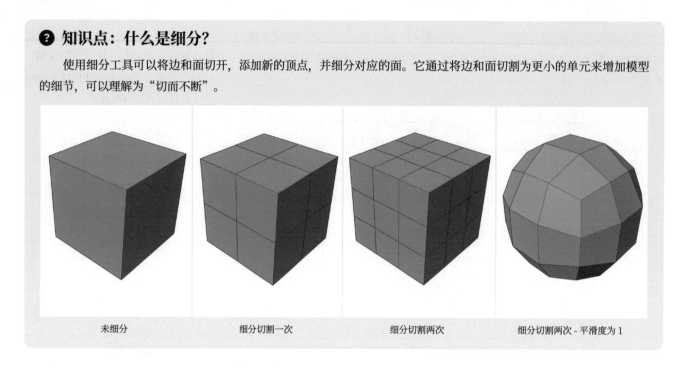

| 未细分 | 细分切割一次 | 细分切割两次 | 细分切割两次 - 平滑度为1 |

---

09 | 旋转视图   旋转视图的相关设置可在偏好设置>视图切换中修改，启用"围绕选择物体旋转"可以使被选中的物体作为旋转视图的轴心点。

为了检查是否所有面都被成功细分，我们可以从不同的视角去观察。Blender 中旋转视图的方法是按住鼠标中键不放，然后拖动鼠标。了解视图的基本操作后可以自己多加练习（视图操作只能在蓝色框的 3D 视图中完成，如图 3-24 所示）。

如果不习惯使用鼠标中键，按住右上角的轴向小部件拖动也可旋转视图，如图 3-25 所示。

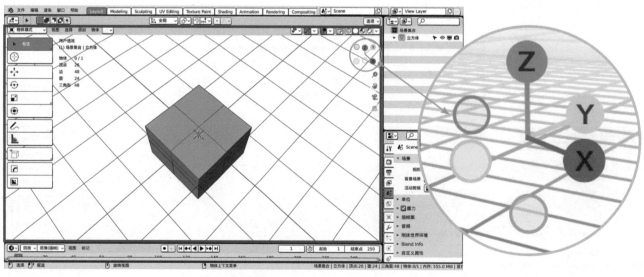

图 3-24 旋转视图

图 3-25 轴向小部件

10 内插圆形面   内插面 LoopTools 圆环功能最少需要 8 个点。 使用插件 **LoopTools（内置）**

确保细分完成后，接下来制作圆柱的底部，需要用到内插面功能。首先切换到面选择模式，然后单击移动工具并且选择顶面的 4 个面（按住 Shift 键可以多选，单击选中的面可以取消选择），执行面 > 内插面命令，左右移动鼠标即可设置内插面的宽度，全部操作如图 3-26 和图 3-27 所示。也可以单击左下角的"内插面"展开参数，手动修改宽度等参数，如图 3-28 所示。数值类参数不一定要跟本书一样，操作和流程一样即可。

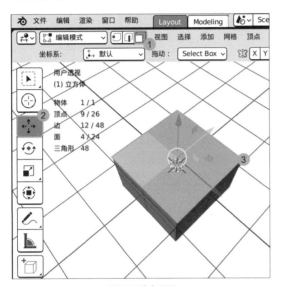

图 3-26 选中顶面

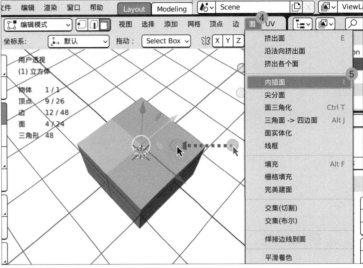

图 3-27 内插面

执行"内插面"命令之后，模型顶面又多了几个面，现在顶面总共有 12 个面，中间的 4 个面就是圆柱的底部。现在这 4 个面还是方形的，需要使用 LoopTools 插件把这 4 个面"变圆"。确保中间 4 个面被选中，在 3D 视图内的任何地方右击打开快捷菜单，执行 LoopTools> 圆环命令，如图 3-29 所示。执行后效果如图 3-30 所示。

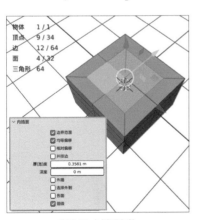

图 3-28 内插面参数

图 3-29 圆环命令

图 3-30 执行后

执行"圆环"命令后顶面中间部分看起来不是那么方了，但是也并没有变成圆形，为什么它是圆柱的底座呢？答案之后会揭晓。

⚠ **容易出现的问题**
内插面和图 3-28 不同，看上去是 4 个面单独内插了。
解决方法：检查内插面的参数，不要勾选"各面"！

⚠ 如果遇到一个较长时间都解决不了的问题，
直接重新做通常是最快的解决方法。千万别
浪费太多时间，停滞不前！

❓ 知识点：什么是内插面？

内插面操作可在选中的面（只有面可以内插）外轮廓保持不变的情况下，向其内部插入新的面。用更通俗的话来说，就是把原本的面缩小，在缩小的面外面增加一圈面。内插面效果类似于柜门和相框，如图 3-31 和图 3-32 所示。内插前后对比如图 3-33 所示，可以看到内插出来的面和原来的面 4 个角都有线段连接，而不是单纯的两个方形。这跟三维模型的标准有关，本书后面会介绍相关内容。

内插面跟大部分操作一样也有很多参数，勾选"外插"之后，会由内插改为向外插入（与内插同理，只是方向不同）。在有多个面的时候勾选"各面"参数会对每一个面单独内插，而不是整体内插，这非常容易引起问题，一定要注意。内插面很常用，需要熟练掌握。

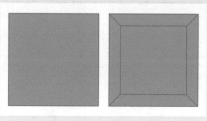

图 3-31 柜门　　　　　　　　　　　图 3-32 相框　　　　　　　　　　　图 3-33 内插前后对比

🔷 11 | 挤出圆柱

 挤出 **E** ⚠ 右击不是取消！右击不是取消！右击不是取消！千万不要认为右击是取消，要撤销操作，只能按快捷键 Ctrl+Z，或者执行编辑 > 撤销命令。

可以看到当前模型虽然点、线、面的数量产生了变化，顶部的平面形状更复杂了，但是模型整体的外形仍然是一个立方体。因为之前所有的操作都发生在模型表面，要改变模型的外形，就需要移动点，或者创建新的点、线、面。

"挤出"是最常用的能够改变模型外形的建模操作之一，上一步的操作就是为挤出做准备。要把顶部内插的面挤出，首先应确保要挤出的面处于选中状态。单击左侧工具栏中的挤出选区工具 🔲，选中的面上方会出现一个黄色底的黑色十字手柄，按住手柄向上拖动即可挤出圆柱，操作方法如图 3-34 所示，挤出后的效果如图 3-35 所示。

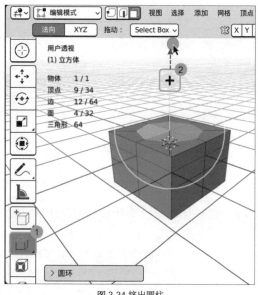
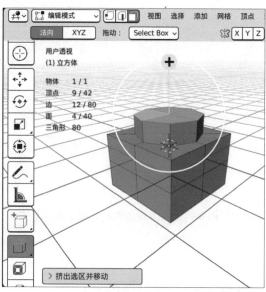

图 3-34 挤出圆柱　　　　　　　　　　　　　　　图 3-35 挤出后的效果

❓ 知识点：什么是挤出？

挤出操作可以用在点、线、面 3 种几何元素上，但主要用于面的挤出。挤出面的时候会把挤出来的所有新的点连接成面，挤出的面与原本的面中间是空的，不会有支撑，如图 3-36 所示。

通俗来说，挤出就是把平面变成立体的有厚度的状态。如同折纸，一张平整的纸可以折叠出很多立体的形状。挤出是"凭空变出厚度"的，只要是模型的面都可以挤出，如图 3-37 所示。挤出是建模中最常用的操作之一，多用于创建模型的大体形状，需要熟练掌握。

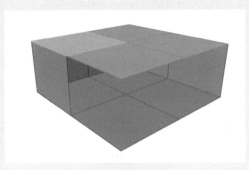

图 3-36 模型剖面图

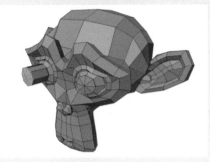

图 3-37 局部挤出

---

12 保存文件

保存 Ctrl S

Blender 文件的扩展名是 .blend。Blender 会定时自动保存文件，自动保存的文件的文件名后会加上数字，如"blend1"。

做到这一步，积木模型已经初具雏形，但是新建文件之后，还没有保存过文件，所以接下来保存一下文件。执行文件 > 保存命令，选择要保存到的位置，新建一个文件夹专门存放文件（这一步也可以在计算机的文件管理器中完成），然后输入文件夹的名称；创建文件夹后双击进入，输入要保存的文件的名称（如"积木基础版"，扩展名 .blend 不用输入），单击"保存工程文件"按钮。操作过程如图 3-38 所示。

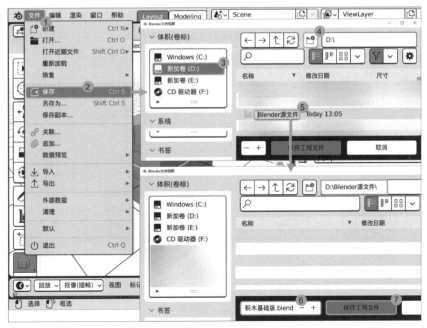

图 3-38 保存文件

为什么要保存文件呢？因为如果不保存文件，现在所看到的模型将在关闭Blender之后消失。保存文件后，如果要再次打开，则执行**文件 > 打开**命令，进入文件所在的文件夹，选中要打开的文件，单击"打开"按钮。操作过程如图3-39所示（在第④步双击文件也可直接打开）。

保存文件非常重要！**在执行比较重要的操作时一定要保存文件。**若已经保存过文件，直接按快捷键 Ctrl+S 即可保存文件，Blender 顶部的标题栏上会显示当前文件所在的路径。

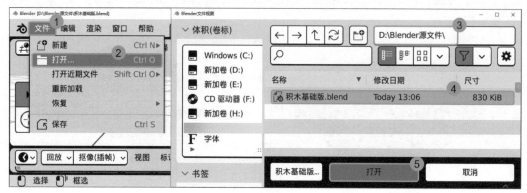

图 3-39 打开文件

🔗 文件相关知识：4.2.5 小节和 4.6 节。

---

13 | 手动倒角

 边线倒角
Ctrl B 在参数上按住鼠标左键不放并左右拖动，可快速修改参数。  段数 19

现在圆柱的基础模型完成了，对比图 3-1 可以看出，目标成果图中的模型更加圆润，而当前的积木模型则是棱角分明的，所以接下来要把模型变圆润。

首先制作顶部最大的圆角，切换到**边选择模式**，单击移动工具 ✥，选择圆柱顶部外轮廓的一圈边线，为此单击选择一条边，然后按住 Shift 键不放继续单击选择更多的边，直到选中 8 条边。注意，此时统计信息中显示 **8/80**，如图 3-40 所示，这代表选中了 80 条边中的 8 条。接着单击倒角工具 🔲，选中的边线上出现了黄色手柄，按住手柄不放左右拖动，即可调整倒角的宽度，放开即可完成倒角操作。操作过程如图 3-40 和图 3-41 所示，具体参数如图 3-42 所示。

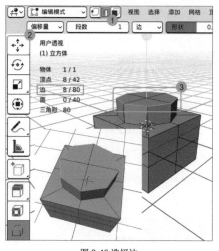

图 3-40 选择边　　　　　　　　　图 3-41 倒角　　　　　　　　　图 3-42 倒角参数

❓ 知识点：什么是倒角？

倒角的英文是 Bevel，直译过来其实是斜角的意思，由此可以看出倒角功能是用来创建斜角或圆角的。生活中少有完全尖锐的直角，基本都是圆角，尤其是使用了一段时间的物体，边缘会有磨损，如图 3-43 所示。为了让模型的边角更加真实，就需要用到倒角功能。

倒角一般都是把直角变成圆角，但是随着技术的进步，倒角的功能越来越多，出现了许多特殊的倒角，如图 3-44 所示。不仅对边可以倒角，对点也可以倒角，只是对点倒角的应用场景较少。

图 3-43 磨损的圆角

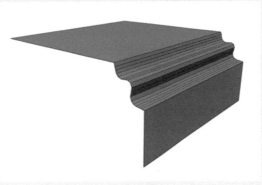

图 3-44 特殊的倒角

🔷 **14 添加倒角修改器** 无快捷操作 | 修改器顺序是自上而下的，修改器顺序不同，取得的效果会完全不同。

现在虽然顶部有了圆角，但是整体还是很尖锐，所以要给整个模型都添加倒角。顶部倒角用的是手动的方式，这一步将使用更加方便的方式制作倒角。首先选中模型，切换到物体模式 ⬛（这一步非必须，回到物体模式是为了方便观察模型），如图 3-45 所示；然后单击右侧属性栏中的"修改器属性"按钮 🔧，单击添加修改器，单击倒角 ⬦，如图 3-46 所示；修改"数量"和"段数"两个参数，如图 3-47 所示。这样就给整个模型添加上了倒角效果。如果找不到"修改器属性"按钮，可以在属性栏的侧栏中滚动鼠标滚轮。

图 3-45 切换到物体模式

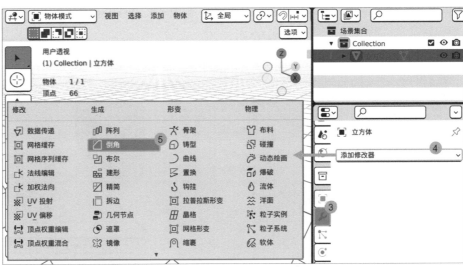

图 3-46 添加倒角修改器

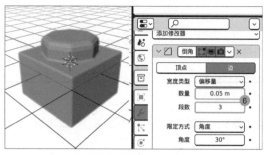

图 3-47 倒角修改器参数

手动倒角和倒角修改器同样都能实现倒角，它们之间有什么区别呢？手动倒角是一次性的，没有修改机会，可以说是永久性的倒角；而使用倒角修改器时可以随时调整倒角的参数，觉得倒角太大可以调整数量，觉得不够平滑可以调整段数，随时都可以调整。

既然倒角修改器这么方便，为什么还要手动倒角呢？简单来说，就是倒角修改器不方便给不同的地方倒角，而手动就相对灵活一些。倒角对建模来说是最重要的操作之一，关于倒角后文会深入讲解。

❓ 知识点：什么是修改器？

修改器可以以一种非破坏的方式去临时地执行一些操作。修改器并不是 Blender 独有的概念，很多软件中都存在修改器。简单来说，就是修改器可以随时更改参数，也可以直接删除。例如添加了一个倒角修改器，做到后面觉得倒角太小了，就可以修改倒角修改器的参数。如果是手动执行的倒角操作，就没有机会再修改了。这就好比一个人是光头，给他添加一个发型修改器，就可以给他添加头发，并且可以随时修改发型；修改器可以有多个，再添加一个体重修改器，就可以同时修改发型和体重；修改器是随时可以移除的，移除发型修改器后，这个人就会变回光头状态。

修改器的优点已经很明显了，它可以在模型原有的状态下添加一些效果。但是修改器数量多了之后会让计算机的负担变重，有可能会导致软件卡顿；修改器的顺序不正确也容易引起很多问题。综上所述，修改器也应适当使用。修改器的种类很多，不只是可以做建模相关的操作，本书后文会介绍不同修改器的使用方法。

---

15 │ 把模型变光滑

表面细分（级别 1）
Ctrl 1

表面细分的细分级别分为视图层级和渲染，一般视图层级数值低于渲染数值，从结果来说，就是渲染的时候模型会更平滑，而 3D 视图中看起来会粗糙一点。

现在倒角的工作全部完成，模型的边角都已经变成圆角了，但是顶部的圆柱体部分仍然是八边形的状态。要把八边形变成圆形，还需要一个表面细分修改器。先单击添加修改器，然后单击表面细分 ⓞ，操作如图 3-48 所示。注意观察添加表面细分修改器后点、线、面数量的变化，如图 3-49 所示，"视图层级"可以改为 2。

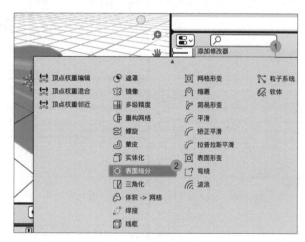

图 3-48 添加表面细分修改器

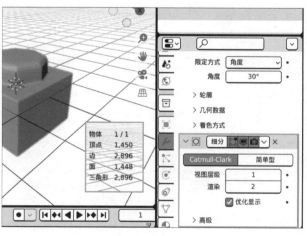

图 3-49 表面细分后

添加表面细分修改器后，模型似乎光滑了不少，但还是没有变成圆柱，这是之前的倒角修改器的参数导致的。在修改器属性中，向上滑动鼠标滚轮，找到之前添加的倒角修改器，把"角度"改成45°，如图3-50所示，模型顶部立马就变成了圆柱体（如果角度是30°时顶部就已经是圆柱体了，就没有必要跟笔者一样修改成45°）。

为什么会出现这一情况呢？这就跟模型的布线，也就是点、线、面的分布有关系了。注意观察当前模型在倒角角度分别为45°和30°时线有什么不同，如图3-51所示（未开启表面细分修改器）。当角度为45°时，绿色框中垂直的线从5根变成了1根，这是因为当倒角修改器的"角度"为45°时没有对圆柱体垂直部分倒角，读者在阅读本书深入学习之后就会理解其中的原理。

图 3-50 修改倒角角度

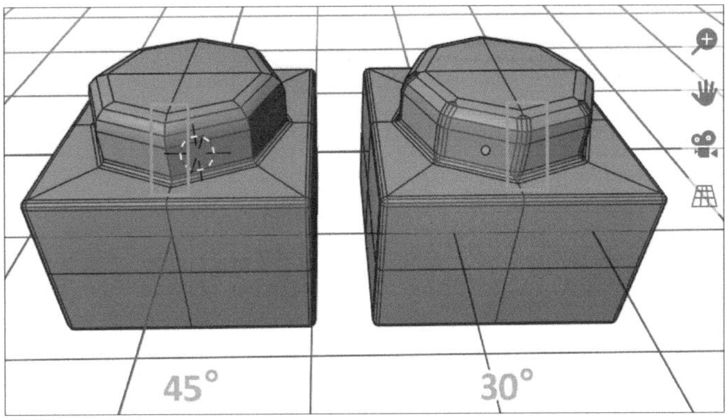

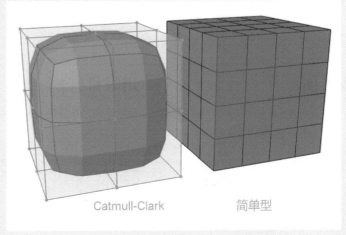

图 3-51 不同角度的倒角对比

❓ 知识点：什么是表面细分？

表面细分修改器通过把模型分割成更小的面来让模型变得更光滑。Blender中表面细分有两种类型，如图3-52所示。使用Catmull-Clark时，不仅模型会被分割，而且会通过计算得出点的新位置，让模型形成曲面；使用简单型时，只会对模型进行分割，而不会把模型表面变成曲面。两种类型对比如图3-53所示。

表面细分跟步骤08的细分都会对模型进行细分，但不同的是表面细分是针对整个模型的，不能局部使用，并且表面细分主要用于让模型表面变成曲面。

表面细分后模型的面数会比细分前增长好几倍，当模型面数多的时候不方便建模，而使用修改器只需要编辑少量的面就可以了。模型面数越多，占用的计算机内存也会越多，暂时关闭修改器可以解决这一问题。

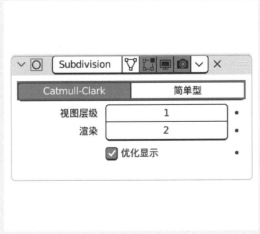

图 3-52 表面细分类型

图 3-53 细分类型对比

16 **把表面变平滑** 无快捷操作 "平滑着色"和"自动光滑"都只是改变模型的法线方向，并不改变模型点、线、面的位置。

此时模型已经非常接近图 3-1 中的样子了，但还是不够平滑，这时还需要进行最后的平滑操作。确保模型处于选中状态，在 3D 视图中的任意地方右击打开物体上下文菜单，单击"平滑着色"，如图 3-54 所示；在属性栏中单击"物体数据属性"按钮 ▽，展开"法向"，勾选"自动光滑"，如图 3-55 所示，可以看出模型立刻变得光滑了。"平滑着色"和"自动光滑"一般都是组合使用的，但有的情况不适合使用"自动光滑"，如果勾选"自动光滑"后模型变得非常奇怪，就取消勾选。

图 3-54 平滑着色

图 3-55 自动光滑

平滑着色、自动光滑和之前表面细分的光滑有什么不同呢？表面细分修改器的光滑是增加了模型的点、线、面，并且调整了点的位置，是实实在在地修改了模型的外形；而平滑着色和自动光滑只是修改了模型法线的方向，让模型看起来不同，就像是给模型"打了蜡"，而没有改变模型的形状。法线的方向简称法向，是模型非常重要的概念。

🔗 法向的相关知识：5.7.1 小节。　⚠ 至此积木基础版的模型已经制作完毕，一定要记得保存文件！要不然可能会前功尽弃。

总结

本节制作了积木基础版的模型，使用了内插面、挤出、倒角、细分、表面细分等最常用且最基础的建模操作，建议在阅读下一节内容之前，反复建模，直到熟练掌握这些基本操作。此外，可以尝试制作不同的造型，例如选择不同的地方进行挤出，尝试修改修改器的参数，看看有什么变化，熟练之后再继续阅读本书。

成果图

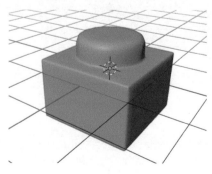

用时排行榜

反复建模，并且记录下用时，看看能拿多少颗星。

序号	用时
1	
2	
3	

评分标准

（标准仅供参考）

10min 以上 ★★★

5～10min ★★★

5min 以内 ★★★

笔者用时：35s

3.1.3 灯光和材质

现实中的物体能被眼睛看见，是因为有光照射到物体上。光大致分为自然光和人造光，最常见、最大的自然光是太阳光，图 3-56 就是一个被太阳光照亮的场景。而人造光就是生活中常见的白炽灯、LED 灯等灯光设备发出的光。接触过摄影或者去摄影棚拍过照的人就知道摄影是离不开光的，如图 3-57 所示。在室内没有足够自然光的情况下，就需要人工去布光，三维建模也是如此。

目前模型虽然有明暗关系和立体感，但是最后渲染输出的时候会渲染成全黑的图片，因为场景里只有为了方便在视图中观察而设置的默认灯光，没有真正去添加灯光，模型也没有被赋予材质，所以接下来需要手动给模型打上灯光、赋予材质，让场景更加真实。

图 3-56 自然光场景　　　　　　　　　图 3-57 摄影棚人造光

01　添加灯光　　添加 **Shift A**　Blender 中新创建的物体的位置取决于 3D 游标的位置。

跟建模一样，第一步就是添加物体，这里需要添加灯光。执行添加 > 灯光 💡 > 面光 🔲 命令，如图 3-58 所示。可以看到 Blender 提供了 4 种灯光，这个案例先使用面光来制作。添加灯光后就像买了一盏灯回来放着，并没有看到灯光，这是因为灯光默认放在了三维世界的中心，正好被积木的模型遮挡住了（图 3-58 中绿色框框选的区域）。用软件建模时，三维的物体是可以随意穿插的，这是现实中不存在的事情。

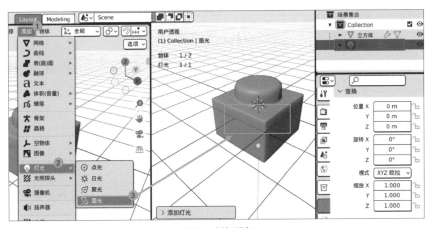

图 3-58 添加面光

02　调整灯光位置　　旋转工具 **R**　在使用移动和旋转工具时，按住 X、Y 或 Z 键可以限制物体（这里是灯光）在相应轴向的移动或者旋转。

使用移动工具将面光沿着 z 轴移动出来，并置于积木侧前方的位置，现在就可以清楚地看到面光了，操作过程如图 3-59 所示。

43

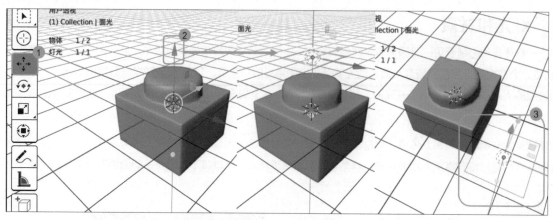

图 3-59 移动灯光

面光中间有一根垂直的无限长的线，这根线的延伸方向就是面光照射的方向。目前面光是垂直向下照射的，并没有照射到积木上。接下来使用旋转工具 把面光的照射方向调整到积木上。单击旋转工具 ，确保面光处于选中状态，按住绿色的圆圈，拖动圆圈即可围着 y 轴旋转面光。继续分别围着 x 轴和 z 轴进行同样的操作，直到把面光旋转到朝向积木。操作时跟本书大致相同即可，也可按照自己的想法来移动和旋转面光。操作过程如图 3-60 所示。

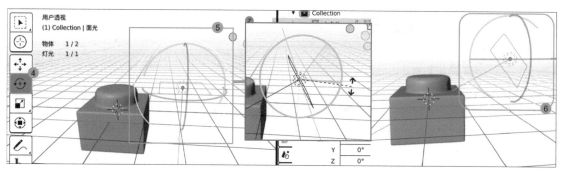

图 3-60 旋转灯光

? 小技巧：快速调整灯光方向

Blender 中灯光的射线方向上都有一个黄色的圆，如图 3-61 所示，按住这个圆然后拖动，可以快速地旋转灯光，想要光线朝哪个方向，直接朝着该方向拖动即可。按住 Ctrl 键拖动还可以平移灯光。

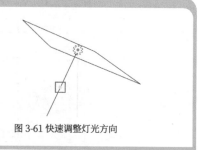

图 3-61 快速调整灯光方向

 03 预览灯光效果　切换视图着色方式　Z 8　需要经常切换不同的视图着色方式，以全方位观察模型。线框和实体模式一般用于建模，材质预览和渲染一般用于观察和调整灯光、材质、渲染。

面光的位置和方向都调整好了，但是并没有看到光，模型似乎也没有受到光照。这是因为当前的场景处于实体模式 ●，这个模式专用于建模，不会显示灯光和材质效果。所以需要切换到渲染模式 ，如图 3-62 所示，这时模型就有受到灯光照射的感觉了。

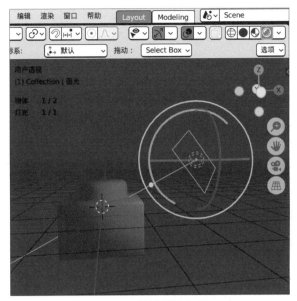

图 3-62 切换视图着色方式

---

04 多角度调整灯光

切换四格视图

Ctrl Alt Q

按住 Alt 键旋转视图，可以自动对齐视图，前提是在偏好设置 > 视图切换中勾选"透视"复选框。

切换到渲染模式后，会发现灯光的效果还不是很理想，模型有很多地方都没打到光，接下来切换到四格视图来调整灯光的角度。执行视图 > 区域 > 切换四格视图命令，然后使用移动工具 ✛ 和旋转工具 ⟳ 调整灯光的位置和角度，直到自己满意，操作过程如图 3-63 所示。在四格视图下，可以同时从不同的角度去看整个场景，左上角是顶视图，右上角是透视视图，左下角是前视图，右下角是右视图。从多个角度去观察调整，会得到更好的效果，再次执行"切换四格视图"命令即可退出四格视图。

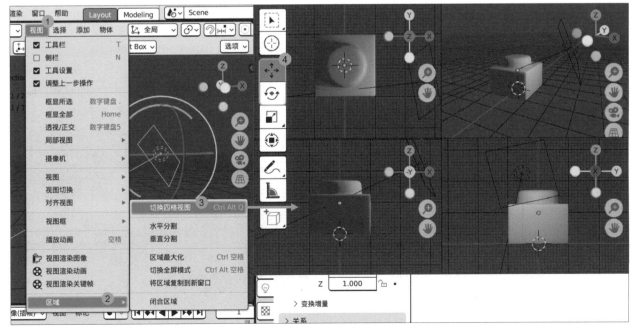

图 3-63 切换到四格视图

05 | 调整灯光参数

无快捷操作　调整参数时按住 Shift 键可以微调参数。

角度虽然已经调整得比较好，但是模型看起来还是很暗，这是因为灯光的亮度不够，接下来调整一下灯光的参数。在大纲视图中选择面光，单击"物体数据属性"按钮，将"能量（乘方）"改为比较大的数值，将"尺寸"改为 2m，如图 3-64 所示。

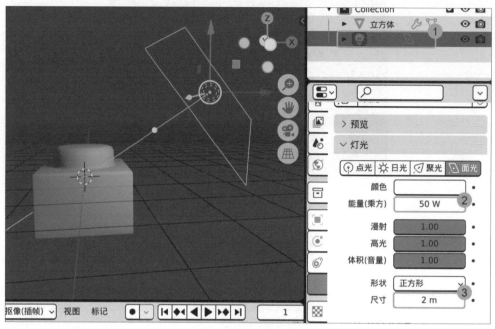

图 3-64 调整灯光参数

这里能量的单位是 W（瓦特），跟生活中的灯一样，不同的是这里的灯不耗电，无论多少瓦特都可以，完全不需要担心，如果灯不够亮就提高能量值。不同的灯光参数会有完全不同的氛围，这里灯光的参数可以根据个人喜好设置，不需要严格跟本书一样，不同的模型、不同的场景，所需要的灯光氛围也不同。

❓ 扩展阅读：灯光尺寸对物体的影响

不同的灯光尺寸可以给人带来不同的感觉，比如在相同功率下大尺寸灯光照射到模型上时，光线会更加柔和，投影也会更柔和，如图 3-65 所示；灯光尺寸小的时候，投影会很硬，边缘会变得很锐利，如图 3-66 所示。

图 3-65 大尺寸灯光效果

图 3-66 小尺寸灯光效果

06 再加一处灯光 无快捷操作 *面光是单面发光的,方向一定不能反。*

一处面光显然是不能打亮整个模型的,按照之前的步骤,再添加一处灯光,打在模型的另一侧,作为补光,而之前的面光作为主光。主光可以把能量改得更高一点,补光灯则可以低一点,补光灯的能量设置为30W即可。调整好灯光后回到实体模式,操作过程如图 3-67 所示。

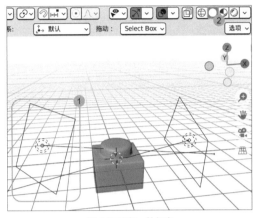

图 3-67 再加一处灯光

07 建立环境 无快捷操作 *必须要在物体模式下添加或新建模型,如果在编辑模式下添加或新建模型,模型就会合并成一个物体。*

灯光已设置完毕,但是仔细观察会发现模型没有投影,这是因为三维场景中没有地面,积木目前是悬空的状态,自然就不会有地方接收它的投影。场景中铁丝网一样的东西叫作基面,属于视图叠加层 ⊘,就像是经纬线一样并不真实存在,视图叠加层在最终渲染的时候不会被渲染出来。关闭视图叠加层后就会发现场景中只剩积木了,这就是场景中物体的真实状态,如图 3-68 所示。所以接下来需要建立环境,也就是建立一个空间去放积木。注意本书只是为了演示才关闭视图叠加层,在操作时**一定要记得打开视图叠加层!**

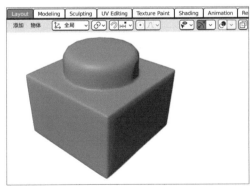

图 3-68 关闭视图叠加层后

建立环境其实就是建模,即建立一个有地面和墙面的模型。**添加或者编辑其他模型时必须先回到物体模式。**在物体模式下执行添加 > 网格 > 平面 □命令,展开左下角参数,设置"尺寸"为 10m,操作过程如图 3-69 所示,这样就得到了一个边长为 10m 的正方形。

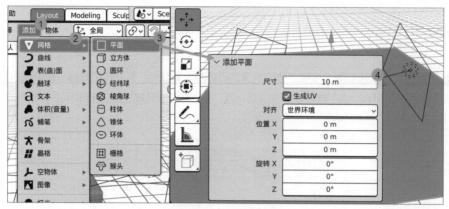

图 3-69 添加平面

地面有了，墙面直接使用这个平面挤出即可。切换到编辑模式 ，单击边选择模式 ，单击挤出选区工具 ，选中平面的两条边，拖动黄色底十字手柄向上挤出即可，操作过程如图 3-70 所示。经过挤出，一个面变成了 3 个面，地面和墙面就都有了。

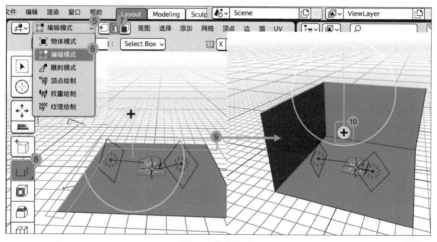

图 3-70 挤出墙面

地面和墙面的转角处比较生硬，这里可以用之前使用过的倒角操作把直角变圆润一点。先选中 3 条边，然后单击倒角工具 ，拖动黄色手柄添加一个较大的倒角 ，展开倒角参数，将"段数"改为 16 左右（更高的段数会使倒角处更光滑），操作过程如图 3-71 所示。

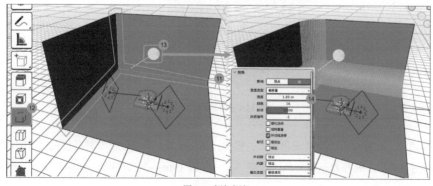

图 3-71 添加倒角

地面和墙面模型制作好了，但是现在积木有一部分处于地面下方，需要使用移动工具把积木往上移动。**切换回物体模式**，单击 3D 视图右上角红色底的 X 把视图切换到正 x 轴视角（其他轴向同理）；接着使用移动工具把积木往上移动，直到正好处于地面之上，操作过程如图 3-72 所示；然后按住鼠标中键旋转视图切换到透视视图，如图 3-73 所示。

计算机三维世界中的物体可以随意穿插，故三维游戏经常会出现穿模的问题，这里需要手动把模型摆放到合适的位置。

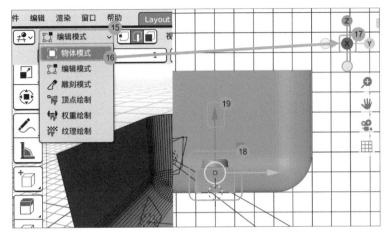

图 3-72 移动模型至地面

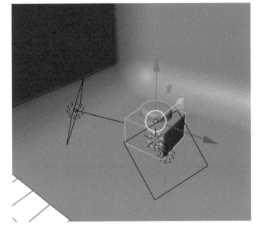

图 3-73 透视视图

模型倒角后转折处依然不是很平滑，所以还需要使用 3.1.2 小节提及的平滑着色和自动光滑进行处理，如图 3-74 所示，这样背景模型就制作完毕了。

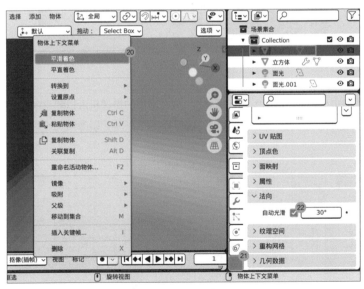

图 3-74 光滑模型

❓ 知识点：视图叠加层

视图叠加层包括各种辅助信息，如轴向，模型点、线、面的数据（见图 3-75），基面网格（见图 3-76）等。这就像是做数学题的时候画的各种辅助线和草稿，在最后交卷时会擦掉这些信息。视图叠加层也是如此，渲染的时候视图叠加层不会被渲染出来。

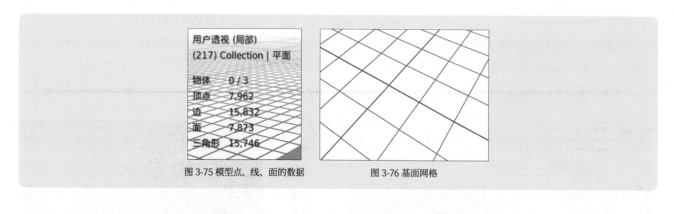

图 3-75 模型点、线、面的数据　　　　　　　图 3-76 基面网格

08 创建摄像机并构图

进入摄像机视图

0

Blender 中起码要有一个摄像机才能够渲染。

现实中要拍一张照片，首先需要打开相机或者手机，如图 3-77 所示。不论是专业相机还是手机的照相机都属于摄像机。

图 3-77 手机拍照场景

在三维世界中，想要在场景中拍照片，同样需要有摄像机，好在虚拟的摄像机可以随意创建。执行添加 > 摄像机 🎥 命令，即可在场景中创建摄像机。但是现在还没进入摄像机视图，执行视图 > 视图 > 摄像机命令即可进入摄像机视图，操作过程如图 3-78 所示。

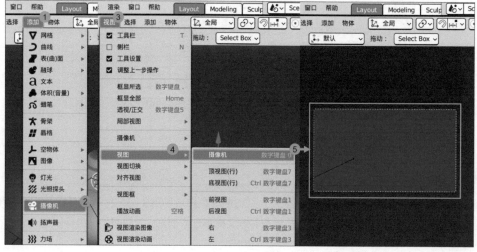

图 3-78 进入摄像机视图

进入摄像机视图就相当于将眼睛放到相机取景器上，如图 3-79 所示。在三维世界中，进入摄像机视图后，视图会受到摄像机的焦距等参数影响，所以场景看起来会跟普通视图有些差别。

图 3-79 相机取景器

进入摄像机视图后，如果去旋转视图，就会立刻从摄像机视图移出，回到普通的透视视图。想要一直锁定在摄像机视图，可以在侧边栏中单击"视图"，展开视图参数，勾选"锁定摄像机到视图方位"，这时候无论怎么移动、旋转视图，都始终保持在摄像机视图。通过旋转、平移视图，让积木模型在视图中居中，确定一个比较好的构图，操作过程如图 3-80 所示。这就是 Blender 中最常用的摄像机构图方法，构图完成之后需要取消勾选"锁定摄像机到视图方位"，这样就不会导致因意外而改变构图的情况发生。

构图其实就是在移动和旋转摄像机，让摄像机位于合适的位置，如图 3-81 所示。其实通过移动工具和旋转工具去操控摄像机也可以得到同样的结果，只是锁定摄像机视图的方法更加直观、方便。

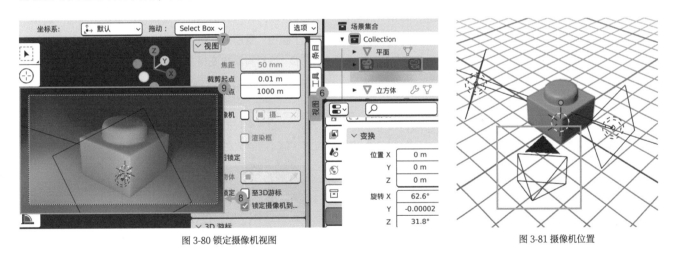

图 3-80 锁定摄像机视图

图 3-81 摄像机位置

> ❓ **小技巧：快速找到模型**
>
> 构图的时候如果移动视图过多，可能会找不到模型，这时按快捷键 Shift+C 即可快速回到场景中模型所在的位置。无论是否在摄像机视图中，都可以使用这个快捷键。如果当前有选中的模型，也可以按数字小键盘上的 . 键快速定位选中的模型。

09 赋予材质 　　无快捷操作　不同的物体可以共用一种材质，一个物体也可以有多种材质。

建模、灯光和构图都已经完成，但是还缺少非常重要的内容，那就是材质。木头、金属、塑料、玻璃等都是生活中常见的材质，不同的材质在光线下呈现出的状态各不相同。三维建模中的模型同样也有材质，接下来制作材质。选中要赋予材质的积木模型，单击"材质属性"按钮 🌐，再单击"新建"按钮，即可新建一种材质，操作过程如图 3-82 所示。

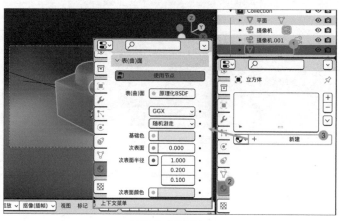

图 3-82 新建材质

新建材质之后看起来没有太大变化，这是因为默认材质是一种普通的灰色质感的材质，所有参数都是最折中的状态，需要自己去修改参数才能获得理想的效果。

通过观察可以得知，积木的材质是塑料，表面比较光滑，并且因为是玩具所以颜色也比较鲜艳，按照这个想法接下来就可以修改材质了。首先需要修改的是材质的颜色，单击"基础色"的色块区域，在打开的色盘中选择自己喜欢的颜色，调整下方的 H、S、V 数值也可以调整颜色，操作过程如图 3-83 所示。积木有了颜色，看起来生动了许多，但是在模型上看不到高光，整体质感比较粗糙，所以需要降低"糙度"到 0.3 左右，如图 3-84 所示，这样材质会变得更加光滑，更加接近塑料的质感。至此便完成了赋予积木材质的操作。

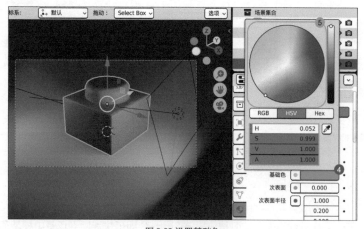

图 3-83 设置基础色

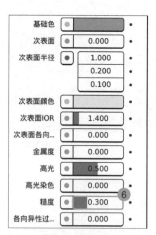

图 3-84 降低糙度

确保当前处于材质预览模式 🌐，重复之前的操作，给背景模型也赋予一种材质，并且更改基础色，如图 3-85 所示。"糙度"就不用降低了，因为背景粗糙、积木光滑，这样能够拉开差距，让积木更加突出。至此，赋予材质的操作全部完成。

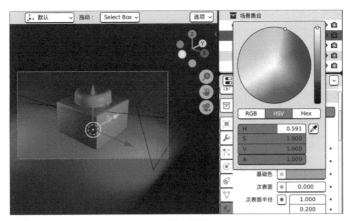

图 3-85 赋予背景材质

3.1.4　渲染输出

　　现实中用相机取好景后，还需要按下快门才能获得一张照片。在三维建模中也是一样，当前的场景中，模型、材质和灯光都已经有了，想要获得一张图片同样需要"按下快门"，这个"按下快门"的操作就是渲染。为什么叫作渲染呢？因为这个过程是由计算机的处理器计算的，并不是真的拍了一张照片，所以需要用相应的专业术语去表示。渲染往往是整个三维建模过程的最后一步。

01	初次渲染		渲染图像 **F12**	渲染使用的是 CPU 或者显卡, 如果渲染不出图像, 需要检查偏好设置中系统的设置, 详见 2.2.4 小节。

　　执行渲染 > 渲染图像 命令，如图 3-86 所示，Blender 会打开一个新的窗口去显示渲染出来的图像，渲染完成后还需要将图像保存到计算机的硬盘上，这样才算完成了整个操作。执行图像 > 保存命令，如图 3-87 所示。进入要保存图像的文件夹，输入图像的文件名，单击"保存为图像"按钮，如图 3-88 所示，这时图像文件就保存到了指定的文件夹中。建议把文件夹和文件整理好，养成良好的习惯。

图 3-86 渲染图像

图 3-87 保存图像

⚠ **容易出现的问题**

无法渲染。

解决方法：检查偏好设置 > 系统的设置，检查显卡驱动程序、系统是否更新。

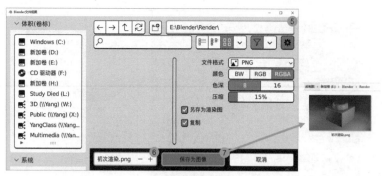

图 3-88 保存为图像

最终渲染出来的图像如图 3-89 所示。其实到这一步就可以结束了，但显然还是有些需要改进的地方，例如顶上的面比较暗，整体的灯光好像都不够亮，模型表面也没有反光的效果。有些问题只有渲染出来才会发现，所以在创作过程中是需要反复修改、反复渲染的。接下来就开始想办法提升渲染的效果。

图 3-89 渲染图

02 修改渲染属性 无快捷操作 再次渲染的结果会覆盖之前的渲染结果，所以要记得保存渲染图像，本书后文会介绍保留多个渲染结果的方法。

想要获得好看的照片，调整相机的参数是必须的，在三维建模中同样也可以调整参数。单击"渲染属性"按钮 📷，然后启用"环境光遮蔽""辉光""屏幕空间反射"，操作过程如图 3-90 所示。勾选这 3 个选项后，再次执行①~⑦步，观察一下第二次渲染（见图 3-91）相较之前（见图 3-89）的变化。虽然变化很小，但是可以看出，积木表面有了更多反射的效果，就像镜子一样，这就是屏幕空间反射的作用。本书后文会介绍更多的渲染参数。

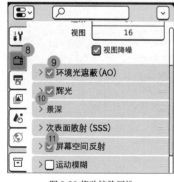

图 3-90 修改渲染属性

图 3-91 第二次渲染效果

03 | **最终渲染** 无快捷操作 | Blender 默认保存的图像格式是 PNG。

为了解决灯光暗的问题，可以再添加一个顶光，操作与 3.1.3 小节中的一样。然后把灯光的能量提高，直到打亮整个场景，但是也不能过亮，将尺寸放大以尽量覆盖大部分场景，操作过程如图 3-92 所示。再次执行①～⑦步，渲染出最终的图像，如图 3-93 所示。是不是成就感满满呢？如果会修图还可以进行后期的修图，让图片效果更好。至此，积木基础版就完全制作完成了。

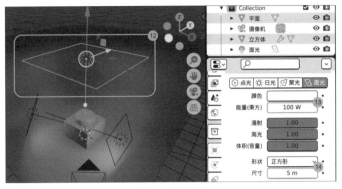

图 3-92 添加顶光

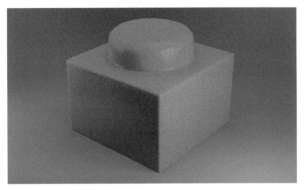

图 3-93 最终渲染效果

案例总结

积木基础版使用了 Blender 的一些基础功能，大概展示了三维创作的基本流程，即建模 > 灯光 > 材质 > 渲染，如图 3-94 所示。这个流程只是一般情况下的顺序，实际制作时会更加复杂。

本案例涉及的知识是通用的，其他的三维软件中也同样有倒角、挤出、面光等概念，所以这个案例非常重要。建议读者尝试独立制作一遍，遇到问题反复阅读本书，直到能够独立制作积木基础版，这样学习效率更高。

积木基础版使用的是 Eevee 实时渲染引擎，其优点是速度快，缺点是真实感不足。下一个案例积木中级版会使用 Cycles 渲染引擎，可以得到更加真实的渲染效果。

图 3-94 基本流程

课后作业

尝试在制作过程中调整参数，例如调整倒角的大小、角度，或者细分的次数等，观察模型的变化，遇到不能解决的问题时直接重新创建一个常规文件即可，不需要保存文件。

3.2 积木中级版

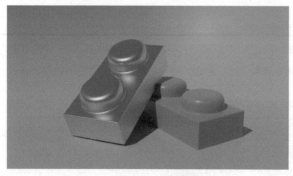

图 3-95 所示为本节积木中级版的目标成果，这一个案例主要涉及更复杂的建模和不同的材质、灯光。

难度	★★☆☆☆
插件	LoopTools（内置插件）
知识点	复杂建模、金属材质、Cycles 渲染引擎
类型	静态渲染图

图 3-95 本节目标成果

本节不会重复上一节积木基础版讲解过的内容，例如单击添加修改器的步骤等将会被省略掉，转而直接说"添加 ×× 修改器"。如果有对省略掉的操作不熟悉的地方，可以重新阅读 3.1 节的内容。

3.2.1 更复杂的建模

　　3.1 节的积木基础版使用了 Blender 最基础的一些建模功能，制作了只有一个圆柱的积木，积木中级版将讲解更复杂的建模，制作顶上有两个圆柱的积木，并且会尽量使用快捷键来提高制作效率。快捷键多是 Blender 的一大特点，几乎每一个按键都是快捷键，熟练掌握快捷键是学习 Blender 所必须的。

　　首先还是新建一个常规文件，如图 3-96 所示。如果新建文件时场景中有内容，Blender 会询问是否需要保存文件，根据情况选择即可，如果不保存，当前场景就会被新建的文件覆盖。

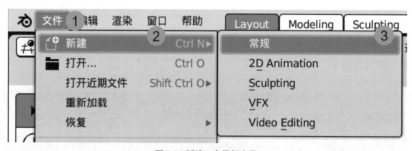

图 3-96 新建一个常规文件

01　制作平面  放置 3D 游标 Shift 在 Blender 中新创建的物体的位置取决于 3D 游标的位置。

　　再复杂的模型也从基本形开始。首先新建一个平面，然后进入编辑模式，并选中一条边（任意一条边都可以），选择的边不同后续的操作也会略有不同，操作过程如图 3-97 和图 3-98 所示。

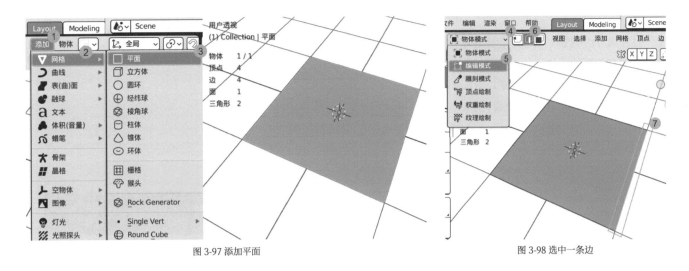

图 3-97 添加平面　　　　　　　　　　　　　　　　　图 3-98 选中一条边

按 E 键或者执行边 > 挤出边线命令，然后拖动鼠标调整挤出边线的距离，单击即可完成挤出边线；展开左下角的参数，把"移动 X"改成 2m，这代表沿着 x 轴挤出 2m，如果之前选择的是另一条边，那么这时候挤出的轴向也会不同，操作过程如图 3-99 所示。

默认的平面是 2m×2m，挤出 2m 之后，整个模型有 4m 长、2m 宽，中间有一条边，相当于模型有两个 2m×2m 的方形面。积木基础版圆柱是由一个方形面经过细分等操作之后形成的，而两个方形面就可以制作出两个圆柱。接下来按 A 键或者执行选择 > 全部命令选中全部的面，选中状态如图 3-100 所示。

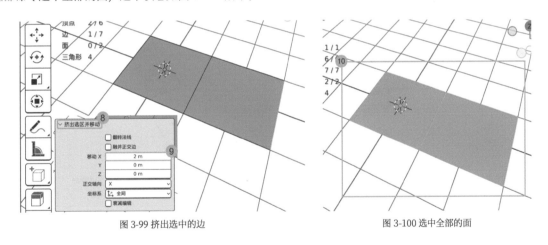

图 3-99 挤出选中的边　　　　　　　　　　　　　　　图 3-100 选中全部的面

❓ **扩展阅读：三维世界的单位**

三维世界中不存在真实的单位，三维世界中的"米"等单位只是为了符合人们的习惯和用于转换。三维世界中只有比例，例如长和宽分别是 1 和 2，后面的单位其实可以是任意单位，可以是米，也可以是毫米，还可以是纳米。重量、功率等单位也一样，只是为了符合生活中人们的习惯。

但是，不同的软件也会采用不同的单位，例如 Blender 默认的长度单位是米，而 Cinema 4D 中则是厘米，所以模型从 Blender 导入 Cinema 4D 中就会变得很小。一个边长 1m 的立方体导入 Cinema 4D 中其边长会变成 1cm，因为单位不会代入进来，这时候就需要进行缩放，将立方体的每条边放大 100 倍就可以恢复到原来的大小，或者调整场景的比例设置也是可以的。

要在 Blender 中查看模型的信息，需要选中模型，打开侧边栏，找到"条目"，再展开"变换"，就可以看到模型的"位置""尺寸"等信息，如图 3-101 所示。如果要查看具体某条边的长度等信息，需要执行其他的操作，本书后文会讲解。

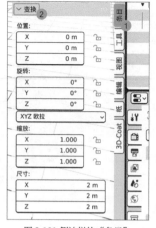

图 3-101 侧边栏的"条目"

⚠ 一般情况不要手动调整"变换"中的"尺寸"和"缩放"。

---

02 | 圆柱底座

顶点倒角
Ctrl Shift B

在执行操作的过程中会有单独的快捷键，例如内插面的快捷键是 I，但是在执行"内插面"命令的过程中，I 键是各面的快捷键。

在选中全部面的状态下右击并执行"细分"命令，切换到点选择模式，选中两个正方形的中心（左边的那个点被 3D 游标覆盖住了，但是并不影响操作），操作过程如图 3-102 和图 3-103 所示。

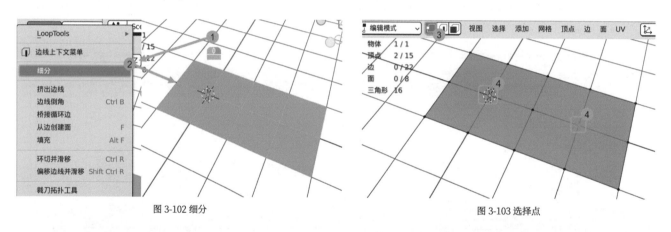

图 3-102 细分　　　　　　　　　　　　　　　　　　　图 3-103 选择点

❓ 知识点：什么是 3D 游标?

　　3D 游标是 Blender 的一个非常重要的基础概念。3D 游标由一个红白相间的圆圈和黑色十字组成，如图 3-104 所示。3D 游标能够反映坐标位置和旋转的信息，有多种作用。3D 游标决定着新创建的物体的位置，此外，可以把物体快速移动到 3D 游标的位置，旋转物体的时候也可以围绕 3D 游标旋转。

　　3D 游标可以通过 Shift+ 鼠标右键去放置，利用好 3D 游标可以极大地提高创作效率。

图 3-104 3D 游标

　　积木基础版中使用"内插面"命令制作了圆形的底座，这里使用一个不同的方法。选中中间的两个点之后，在 3D 视图中右击并执行"顶点倒角"命令，然后拖动鼠标即可调整顶点倒角的宽度，同时向上滚动鼠标滚轮即可增加段数，向下滚动可以减少段数，单击即可结束顶点倒角操作。操作过程和最终参数如图 3-105 所示，注意参数要调整到顶点倒角出来的形状比较接近边缘，但是又有一点点距离。

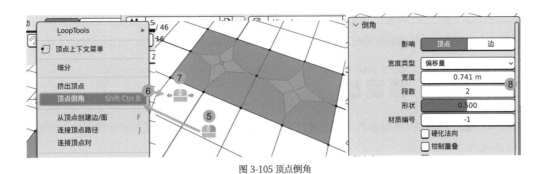

图 3-105 顶点倒角

接下来执行 **LoopTools>圆环**命令，勾选参数中的"半径"，并且输入 0.8，操作过程如图 3-106 所示。

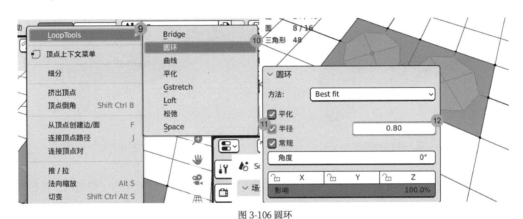

图 3-106 圆环

到这一步看起来跟之前的积木基础版已经一样了，但其实仔细观察并对比图 3-30 可以发现，执行"圆环"命令后得到的面与正方形 4 个角未连接，所以接下来需要手动连接外圈的顶点和内部的顶点。首先选中两个没有连接上的顶点，然后右击并执行"连接顶点路径"命令，对其他顶点也执行一样的操作。操作过程如图 3-107 所示，操作结果如图 3-108 所示。

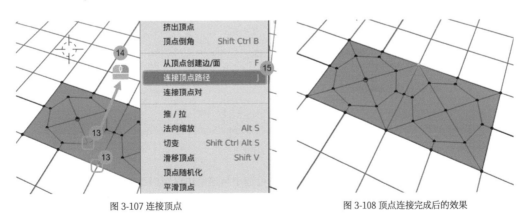

图 3-107 连接顶点 　　　　　　　　　　　　　　　　　　　 图 3-108 顶点连接完成后的效果

❓ 小技巧：重复上一步

执行某一个操作后，直接按快捷键 Shift+R 即可重复上一步的操作。例如连接顶点路径一次之后，选中其他的两个点，直接按快捷键 Shift+R 即可重复执行"连接顶点路径"命令。

这个方法跟之前的方法有什么不同呢？结果是一样的，但是操作更加烦琐。连接顶点路径是建模中很常用的操作之一，这里主要是为了介绍这个新的命令，具体制作的时候按照习惯的方法来就可以了。

03 | **顶部圆柱**　　　　点、边、面选择模式切换　**1** **2** **3**　　使用大部分工具时都可以直接框选，不需要切换回框选工具。

切换到面选择模式 ▣，然后选中圆环底座，按 E 键挤出，然后上下拖动鼠标到合适的高度时单击，即可结束挤出操作。操作过程如图 3-109 和图 3-110 所示。

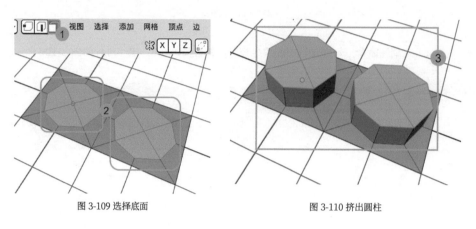

图 3-109 选择底面　　　　　　　　　　　　图 3-110 挤出圆柱

现在圆柱有了，但是底部仍然是平面的状态。所以需要切换到边选择模式，选择外侧的一圈边线，然后同样按 E 键，向下拖动鼠标即可向下挤出，单击结束操作，这样积木就变得立体了。操作过程如图 3-111 和图 3-112 所示。

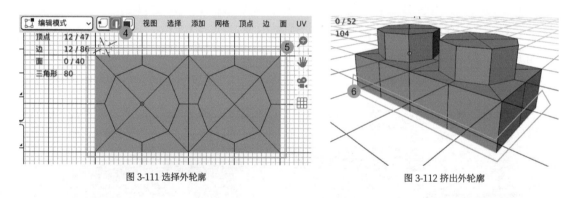

图 3-111 选择外轮廓　　　　　　　　　　　图 3-112 挤出外轮廓

> **❓ 小技巧：快速选择循环边**
>
> 在边选择模式下，按住 Alt 键不放，单击一条边即可选中与这条边首尾相连接的所有边，即循环边（Edge Loops）。在选择积木模型外轮廓时就可以使用这个方法快速选择外轮廓。
>
> 如果试着选择圆柱顶部的外轮廓，会发现选中两条边就会停止，这是因为形成循环边是有条件的，例如碰到一个连接了很多根线的点就会停止，所以遇到特殊情况时还是需要手动选择。

积木的基础形状有了，接下来开始细化。首先还是对顶部进行倒角，操作过程如图 3-113 和图 3-114 所示，同样设置"段数"为 3，也可以试试增加或减少段数，看看有什么不同的效果。

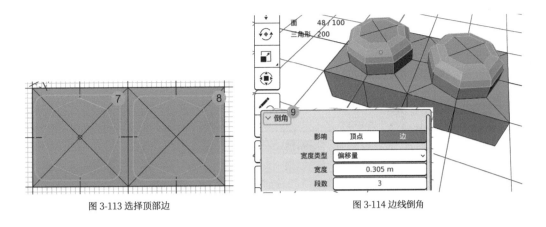

图 3-113 选择顶部边 　　　　　　　　　　图 3-114 边线倒角

04　修复问题  切换透视模式 **Alt Z** 选中点、线、面后切换到不同的点、边、面选择模式，相应点、线、面也会保持被选中。

切换到侧视图后发现顶部的圆柱高度过高，需要降低一点（这里主要是为了讲解知识点，就算圆柱不高也可以跟着笔者操作）。首先确保当前处于编辑模式，然后切换到点选择模式，开启透视模式 口，操作过程如图 3-115 和图 3-116 所示。此时模型可被透视，开启透视模式不仅可以观察模型，而且能在框选的时候选择到模型后面的内容。

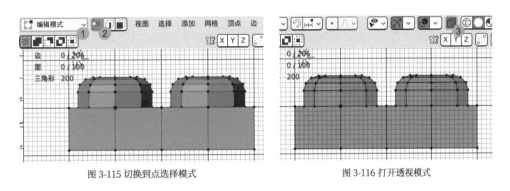

图 3-115 切换到点选择模式 　　　　　　　图 3-116 打开透视模式

确保开启了透视模式，使用移动工具框选圆柱上面所有的点，然后沿着 z 轴向下拖动（也可以在选中后直接按 G 键，然后按 Z 键），让选中的点沿着 z 轴移动，把圆柱的高度降低，一定要确保圆柱背后的点也被选中。操作过程如图 3-117 所示。然后切换到物体模式，操作结果如图 3-118 所示。

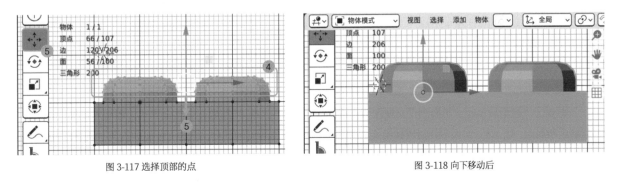

图 3-117 选择顶部的点 　　　　　　　　　图 3-118 向下移动后

在 Blender 中使用快捷键是更便利的方法，但如果不习惯使用快捷键，可以直接使用工具栏中的工具或者在菜单中找到相应的命令来操作。

05 | 平滑模型 无快捷操作　右击鼠标会弹出快捷菜单，快捷菜单的内容会根据物体交互模式的变化而变化。例如，在物体模式下，快捷菜单中会有"平滑着色"命令，而在编辑模式下就没有。

添加倒角修改器和细分修改器，参数如图 3-119 所示，并且开启"自动光滑"和"平滑着色"，最终模型如图 3-120 所示。

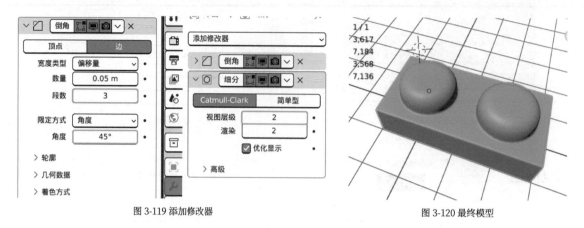

图 3-119 添加修改器　　　　　　　　　　　　　　　　图 3-120 最终模型

06 | 修复顶部   删除　Blender 中无论删除什么，快捷键都是 X 键。

　　模型制作完成后，从不同角度观察可以发现顶部倒角太过圆润，因为是手动倒角，所以只能手动调整了。首先切换到编辑模式，并开启透视模式 口，选中顶部的点，然后执行网格 > 删除 > 面命令，把选中的点所连成的面删除掉，重新制作顶部，操作过程如 3-121 和图 3-122 所示。选中点的时候，也可以执行删除面的命令。

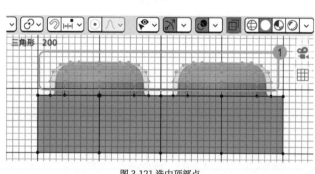

图 3-121 选中顶部点

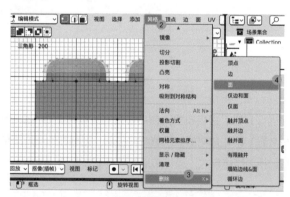

图 3-122 删除面

❓ 小技巧：快速选择局部

　　需要选择模型局部时，切换到正交视图（正视图、右视图……），然后开启透视模式，即可直接框选到模型前后所有点、线、面。如果不开启透视模式，就只能选择正面能看到的部分，想选择背面则需要不断旋转视图，所以开启透视模式会更方便。

　　想要知道选择的内容是否正确，可以按 G 键，然后拖动鼠标，看看被移动的部分是不是想要选择的部分。单击鼠标右键即可将被移动的部分复位。

删除面后，暂时把倒角和细分修改器的视图显示 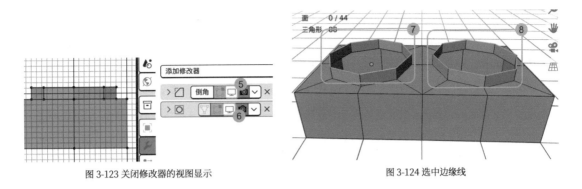关闭掉，操作如图 3-123 所示，这样就可以在 3D 视图中暂时不使用修改器。切换到边选择模式 ⬛，选中两个圆柱的顶部边缘线，如图 3-124 所示。

图 3-123 关闭修改器的视图显示

图 3-124 选中边缘线

选中边缘线后，使用移动工具或者快捷键把边缘向上移动到合适的位置，操作如图 3-125 所示，然后执行顶点 > 从顶点创建边 / 面命令，如图 3-126 所示。

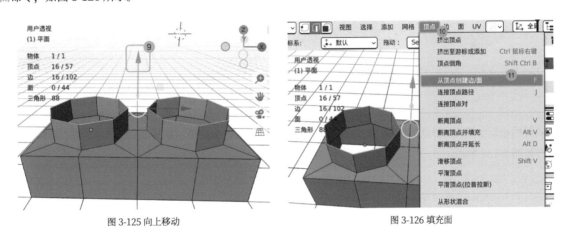

图 3-125 向上移动

图 3-126 填充面

顶面的空洞就这样被填充了面，如图 3-127 所示，然后把顶面的对角顶点连接一下，如图 3-128 所示。可以看到并不是所有的顶点都连接上了，这里涉及一个重要的建模概念，也就是四边面。连接顶点的目的是让模型被划分成更多的面，就像切蛋糕一样。在连接之前，每个顶面是八边形，连接之后每个顶面变成了 4 个四边形。对模型来说，四边形是最好的，四边形以上的多边形是绝对不允许存在的（按照标准来说），所以要想办法把多边形的面分割成四边形。在实在没有办法的情况下，也可以允许有少量三角形。

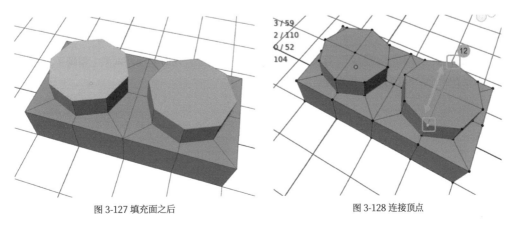

图 3-127 填充面之后

图 3-128 连接顶点

❓ 扩展阅读：模型面的边数

到目前为止，整个模型的所有面都是四边形。如果一个模型的所有面都是四边形，那么是最理想的状态。但是当形状逐渐复杂之后，难免会出现其他形状，例如多边面(N-gon)和三角面，如图 3-129 所示。边数超过 4 的都是多边面，多边面一般情况下是不允许出现的，但是当要求不高时或在某些特殊情况下可以有。三角面对于整个模型来说是可以有几个的，需要注意的是，一个面是四边面还是三角面不取决于形状，而是取决于顶点的数量。图 3-130 所示的面看起来是三角面，但是有 4 个顶点，所以是四边面，这样的形状是不好的。

为什么模型最好都是四边面呢？其实这是为了方便建模，无论是快速选择还是执行其他操作，用四边面都相对简单一些。而实际渲染引擎在渲染时会把模型的面全部转换成三角形，游戏中对模型的处理也是如此，这是因为最少 3 个点才能组成一个面，而 4 个点就能组成一个立体的三角锥了。关于模型面的边数，读者通过继续阅读本书会有更深入的理解。

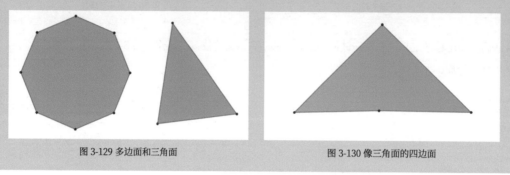

图 3-129 多边面和三角面　　　　　　　　图 3-130 像三角面的四边面

顶部修复好后还是一样要进行顶部倒角，倒角数量调整到一个合适的数值即可，如图 3-131 所示。然后把修改器的视图显示打开，操作如图 3-132 所示。

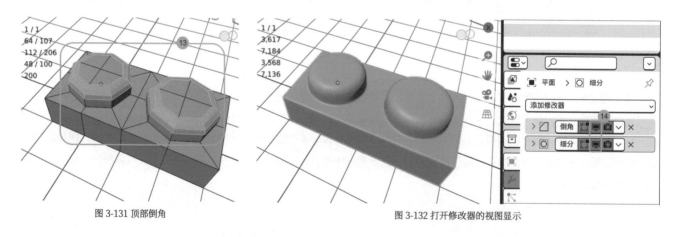

图 3-131 顶部倒角　　　　　　　　图 3-132 打开修改器的视图显示

有些读者可能会觉得这一步操作太过烦琐，有没有办法替代手动修复呢？这时候插件就派上用场了，有的插件就可以做到调整倒角的大小。但是在新手学习阶段，手动操作是最好的。

07　增加厚度　　　　无快捷操作　　参数数值大小取决于模型大小，例如对于 100m 大的模型，倒角为 0.1m 的时候几乎看不出来变化；而对于 1m 大的模型，0.1m 的倒角就会很明显。

把视角转到模型底部会发现模型现在是没有厚度的，如图 3-133 所示。但现实中的积木是有一定厚度的。接下来添加一个实体化修改器 🔲，操作过程如图 3-134 所示，实体化修改器的作用就是给模型增加厚度。

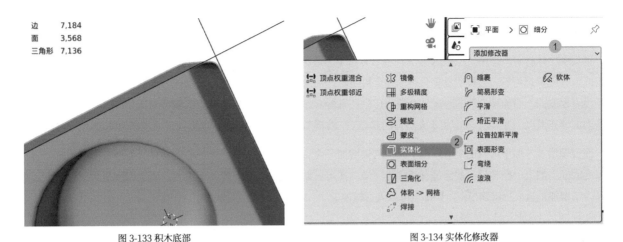

图 3-133 积木底部	图 3-134 实体化修改器

展开实体化修改器参数，把"厚（宽）度"调整到合适的大小，勾选"均衡厚度"，如图 3-135 所示，均衡厚度可以让模型的每一个地方厚度都保持一致。切记厚度不能过大，厚度过大会导致模型部分地方出现问题，如图 3-136 所示。当模型出现问题的时候一般从视觉上就能够看出来，对比图 3-135 和图 3-136 就可以看出，厚度过大时角落处明显不同，可以试着调整厚度观察模型的变化。

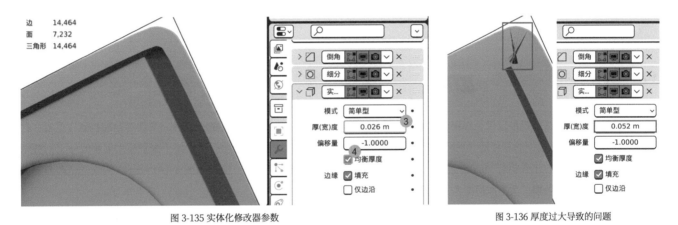

图 3-135 实体化修改器参数	图 3-136 厚度过大导致的问题

为了更直观地看到模型的问题，单击视图叠加层右侧的按钮，然后勾选"线框"，如图 3-137 所示。这样就可以看到模型的布线了，如图 3-138 所示，可以明显看到当厚度过大的时候模型的边线穿插在一起了。如果想要这么厚的厚度该怎么做呢？当然是有办法的，只是需要手动执行很多操作，暂不讲解。记得恢复到正常的厚度！

图 3-137 勾选"线框"

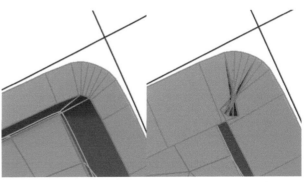

图 3-138 模型的布线

❓ 扩展阅读：三维模型的构造

现实中物体有固态、气态、液态等状态，而计算机中一般的三维模型看起来是固态的，但其实三维模型只是由点、线、面组成，并无状态可言。当模型没有孔洞、完全封闭时，三维模型就被看作实心的固体，但其实模型内部也是空的，面也是没有厚度的。当模型有洞的时候就会被当作空心且没有厚度的物体。实心和空心模型对比如图 3-139 所示。就算在模型内部填充满点、线、面，模型也不会是真的实心，三维模型始终是空心的，计算机只是通过模型的形状去判断其状态。

而模型增加了厚度就真的是有厚度了吗？其实增加厚度后的模型也仍然是个空心的物体，如图 3-140 所示。一圈没有厚度的面，加上一些转折，就像是有了厚度一样。其实三维模型是否有厚度并不重要，增加厚度是为了形状上好看，不是为了增加重量。三维建模中一切都是可以人为操控的。

图 3-139 三维模型的实心和空心

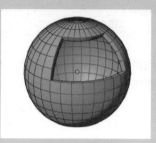

图 3-140 增加厚度的模型

---

08 | 文件管理　　重命名活动项 **F2**　添加的物体的默认名称会随软件界面语言的改变而改变。

到这里积木中级版的模型已经全部制作完成，一定要记得保存文件！模型只是文件的一部分，文件的管理也同样重要。右侧的大纲视图 中，模型的名称是"平面"，这是创建平面时默认的名称，为了更加规范，接下来把模型名称改一下。首先选中"平面"，然后右击并执行 **ID 数据 > 重命名** 命令，输入"积木中级版"，操作流程如图 3-141 所示。为文件合理命名是一个需要保持的良好习惯，要不然模型多了之后会很难分辨。

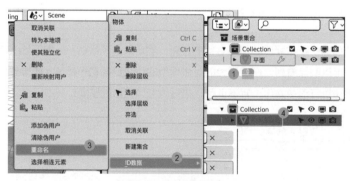

图 3-141 重命名操作流程

❓ 小技巧：快速重命名

双击大纲视图中物体的名称即可重命名，选中物体后按 F2 键也可以重命名。

09 | 场景搭建 复制物体 旋转工具 **Shift** **D** **R** 复制物体得到的模型是一个全新的模型，与之前的模型没有任何关系。

首先制作一个与积木基础版中一样的背景模型，并且规范化命名，如图 3-142 所示。

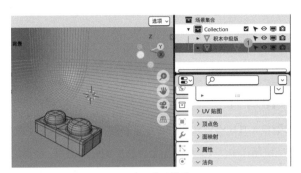

图 3-142 背景模型

场景中只有一个积木有些单调，为了让场景更加丰富，可以复制出一个积木模型。选中模型，执行**物体 > 复制物体**命令，操作过程如图 3-143 所示。拖动鼠标就可以移动复制出来的模型，单击即可完成复制操作，结果如图 3-144 所示。

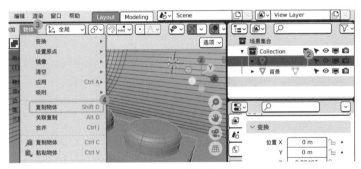

图 3-143 复制物体

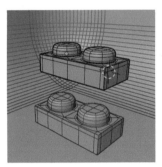

图 3-144 复制出来的物体

可以使用移动工具和旋转工具把复制出来的模型放在原来的模型上，效果如图 3-145 所示。也可以按照自己的想法摆放成比较好看的样子。不要在意模型有交错部分，毕竟通过移动和旋转是很难把模型摆放得完全符合物理规律的。3.3 节积木进阶版中会涉及物理模拟的知识，可以让模型的摆放更自然。

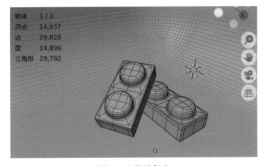

图 3-145 摆放积木

摆放模型时可以切换到四格视图观察。可以尝试复制更多积木出来，摆放出复杂的场景，例如摆出一个字来。复制物体是经常要用的操作，需要反复训练。

❓ 知识点：复制物体

复制物体有普通复制和关联复制两种。普通复制出来的模型跟原来的模型是没有关系的，复制之后只是有了两个一模一样的模型，修改其中一个对另一个毫无影响；而关联复制出来的模型跟被复制的模型是关联的，修改其中一个另一个也会一起变化。关联复制涉及一个 Blender 中非常重要的基本概念"数据块"，本书后面会讲解关联复制的用法和数据块的含义。

3.2.2 尝试不同的材质和灯光

生活中的材质多种多样，一种很常见并且比较特殊的材质就是金属。金属是一个统称，包括很多种，例如铁、钢、金等。不同的金属会有不同的特性，但是在三维制作中，只需要做出金属材质的外观即可。金属的外观表现为光泽度高，可反射光线，如图 3-146 所示。一般金属看起来都非常光滑，而韧性、抗腐蚀性之类的特性就不是三维创作的内容，也不可能在三维建模中实现。这里试着给积木赋予普通的金属材质，让两个模型的质感区别开来，并且尝试使用不同的灯光，看看效果会有什么不同。

图 3-146 金属易拉罐

---

 01 分别赋予两种材质 ｜ 无快捷操作 ｜ 一种材质可以赋予多个物体，物体也可以随意更改材质。

给其中一个积木赋予塑料材质，基础色改为自己喜欢的颜色，切换到材质预览模式 ⚫ 即可看到材质的状态，如图 3-147 所示。为另一个积木新建材质，然后把"金属度"改为 1.000，可以看到积木已经有金属的感觉了，但是看起来非常粗糙，这时候把"糙度"降低，可以看到金属材质开始反射周围的光线，如图 3-148 所示。可以试试把"糙度"降低到 0，观察材质有什么变化。

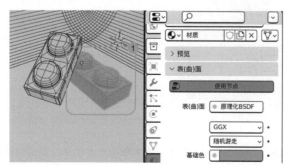

图 3-147 新建塑料材质

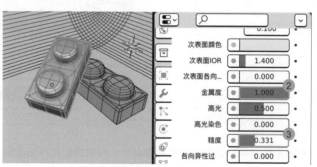

图 3-148 金属材质参数

材质从塑料到金属只需要简单更改参数即可，关闭线框后如图 3-149 所示。三维建模的材质只是外观而已，并不是真的改变了模型的内部结构，因此，通过修改各种参数可以创造出无数种不同的材质，甚至是现实中不存在的材质都可以制作出来。可以赋予同一个模型多种材质，关于材质的更多知识本书会通过更多案例逐渐深入讲解。

笔者会反复讲到现实世界与三维世界，这是因为必须要把自己从现实世界中抽离出来，训练出计算机思维，才能够更好地学习三维建模技术。分不清现实与虚拟的区别是学不好三维建模技术的一大主要原因。

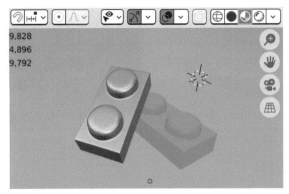

图 3-149 关闭线框后

现在看来金属材质的效果还不是很明显，这跟渲染引擎有很大的关系，后文的步骤会讲解切换到不同的渲染引擎，材质会有完全不同的效果。这里制作的只是一个最普通的金属材质模型，可以试着调整参数，例如"基础色"和"糙度"，看看会对金属材质产生什么样的影响。

02 **尝试使用日光** 无快捷操作 Blender 场景中默认是有一个灰色背景光的，所以就算没有任何灯光也能够看得见模型，本书后文会介绍相关的知识。

在材质预览模式下感觉场景很亮，能看到模型，这是因为材质预览模式有默认的场景灯光，当切换到渲染模式时场景就变得比较黑了，如图 3-150 所示。这里尝试用日光 ☼ 去打亮整个场景，操作过程如图 3-151 所示。

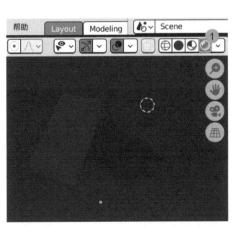

图 3-150 切换到渲染模式

图 3-151 添加日光

日光就相当于将一个太阳放在三维世界中，日光的位置是不重要的，移动日光并不会影响场景中的光，因为日光就是假设从无限远的地方射过来的，只有旋转日光才能够改变光线的状态。日光默认的参数会使得阴影特别硬，提高日光的角度参数可以使光线更加柔和，最终场景的状态如图 3-152 所示。

图 3-152 最终场景预览

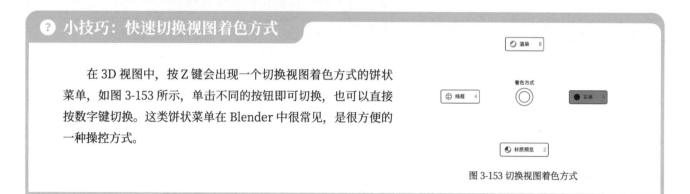

小技巧：快速切换视图着色方式

在 3D 视图中，按 Z 键会出现一个切换视图着色方式的饼状菜单，如图 3-153 所示，单击不同的按钮即可切换，也可以直接按数字键切换。这类饼状菜单在 Blender 中很常见，是很方便的一种操控方式。

图 3-153 切换视图着色方式

3.2.3 使用 Cycles 渲染

积木基础版使用的是 Eevee 渲染引擎，此处介绍另一个渲染引擎，也就是 Cycles。渲染引擎就相当于相机的品牌，不同品牌的相机有着不同的参数和特性。例如 Eevee 就是渲染速度极快，但是不符合物理规律，渲染效果不真实。想要获得更加真实的渲染效果，就需要使用 Cycles，本小节就来试一下使用 Cycles 渲染会有什么不同。

| 01 | 切换渲染引擎 | | 无快捷操作 | 不同的渲染引擎会有不同的渲染结果，并且材质等一般不通用。Blender 自带的 Eevee 和 Cycles 大多数材质通用，但是少部分材质节点不互通。 |

首先把"渲染引擎"切换到 Cycles，并且将"设备"改成"GPU 计算"，将"特性集"改成"试验特性"，操作过程如图 3-154 和图 3-155 所示。本书中的案例只要使用 Cycles 渲染，全都使用这样的设置。

图 3-154 切换渲染引擎

图 3-155 Cycles 设置

在这方面，Blender 的一大优势立马就体现出来了：Blender 可以无缝切换不同的自带渲染引擎，反应非常迅速，也无须手动调整参数，如果使用的计算机使用 Cycles 渲染比较吃力，在制作过程中可以随时切换回 Eevee 渲染引擎。

02　优化场景　　无快捷操作　GPU 渲染比 CPU 渲染速度要快很多。

调整日光的角度，如图 3-156 所示。把塑料积木的"糙度"降低一点，如图 3-157 所示。对比图 3-154，图 3-157 显而易见更加真实，也能够正确地反射光线了，整个环境的真实感都有着显著的提升。

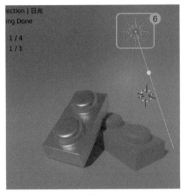

图 3-156 调整日光的角度

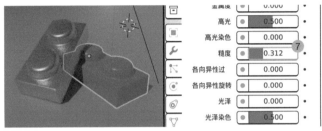

图 3-157 降低糙度

虽然 Cycles 渲染效果更好，但并不是说 Eevee 就一无是处。Cycles 为了获得更好的效果，需要花更多的时间去渲染，所以具体使用哪一个渲染引擎需要根据实际情况调整。好在 Blender 可以无缝切换自带渲染引擎，并且不需要重新制作材质和灯光（其他软件中一般渲染引擎之间材质和灯光都不通用）。

03　构图渲染　　活动摄像机对齐当前视角　**Ctrl Alt 0**　Blender 的场景中允许有多个摄像机，但是活动摄像机只有一个，渲染时会使用活动摄像机。

灯光和材质调整好后，就可以开始构图了。新建一个摄像机，这里使用一个不同的方法去构图，首先不用管摄像机在哪里，直接在 3D 视图中找好一个角度，然后执行视图 > 对齐视图 > 活动摄像机对齐当前视角命令，即可把摄像机调整到与 3D 视图一致的视角。操作过程如图 3-158 所示，结果如图 3-159 所示。

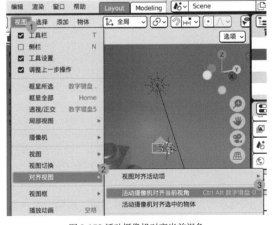

图 3-158 活动摄像机对齐当前视角

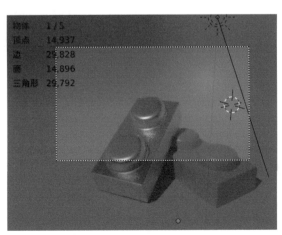

图 3-159 对齐视角后

因为摄像机的视野范围有限，所以可能会有拍不到的地方，可以反复执行对齐视图的命令，或者结合锁定摄像机视角的方法，直到把构图调整合适，如图 3-160 所示。接着单击"渲染属性"按钮 📷，展开渲染参数，把"时间限制"改为 30sec（sec 代表秒），操作过程如图 3-161 所示。然后单击"渲染图像"按钮 📷。

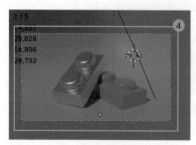

图 3-160 调整构图后   图 3-161 修改渲染时间限制

⚠ **容易出现的问题**

摄像机的取景框变得很小，如图 3-162 所示。

解决方法：确保没有勾选"锁定摄像机到视图方位"，直接滚动鼠标滚轮即可缩放摄像机取景框，按 Home 键可以快速缩放取景框到合适的大小。

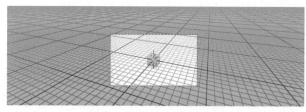

图 3-162 摄像机取景框过小

渲染出来的图像如图 3-163 所示，可以看到阴影、反射等都非常真实，但是渲染时间很长，图 3-162 中设置了 30s 的时间限制就是为了把渲染时间限制到 30s 以内，避免渲染太长时间。当然如果要获得更好的画质，一般需要更长的渲染时间。当计算机性能不够强的时候就可以使用时间限制，以避免计算机长时间高负荷运转。

图 3-163 渲染结果

 **04   简单后期**   无快捷操作   三维场景是由模型等众多数据组成，但是渲染完成之后只是一张由像素组成的图片，后期处理是处理渲染好的每一个像素，而不是更改三维场景中的内容。

一个完整的项目流程是有前期、中期、后期的。积木中级版的前期是观察分析，中期是建模渲染，后期一般也就是指对图片或视频进行后期处理，通俗说就是修图、美颜之类的操作，这里指用简单的方法让图片更加好看。

单击"渲染属性"按钮 📷，使用鼠标滚轮滚动到最下面，展开"色彩管理"参数，然后把"胶片效果"改成 High Contrast（高对比度），这样可以让渲染出来的图像对比度更高；然后勾选"使用曲线"并将其展开，在曲线中间的地方单击，然后往左上方拖动，操作过程如图 3-164 和图 3-165 所示。曲线是后期处理中很常用的功能，简单说就是可以把图片中不同亮度的地方调亮或者调暗，图 3-165 中曲线的调整可以让图片的中间部分更亮。

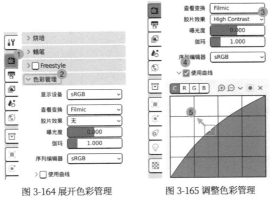

图 3-164 展开色彩管理　　　图 3-165 调整色彩管理

简单的后期处理完成后再次渲染图像，可以看到经过后期调整的图片更加漂亮、更加明亮，如图 3-166 所示。由此可见，后期处理在 CG 创作中是至关重要的，尤其是三维制作，好的后期处理可以让 CG 作品提升一个档次。本书后文的案例会更深入地讲解后期处理方法。

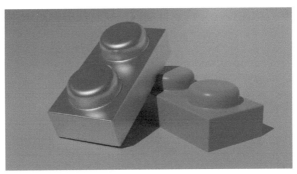

图 3-166 积木中级版最终渲染图

案例总结

本节案例使用了更多建模技术，制作了双圆柱的积木，还展示了基本金属材质的制作，最后做了简单的后期处理。最复杂的部分还是建模，但是建模其实只是反复操作、反复使用各种命令，总体来说是一个比较"机械化"的过程。而灯光的运用和材质的制作并无太大技术难度，主要是考验审美水平，使用不同类型的灯光、将灯光放到不同的角度，会带来完全不同的感觉，所以审美水平对 CG 创作来说是至关重要的。

课后作业

反复制作积木中级版，熟练掌握建模技巧，尝试制作具有更多圆柱体的积木模型，并且尝试调整不同的材质参数。

3.3 积木进阶版

图 3-167 本节目标成果

图 3-167 所示为本节积木进阶版的目标成果，这个案例会涉及基本的物理模拟功能。

难度	★★★☆☆
插件	无
知识点	物理模拟、材质节点、合成节点
类型	静态渲染图和动态制作

在现实中把积木拿到空中，积木会往下掉，做自由落体运动，这是因为积木受到了重力的作用。当把很多积木往地面上丢的时候，积木会错落地叠加在一起，自然地构成一个场景。在三维世界中同样也可以实现自由落体运动，本节积木进阶版案例将使用 Blender 的物理模拟功能制作一个简单的自由落体场景。

本节内容会直接使用之前制作的模型，建议根据之前所学的知识独立制作几个不同类型的积木，如图 3-168 所示，然后再继续阅读本节。

积木进阶版步骤多，知识点多，会比较难，需要多保存几次文件。最好一个步骤保存一次文件，这样可以随时退回到其中某个步骤。物理模拟功能容易导致软件崩溃，建议使用稳定版本的 Blender。

图 3-168 各类积木模型

3.3.1 积木的自由落体

首先来制作积木的自由落体场景，这里可以使用之前制作好的模型。也可以重新建模，模型的厚度和大小不会影响自由落体的结果，因为在三维世界中只是计算和模拟自由落体运动，只有手动修改相关参数才会影响自由落体的结果。本节案例只是简单的入门内容，所以使用默认的参数即可。

---

 01 | 导入模型 ⬚⬚⬚ | 文件菜单 **F4** | Blender 中物体名称具有唯一性，如果有冲突会自动改名。

Blender 有着非常灵活的文件管理功能，可以直接从 Blender 源文件中导入需要的内容，还可以直接打开多个 Blender，通过复制、粘贴去传递模型（不过这个方法在 macOS 上比较难操作），这里使用第一种方法。新建一个常规文件，然后执行文件 > 追加 ⌀ 命令，找到积木中级版源文件所在的文件夹，双击源文件（或者选中源文件后单击"追加"按钮）即可进入积木中级版源文件，就像是打开了一个文件夹一样，然后向下滚动，找到 Object 后双击，最后双击"积木中级版"，即可把积木中级版源文件中名为"积木中级版"的物体导入。操作过程如图 3-169 所示，"积木中级版"这个名称是 3.2.1 小节步骤 08 中修改的名称。

图 3-169 追加文件

追加进来后，积木保持着同样的旋转角度，修改器也是一样的，如图 3-170 所示。物体追加进来后跟之前的文件就毫无关系了，可以直接进行修改，并不会影响到之前的文件。

图 3-170 追加进来的模型

02　添加刚体物理属性　　无快捷操作　　对一个物体可以添加多个不同类型的物理属性，但是同一类型的物理属性只能添加一个。

选中积木模型，在属性栏中找到物理属性 ，单击刚体 ⊠，即可给积木添加刚体属性，操作过程如图 3-171 所示。这是什么意思呢？可以看到物理属性中除了刚体还有软体、流体、布料等属性，给模型添加这些属性中的某一个，Blender 就会通过计算让模型具有相应的特征和表现。例如刚体指的是坚硬的物体，如铁球之类的物体，添加刚体属性后物体就会受到重力影响，并且刚体之间会相互碰撞。软体与刚体类似，区别是刚体不会变形，软体会变形，例如果冻之类的物体就属于软体。

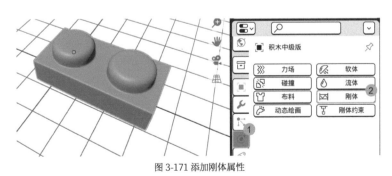

图 3-171 添加刚体属性

03　让世界动起来　　播放/暂停动画  空格键　　三维的模拟计算都以帧为单位。

对积木已经添加了刚体属性，但是却什么都没有发生，这是因为三维世界是"暂停"的状态，如果要一直保持"播放"状态，计算机就需要不间断地计算，这会给计算机带来极大的负担。所以三维的物理模拟之类涉及计算的内容都是保持暂停的状态，就像是看视频一样，点击播放按钮才会开始计算。

这就需要用到时间线，如图 3-172 所示。时间线用于控制整个场景的时间，具有播放、暂停、回放等功能，并且可以设置场景的时长。

图 3-172 时间线

仔细观察时间线可以看到，最中间有两个三角形按钮，一个向前播放按钮 ▶，一个向后播放按钮 ◀。单击向前播放按钮 ▶，如图 3-173 所示，可以看到积木模型开始往下坠落。播放就代表着开始计算，这个过程也叫作模拟（Simulation），单击暂停按钮 Ⅱ 即可停止计算，如图 3-174 所示。

图 3-173 单击播放按钮　　　　　　　　　　　　　图 3-174 单击暂停按钮

如果要再次计算，需要先跳转到起始帧，操作如图 3-175 所示，然后再单击播放按钮才能够再次计算。后文的步骤中需要反复跳转到起始帧再播放，一定要熟悉此操作。

图 3-175 跳转到起始帧

❓ 知识点：时间线

时间线是用来制作动画的，可以控制场景中的时间、操作关键帧，其结构如图 3-176 所示。时间线是制作动画必须掌握的编辑器。

设置区域：进行播放动画相关的设置，例如是否跟音频同步播放。

菜单：控制视图显示和操控标记。

控制按钮：播放代表开始计算场景中的动画，暂停就停止计算，第一个按钮用于跳转回第一帧，最后一个按钮用于跳转到最后一帧，第二个和倒数第二个按钮分别用于跳转到前一关键帧和后一关键帧。只有在起始帧才能够摆放有物理属性的物体，要重新计算也必须回到起始帧。

帧设置区域：主要是设置场景的起始点和结束点，单位是帧。一般只会修改结束点，例如想要一个 10 秒、25 帧 / 秒的视频，那么结束点就是 250，总共 250 帧；若只需要 1 秒，则可以设置结束点为 25。"起始"左侧的数字表示当前帧，可以直接输入数值跳转到指定的帧。

时间针：属于时间控制区域，时间针在哪里，当前就在哪一帧。想跳转到任何帧，直接拖动时间针即可。播放的时候时间针会一直向前移动。

时间控制区域：最重要的一个区域，横向的数字的单位是帧，白色区域代表帧起始点到结束点的范围，之外的区域是灰色的。该区域可以用鼠标滚轮缩放，按住鼠标中键平移，还可以按 Home 键框选全部。

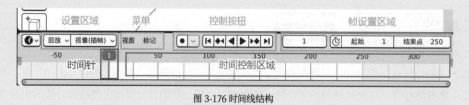

图 3-176 时间线结构

3.3.2　制作环境

3.3.1 小节给积木添加了刚体属性，但是单击播放按钮后，积木一直往下坠。这是因为场景是空的，没有地面能够接住积木。所以需要制作一个环境出来，用来与积木模型交互。

为了不影响建模，可以先把积木隐藏。单击大纲视图中积木中级版右侧的眼睛图标 ◉ 即可在视图中隐藏积木，操作如图 3-177 所示。图标 ⌣ 代表隐藏，再次单击即可显示。

图 3-177 在视图中隐藏积木

> ⚠ 本小节开始会在配图中省略最基础的步骤，如"新建常规文件"，但是文字中会描述此步骤。

---

01 | **环境建模** 　无快捷操作　无扩展知识或提醒。

首先添加一个平面并进入编辑模式，切换到边选择模式；然后选择一条边，按 E 键向上挤出；最后给转折处添加一个段数较高的倒角，让过渡比较自然。操作过程如图 3-178 至图 3-180 所示。记得开启平滑着色和自动光滑，模型如图 3-181 所示。

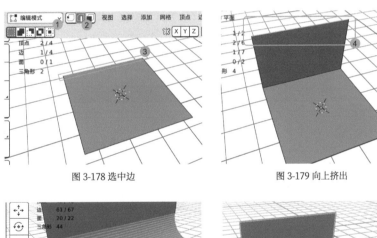

图 3-178 选中边　　　　　　　　　　　　　图 3-179 向上挤出

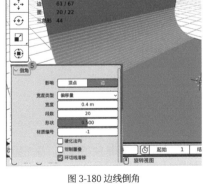

图 3-180 边线倒角

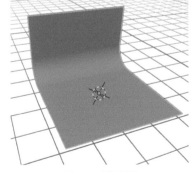

图 3-181 最终模型

---

02 | **缩放模型** 　缩放 **S**　物体模式下的缩放会保留缩放的比例，可以随时复原，而编辑模式下的缩放是不可复原的。

因为新建的平面是正方形的，所以经过挤出倒角之后，模型看起来很窄，这时候就可以用缩放工具把模型变得宽一点。

首先选中模型并进入编辑模式 ，然后按 A 键选中全部的面，单击缩放工具，按住绿色的小立方体不放左右拖动即可让模型沿着 y 轴缩放（需要从哪个方向缩放就选择相应的轴向，不一定是 y 轴），操作过程如图 3-182 所示。把环境模型缩放到较宽，这样就可以放更多的积木。

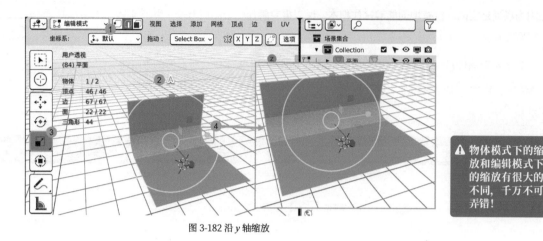

图 3-182 沿 y 轴缩放

这时候在大纲视图中把积木模型的视图显示 ◉ 打开，可以发现环境模型特别小，而积木显得很大，这显然是不合理的。选中环境模型并进入编辑模式，全选，然后使用缩放工具 ，把鼠标指针放在白色圆圈处，按住鼠标左键不放，向右拖动即可整体放大模型，向左拖动是缩小，操作过程如图 3-183 所示。使用移动工具和缩放工具调整积木的大小和位置，直到场景的比例比较和谐，如图 3-184 所示。积木需要放高一点，与地面要有一定的距离才能够往下坠落。

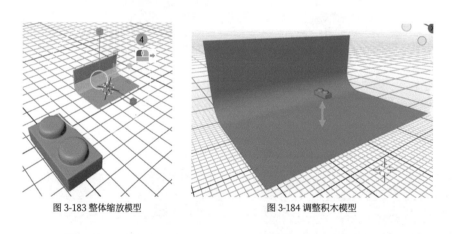

图 3-183 整体缩放模型   图 3-184 调整积木模型

 03   **添加被动刚体**   无快捷操作   Blender 中重力加速度是 -9.8m/s^2。

环境模型制作好后，回到起始帧再次单击播放按钮会发现，积木直接穿过模型，还是往下掉了。这是因为环境并没有添加物理属性，所以它不会被 Blender 计算。如果不需要添加物理属性，就可以加入计算，那么当场景中有上百个模型时，计算机可能会卡顿，所以只给需要进行计算的物体添加物理属性。

选中环境模型，在物理属性 ⊙ 栏中单击"刚体"按钮 ，回到起始帧再次单击播放按钮 ▶，会发现积木跟环境一起往下坠落了，要想环境模型不往下坠落，就需要单击展开刚体类型的下拉列表，选择"被动"，操作过程如图 3-185 所示。再次单击播放按钮，环境模型就不会往下坠落了。刚体类型为"被动"时模型就会保持静止，但还是会与活动项的刚体产生碰撞。"被动"一般用于墙壁之类的稳定的物体。

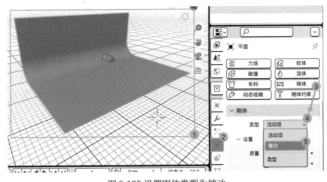

图 3-185 设置刚体类型为被动

❓ 小技巧：批量添加刚体属性

当有多个物体的时候，逐个添加刚体属性就非常麻烦，想要统一添加可以先选择多个物体，然后执行物体 > 刚体 > 添加活动项或添加被动项命令。

04 | 碰撞测试 隐藏选中项 物体隐藏之后，刚体效果仍然会起作用。

这就结束了吗？虽然现在环境模型没有往下坠落，但是积木模型却被弹开了，如图 3-186 所示。接下来先在大纲视图中把环境模型重命名为"环境"，再单击"刚体"按钮来移除环境模型的刚体属性，最后把环境模型隐藏，操作过程如图 3-187 所示。

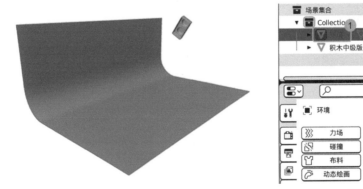

图 3-186 积木被弹开   图 3-187 移除刚体属性

新建一个平面，设置较大的尺寸，然后给平面添加被动类型的刚体，如图 3-188 所示。此时播放会发现积木自然地落在了平面上，如图 3-189 所示。

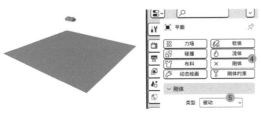   

图 3-188 新建平面并添加刚体   图 3-189 积木落在平面上

05 | 修改碰撞形状　　　　　　　　跳转到起始帧　　在视图中隐藏的物体还是会被渲染出来，只有在渲染中禁用才不会被渲染
Shift ←　　　　出来。

这里涉及一个重要的概念"碰撞形状"。现实中一个物体是什么形状就会有什么样的表现，例如球掉在地上会滚动，饭可以被放在碗里面等。而三维建模中物体的形状跟实际碰撞的形状是可以不同的，一个立方体也可以像球一样滚动，饭不一定能被放进碗里，这都是通过修改碰撞的形状去实现的，而默认的碰撞形状是凸壳。

接下来先把平面删除，恢复显示环境模型，选中环境模型，进入编辑模式，执行网格>凸壳命令，即可得到环境凸壳后的模型，如图 3-190 所示。可以看到凸壳的环境模型是封闭的且侧面是三角形，这也就是为什么积木会被弹开，因为环境模型的碰撞形状并不是肉眼所看到的那样，这里只需要把碰撞形状改成网格即可解决问题。首先执行编辑 > 撤销历史命令，然后找到凸壳，单击凸壳的上一步操作（凸壳的上一步操作是什么并不重要），即可回到执行凸壳命令之前的状态。这就像让时间倒流一样，操作过程如图 3-191 所示。

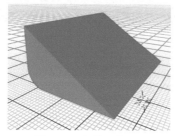

图 3-190 凸壳后的环境模型

图 3-191 回到凸壳之前

确保环境模型处于被选中的状态，添加被动类型的刚体，展开"刚体"，展开"碰撞"，单击"凸壳"，然后单击"网格"，操作过程如图 3-192 所示。这样就把环境模型的碰撞形状改成了网格，也就是肉眼可见的模型本身的形状。回到起始帧再次单击播放按钮，积木终于可以平稳落地，如图 3-193 所示。

图 3-192 更改碰撞形状

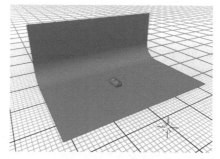

图 3-193 积木平稳落地

❓ 知识点：凸壳（Convex Hull）

凸壳是一个几何学概念。用通俗的话说，就是创建一个能够包裹住模型所有点的几何体。这就像是给一个物体裹上一块没有缝隙的、完整的布，这块布能够包裹住这个物体的边边角角，并且是拉直状态，没有凹陷进去的地方，如图 3-194 所示（右）。

将凸壳作为碰撞形状是为了减少计算量，因为模型过于复杂是很难计算碰撞的结果的，而凸壳的形状就相对简单，但是准确度也有所下降。游戏中会用更简单的几何体去碰撞，所以会出现"穿模"等情况。计算机想要模拟现实中复杂

的碰撞效果是很难的，凸壳就可以很好地平衡计算时间和效果，但如果遇到背景模型这样的形状就容易引起一些问题。

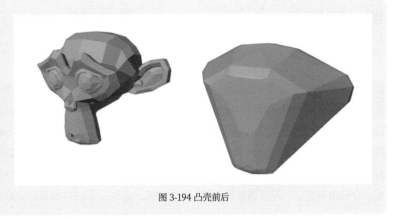

图 3-194 凸壳前后

06 摆放积木

关联复制

Alt D 模型属于物体,物体包含模型、修改器、材质等内容。

场景中只有一个积木，比较单调。接下来用 3.3.1 小节步骤 01 的方法把其他类型的积木也导入进来，如图 3-195 所示，然后给新导入的积木都添加上刚体。

现在每种积木都只有一个，坠落下来效果还是不够好，所以需要多复制几个出来，让场景更加丰富。首先一定要确保当前位于起始帧，选中要复制的物体，执行物体 > 关联复制命令，拖动鼠标放置复制出来的物体，单击完成复制，操作过程如图 3-196 所示。这里使用关联复制主要是为了节约内存，以避免内存占用太高。

使用关联复制把每种积木都单独复制几个出来，再**移动**和**旋转**积木，让积木错落摆放，推荐切换到四格视图完成这一步，摆放完后的效果如图 3-197 所示。一定要在起始帧的状态下操作！积木之间一定不能有穿插的部分，所有积木必须分离开。

在物体模式选中多个物体的情况下，按住 Shift 键单击物体会把物体设置为激活状态，再次单击物体可退出激活状态。

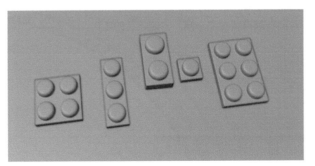

图 3-195 导入所有积木模型

图 3-196 关联复制

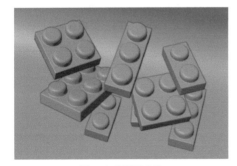

图 3-197 摆放积木后

❓ **小技巧：随机变换**

想要让场景中的模型有随机的位置、旋转和缩放，可以选中物体，然后执行物体 > 变换 > 随机变换命令，然后在参数中调整相关数值，例如将"旋转 X"改为 90°，则选中的物体会在 x 轴上旋转 90° 以内的随机度数。

07 | 刚体设置

 无快捷操作 　Blender 中默认的质量单位是 kg。

在起始帧单击播放按钮,可以看到积木下坠之后很容易翻过来,效果还不是很理想,这个问题可以通过更改刚体的设置解决。选中一个积木,单击"物理属性"按钮,展开刚体 > 设置,可以看到有一个"质量"参数,它代表了模型的质量,质量越大模型越稳定,越小就越不稳定。现实中质量和体积、密度、材质等因素有关,三维建模中是可以随意设置的。当前质量是默认的 1kg,单个圆柱模型的高 2m(前提是完全按照本书流程制作),对于一个 2m 高的物体,1kg 显然太轻了,具体设置多少合适呢?这里可以直接使用 Blender 提供的计算质量的功能,按 A 键选中全部模型,执行物体 > 刚体 > 计算质量 > 塑性命令,即可根据尺寸等信息把积木当作塑料计算出质量,操作过程如图 3-198 所示。再次回到起始帧,单击播放按钮,可以看到积木的下坠更加自然和真实了。反复调整积木的数量、位置、旋转,直到获得满意的效果,最终效果如图 3-199 所示。

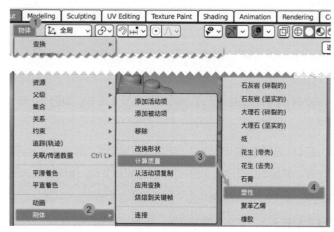

图 3-198 计算质量　　　　　　　　　　　　　　　图 3-199 积木下坠的最终效果

单击播放按钮模拟计算后,时间线下部会有一个橙色区域,这代表这段时间是有物理模拟的缓存的,按住时间针拖动可以定位到不同的帧,如图 3-200 所示。没有橙色缓存区域的地方不会有下坠的动画,如果刚播放 1 帧就暂停,就只有 1 帧的缓存。建议播放完全部的动画,然后在时间线中找到效果比较好的一帧,把时间针就停留在那一帧,方便之后的工作。

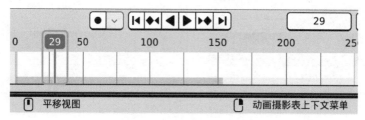

图 3-200 时间针

❓ 知识点:帧

帧是影视、动画创作中非常重要的一个基础概念。一个帧就是连续的画面中的一个画面,一个视频就是由很多张连续的图片所构成的。图 3-201 所示为 Eadweard Muybridge 在 1878 年拍摄的一组照片,这组照片记录了马的运动过程。试着从第一张开始快速移动眼睛,一直看到最后一张,是否觉得马跑动起来了呢?这就是视频的原理,视频利用的就是人眼的视觉残留效应,当看第二张图片的时候,第一张"还在眼球里",以此类推,就会让人有一种动态的错觉。

早期的电影一般是 24 帧 / 秒（也就是一秒钟内连续播放 24 幅图像），动画片一般是 25 帧 / 秒，而现在的游戏一般在 60 帧 / 秒以上。帧速率越高动态也就越自然。Blender 中默认的常规文件一共是 250 帧，即 Blender 只会渲染 250 幅图像，具体要变成多少帧 / 秒的视频取决于视频输出的设置。

还有一个重要的相关概念"关键帧"，后文会单独介绍。

图 3-201 运动中的马

⚠ **容易出现的问题**

1. 积木会被弹开。

解决方法：检查环境模型是否设置为了网格，积木之间是否有穿插的部分。

2. 有的积木没有下坠。

解决方法：可能在复制的时候使用的是普通复制，此外可以检查是否对积木添加了刚体。

---

 08 烘焙动力学结果　　无快捷操作　选择不同类型的物体时，属性栏会有不同的属性，例如灯光就不会有修改器属性，物体数据属性的图标也会变成灯光的图标。

如果重新打开软件发现积木又回到了原来的位置，只有回到初始帧单击播放按钮，重新计算一遍才能看到积木坠落。这是因为整个模拟计算的结果并没有保存下来，关闭软件后就被删除了，想要保存模拟的结果需要用到缓存的功能。单击"场景属性"按钮 🔘，展开"刚体世界环境"，展开"缓存"，单击"烘焙所有动力学解算结果"按钮，等待片刻即可完成烘焙，操作过程如图 3-202 所示。系统默认会烘焙全部的帧，如果不需要烘焙太多帧，可以设置"结束点"参数，例如设置成 50，则只会烘焙前 50 帧，如图 3-202 中绿色框所示。（**此步骤容易导致软件崩溃，建议使用稳定版 Blender。**）

烘焙是三维软件中常见的术语。烘焙很好理解，面包是由面团烘焙成的，面团可以随便揉捏，但是烘焙成面包之后就无法改变了，就跟生米煮成熟饭一样。这里的烘焙动力学指的是，把场景中所有动力学内容（包括物理模拟）都变成结果保存下来，这样的话再次播放，Blender 就不会进行物理模拟的计算，而是直接播放缓存的结果，就像播放视频一样，并且时间线上缓存条的颜色也会变深，如图 3-203 所示。这个时候即便更改物理属性也不会影响到场景中的结果，还是一样会播放缓存的结果，如果要清除缓存需要单击"清除所有烘焙"按钮，如果还不能彻底清除，则需要重启 Blender。

图 3-202 烘焙所有动力学解算结果

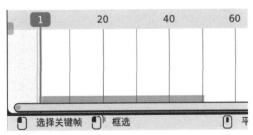

图 3-203 烘焙后的缓存

3.3.3 灯光材质

反复调整，直到积木的自由落体效果理想之后再开始灯光的设置和材质的制作，如果将灯光设置好后再调整模拟的结果，灯光也需要再次调整，所以最好是先调整好模拟的结果再设置灯光。

01	主光		无快捷操作	在 Blender 中不需要输入单位，Blender 会自动填充默认单位，例如在"能量"处输入 1，Blender 会自动加上 W；如果输入 0.5，Blender 还会自动转换成 500mW。

首先把渲染引擎切换到 Cycles 以获得更好的效果，操作过程如图 3-204 所示；接着切换到渲染模式，然后添加一个面光，将其放到场景侧前方的位置，放高一点并朝向右下，把灯光的"能量（乘方）"改高（根据实际情况修改，无须跟本书一致），将"形状"改为"碟形"，将"尺寸"改大，操作过程如图 3-205 所示，把面光改为碟形可以使灯光更加柔和。

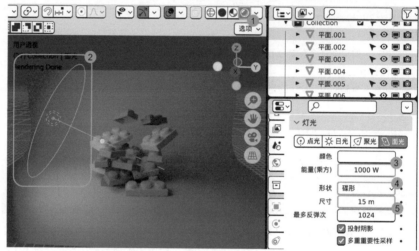

图 3-204 切换渲染引擎

图 3-205 创建主光

02	轮廓光		无快捷操作	在 Blender 中灯光可以随时被切换成不同的类型。

为了能够区分每个积木，可以在积木的后面添加一个面光 ，并使其朝向积木，将"能量（乘方）"改到比主光还高，将"形状"改为"长方形"，将"尺寸"修改到合适的大小，操作过程如图 3-206 所示。

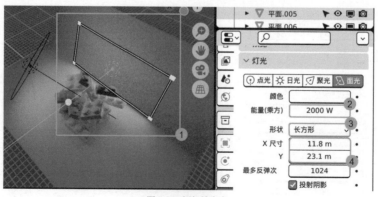

图 3-206 添加轮廓光

这种光叫作轮廓光（Rim Light），可以勾勒出物体的轮廓。使用轮廓光之后从前面看过去积木不会有混在一起的感觉。使用轮廓光前后对比如图 3-207 所示。

图 3-207 使用轮廓光前后对比

03 关联材质

关联 / 传递数据

Ctrl **L**

Blender 中同样的快捷键在不同物体交互模式下的作用不同。

可以看到图 3-208 中有部分模型已经有蓝色的材质了，这是因为从之前的文件中导入模型的时候，材质也是跟着一起导入进来了，所以要先把之前的材质移除，确保场景中的模型都没有材质。首先选中一个有材质的模型，单击属性栏中的"材质属性"按钮 ●，然后单击"断开数据块关联"按钮 ×，即可移除材质和模型的关联，操作过程如图 3-208 所示。这里涉及一个重要的概念"数据块"，4.3 节会重点讲解相关知识。

注意"断开关联"这几个字，这里的操作并不是删除了材质，而是断开了模型和材质的关联，材质依然存在，只是不用在这个模型上了，这是 Blender 非常独特的概念，后文会详细讲解。因为之前使用的是关联复制，所以移除一个模型的材质之后，关联复制出来的模型也失去了材质。使用相同的方法把其他模型的材质关联都切断，移除材质之后场景如图 3-209 所示。

图 3-208 移除材质

图 3-209 移除材质后

接着开始赋予模型新的材质。现在场景中有十几个积木，对每一个积木都单独赋予一种材质显然太麻烦了。所以首先选中一个积木新建一种材质，随便设置一个基础色，如图 3-210 所示。然后按住 Shift 键逐个选中其他的积木，可以看到始终有一个模型的边框是黄色的，而其他的都是橙色，黄色的这个就是活动项（这也是 Blender 非常重要的一个概念，需要牢牢地掌握住），确保刚才新建材质的那个积木是活动项，如果不是，按住 Shift 键单击积木即可使其变成活动项，活动项状态如图 3-211 所示。

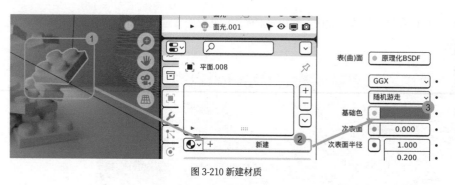

图 3-210 新建材质　　　　　　　　　　　　图 3-211 选择所有积木

执行**物体 > 关联 / 传递数据 > 关联材质**命令，把活动项的材质关联到所有选中的物体上，操作过程如图 3-212 所示，结果如图 3-213 所示。

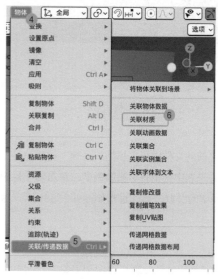

图 3-212 关联材质　　　　　　　　　　　　图 3-213 关联材质后

❓ 知识点：活动项

只选择一个物体的时候，这个物体就是活动项；当选择多个物体的时候，有且只有一个物体是活动项。需要注意的是，也可以没有活动项。活动项可以通过外框的颜色很明显地区分开，在执行操作的时候只会执行到活动项上，右侧的属性栏显示的也是活动项的属性。活动项还可以用来传递数据到其他物体上，如关联材质。

编辑模式也有活动项，在编辑模式下，活动项有时候可用于建模操作中。

04　随机颜色材质　　　无快捷操作　　Blender 中布局可以自定义，默认提供的布局是通用布局。

关联材质之后，所有的积木的材质都是一样的。但是现实中积木有各种各样的颜色，要想用一种材质给所有积木赋予不同的颜色，就需要使用材质系统。之前的积木基础版和中级版都只使用了最基础的材质，在 Layout 布局就完成了所有操作。接下来要到 Shading 布局中，使用材质节点制作更复杂的材质。单击顶部的 Shading（着色）标签即可切换到 Shading 布局，操作如图 3-214 所示。

图 3-214 Shading 布局

Shading 布局中最重要的是下方的着色器编辑器（见图 3-215 下方红色框），材质节点的操作都在这里完成。Shading 布局的 3D 视图默认是材质预览模式（见图 3-215 右上角红色框），材质预览模式预览材质的速度更快，并且使用的是内置的灯光，而不是用户自己创建的灯光。

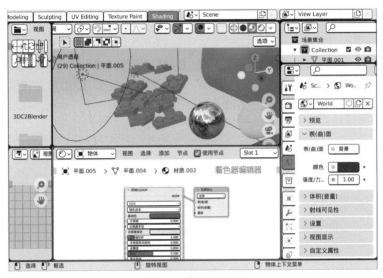

图 3-215 着色器编辑器

选中模型后，着色器编辑器才会显示出材质的节点，并显示材质的名称，如图 3-216 所示。所有材质的节点都有一种材质输出节点，默认新建的材质都有一个原理化 BSDF 节点连接到材质输出。可以把节点理解为步骤，做一道菜如果按照节点的逻辑来，买菜、切菜、炒菜等步骤都可以当作节点。一般节点都会有输入和输出，节点对输入的内容进行处理再输出，节点结构如图 3-217 所示。材质节点主要用来操作颜色、图案等内容，这里只需要跟着接下来的步骤操作即可对节点系统有一定的了解。

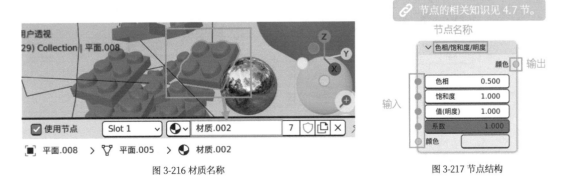

图 3-216 材质名称

图 3-217 节点结构

首先添加一个"物体信息"节点，添加方式跟添加模型类似。在着色器编辑器中执行添加 > 输入 > 物体信息命令，然后拖动鼠标去控制节点要放置的位置，单击完成节点的添加，操作过程如图 3-218 所示。然后按照同样的方法添加一个"色相 / 饱和度 / 明度"节点，操作过程如图 3-219 所示。

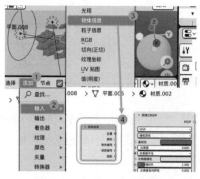

图 3-218 添加"物体信息"节点

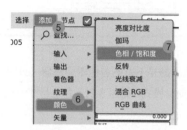

图 3-219 添加"色相 / 饱和度 / 明度"节点

在节点的标题或者灰色区域处按住鼠标左键不放即可拖动节点（不可按住有参数的区域），把节点摆放成一排，排列如图 3-220 所示。按住"物体信息"节点"随机"旁边的灰色圆圈，拖动到"色相 / 饱和度 / 明度"节点的"色相"输入，即可用一条线连接两个节点。用同样的方法，把"色相 / 饱和度 / 明度"节点输出的"颜色"连接到"原理化 BSDF"节点的"基础色"，操作过程如图 3-220 所示。选中节点后按 X 键可以删除节点。

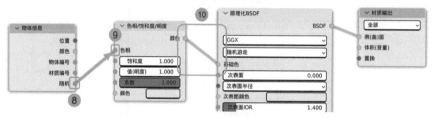

图 3-220 节点连接图

节点连接上了，3D 视图中看起来还没有变化，这是因为"色相 / 饱和度 / 明度"节点的"颜色"是灰色的。接下来单击节点中的灰色，更改成任意颜色，操作过程如图 3-221 所示。"神奇的事情发生了"，3D 视图中的积木都变成了不同的颜色，同一种材质却出现了不同的颜色，如图 3-222 所示，这就是材质节点的强大之处。

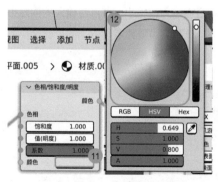

图 3-221 更改颜色

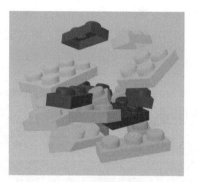

图 3-222 材质制作结果

❓ 小技巧：快速切断节点连接线

按住 Ctrl 键，然后按住鼠标右键不放，节点编辑器中就会出现刀形图标，拖动鼠标即可画出虚线，划过节点之间的连接线即可将其切断，如图 3-223 所示。

图 3-223 切断连接线

材质节点分析

"色相 / 饱和度 / 明度"节点用来调整输入的"颜色"的色相、饱和度和明度，"物体信息"节点用来获取物体的各种信息。Blender 中每一个物体都是独一无二的，就算是关联复制的，也只是有一样的模型，但是物体还是不同的。物体信息的"随机"就可以给每个物体输出独一无二的数值，"色相 / 饱和度 / 明度"节点的颜色是蓝色，调整色相就是在蓝色的基础上调色，所以当把每一个物体都分别调整为不同的色相时，颜色就会不一样。

> ❓ **扩展阅读：色相 / 饱和度 / 明度**
>
> 色相（Hue）、饱和度（Saturation）、明度（Value）简称 HSV，是一种色彩模型，如图 3-224 所示，也就是 Blender 默认的色彩模型。简单来说色相决定颜色（是红色、绿色还是蓝色……）；饱和度决定浓度，饱和度越低颜色越灰，饱和度为 0 的时候就是黑色了；明度决定亮度。
>
> 色彩模型往往被认为是平面的，其实它是立体的，仔细观察图 3-224，即可对色彩模型有更深入的了解。
>
>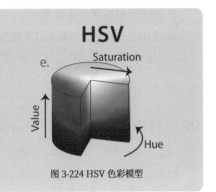
>
> 图 3-224 HSV 色彩模型

05 背景棋盘格材质 无快捷操作 节点连接需要对应相应的颜色。

彩色的积木配上灰色的背景略显单调，接下来给背景制作一个棋盘格材质，让场景丰富起来。选中背景模型，直接单击着色器编辑器中的"新建"按钮即可新建一种材质（在模型没有材质的情况下才有"新建"按钮），操作过程如图 3-225 所示。

图 3-225 为背景模型新建材质

执行添加 > 纹理 > 棋盘格纹理命令，添加一个"棋盘格纹理"节点，并把"颜色"输出连接到"原理化 BSDF"节点的"基础色"上，操作过程如图 3-226 所示。这样就制作好了一个简单的棋盘格材质，可以看到背景模型已经有棋盘格纹理了。接下来缩放棋盘格纹理，直到获得满意的效果，操作过程如图 3-227 所示。

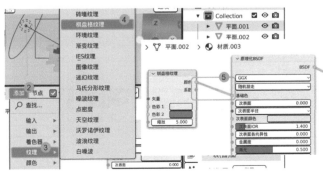

图 3-226 连接"颜色"到"基础色"

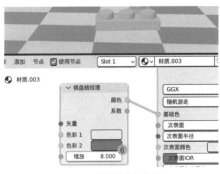

图 3-227 缩放棋盘格纹理

材质节点分析

纹理中的节点都是能够输出颜色的，包括图片和计算机生成的图案纹理。棋盘格纹理则是生成类似棋盘的图案，格子颜色和格子的大小都是可以调整的。把棋盘格作为"原理化 BSDF"节点的基础色，就可以获得棋盘格的材质。

> ❓ **知识点："原理化 BSDF"节点**
>
> 新建的材质都会默认添加一个"原理化 BSDF"节点，它基于迪士尼的"PBR 着色器"，PBR 全称 Physically Based Rendering，意思是基于物理的渲染。它可以使模型看起来更逼真、更符合物理规律。使用"原理化 BSDF"节点可以轻松创造出金属、塑料、玻璃等材质，基本上大部分材质都可以使用"原理化 BSDF"节点实现。

06	材质优化		无快捷操作	材质名称不可重复。

　　材质全部完成了，但是在材质预览模式下看不出材质最终的质感。首先**切换到渲染模式**去观察材质，操作如图 3-228 所示，可以看到积木没有什么光泽，这是因为糙度太高。接下来单击积木模型，找到"原理化 BSDF"节点，降低糙度，操作过程如图 3-229 所示。用同样的方法把背景材质的"原理化 BSDF"节点的糙度改为 0.85，这样就能够凸显背景和积木的差别。

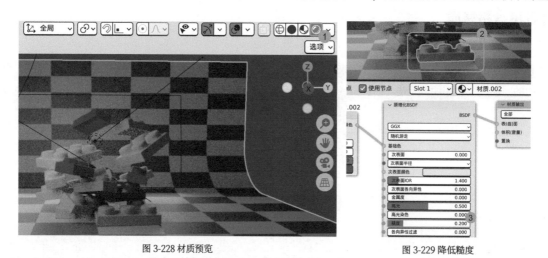

图 3-228 材质预览　　　　　　　　　　图 3-229 降低糙度

　　为了让文件更加规范，接下来给材质命名。选中积木，单击现有名称，输入"积木随机颜色材质"，再选中背景，将其名称改为"棋盘格材质"，操作过程如图 3-230 所示。如果对积木的颜色不满意，可以修改"色相/饱和度/明度"节点的颜色，如图 3-231 所示。材质和灯光到此就全部制作完成了，一定要记得保存文件 🖫！

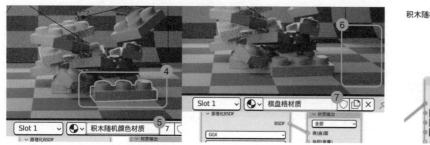

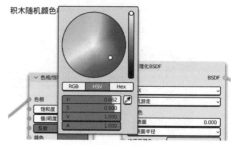

图 3-230 更改材质名称　　　　　　　　图 3-231 更改颜色

3.3.4 高级渲染

材质和灯光决定了场景外观的基础，摄像机参数和渲染参数能够让场景效果再上一层楼。本小节涉及摄像机参数的调整，并且会深入探索渲染设置，以获得更好的渲染质量。

01 构图 无快捷操作 对不同的布局可以设置不同的渲染模式。

材质制作好之后可以回到 Layout 视图，再切换回渲染模式，然后添加一个摄像机进行构图，操作过程如图 3-232 所示。

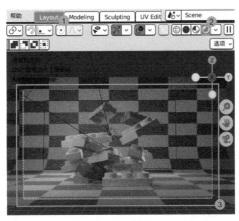

图 3-232 构图

02 摄像机参数调整 无快捷操作 无扩展知识或提醒。

现实中不论是相机摄影还是手机摄影，都是有很多参数可以调整的，如焦距、光圈、快门速度等。三维建模中也是一样的，首先选中摄像机，单击属性栏中的"物体数据属性"按钮 ⚇ 即可看到摄像机的所有参数，如图 3-233 所示。把"焦距"修改为 20mm，这样可以获得广角的效果，视觉上会更有张力；再勾选"景深"，这样可以获得虚化的效果，操作过程如图 3-234 所示。

对摄像机开启景深后需要设置对焦信息，否则可能会让需要清晰的地方变得模糊。展开"景深"，单击"焦点物体"右侧的吸管，然后当鼠标指针变成吸管的时候，单击场景中中间偏前方的积木，这样摄像机的焦点就会始终在这个积木上，操作过程如图 3-235 所示。

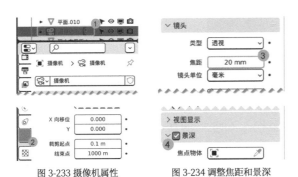

图 3-233 摄像机属性　　图 3-234 调整焦距和景深　　图 3-235 设置焦点物体

❓ 扩展阅读：不同焦距下的视觉效果

焦距是指镜片光学中心到成像平面的距离，不同的焦距会带来完全不同的视觉效果。焦距的单位一般为毫米（mm），焦距越短，视野范围越广，比较接近人眼视觉效果的焦距是 50mm。不同焦距下的视觉效果如图 3-236 所示（摄像机距离会有相应的调整）。焦距越小带来的畸变越大，视觉效果也越夸张。灵活使用不同的焦距，可以创造出多样的风格。

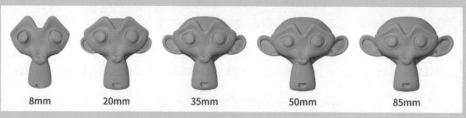

图 3-236 不同焦距下的视觉效果

调整焦距后需要重新调整构图，还需要使用缩放工具把背景模型放大，否则会有空白区域。缩放后再使用移动工具移动背景模型，确保积木是落在地面上的。构图前后对比如图 3-237 所示。

图 3-237 构图前后对比

🔷 03 | 景深调整 无快捷操作   Blender 中参数无须参照现实，效果好就可以。例如现实中 1.4 的光圈已经很大了，但是这一步中光圈设置到了 0.05 才有比较好的效果。

现在可以先在渲染设置 📷 中把渲染时间设置为 30sec，操作详见 3.2.3 小节中的步骤 03。然后执行渲染 > 渲染图像 🖼 命令，渲染一幅图像看看效果。渲染结果如图 3-238 所示。

图 3-238 渲染结果

虚化的效果不是很明显，接下来把"光圈级数"改为 0.05（参数仅供参考），如图 3-239 所示。光圈级数越小，光圈越大，景深越浅，虚化效果也就越明显。为了不覆盖之前渲染的结果，执行渲染 > 查看渲染结果命令，单击右上角的 Slot 1，然后单击 Slot 2，再次渲染。操作过程如图 3-240 所示，渲染结果如图 3-241 所示，可以看到虚化效果更好了。

图 3-239 修改光圈大小

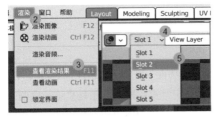

图 3-240 切换到 Slot 2

图 3-241 渲染结果

打开渲染结果窗口，执行第④～⑤步的操作可以切换 Slot 1 和 Slot 2，查看两个不同的渲染结果。Slot 的意思是槽，切换到 Slot 2 再渲染，图像就会被储存在 Slot 2 的槽里，如果不切换则会直接覆盖 Slot 1 的结果。Blender 一共有 8 个渲染槽，这代表可以同时保留 8 张不同的渲染结果图像，这个功能一般用于对比不同的渲染结果。

04 渲染参数调整 无快捷操作 | 就算不设置渲染时间限制，Blender 也不会永远渲染下去，到达设置的采样的值或者噪点达到噪点阈值的要求后就会停止渲染。

展开"渲染"，首先在"时间限制"处输入 60（Blender 会自动改为 1min），这样就会让渲染时间控制在一分钟，更长的渲染时间可以获得更高质量的图片，更少的噪点；然后把"降噪"打开，降噪是指在渲染完成后计算机的处理器通过人工智能算法对图片进行后期处理，减少噪点。注意，这里更改的是渲染的参数，而不是视图的！

接着往下滑动，勾选"运动模糊"。生活中如果拍摄高速移动的物体，那么拍出来的画面可能是模糊的，而刚才渲染的图像积木都是清晰的，为了获得真实的下坠效果，就可以开启运动模糊，这样渲染出来后积木就会有随着运动轨迹而模糊的效果。再滑动到最下方，把"胶片效果"改为"Medium High Contrast"（中高对比度），这样可以使场景的对比更高，操作过程如图 3-242 所示。

第三次渲染如图 3-243 所示，可以看到图像质量更高了，噪点更少，积木下坠的效果也更加真实了。需要注意的是降噪功能不能滥用，降噪在减少噪点的同时也会抹去一些细节。当前场景没有太多细节，所以无所谓。但是当场景中细节很多的时候，细节很容易被抹掉。另外，降噪是会增加渲染时间的，要适当使用。

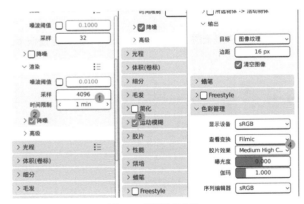

图 3-242 调整渲染参数

图 3-243 渲染结果

3.3.5 合成调色

经过反复调整和 3 次渲染，最终的图像已经非常真实了。但是对三维建模来说，渲染出来的图像只是粗加工，还需要经过后期处理才算是完成了作品。本小节将使用 Blender 基本的后期处理功能，让渲染结果再上一层楼。

01 合成准备

无快捷操作　　Blender 中节点的操作和快捷键大部分是通用的。

合成（Composition）功能是 Blender 非常重要的功能，也是三维软件中少有的功能，合成是用来做合成和调色等后期操作的。之前调整过渲染属性的色彩管理中的曲线，但那只能算中期，而不是真正的后期，真正的后期是对渲染出来的图像进行处理。要使用合成功能首先要切换到 Compositing 布局，再勾选"使用节点"，操作过程如图 3-244 所示。没错，合成也是节点系统，跟材质节点一样。

勾选"使用节点"后 Blender 会创建两个节点："渲染层"节点和"合成"节点。"渲染层"节点会输出渲染好的图像，"合成"节点跟材质系统中的"材质输出"节点一样，都是最终输出结果的地方。渲染层现在是空白的，因为还没有渲染过图像（渲染结果窗口中有图像就代表渲染过图像），所以做合成之前可以先渲染一次，渲染后在"渲染层"节点就可以看到渲染的结果了，如图 3-245 所示。

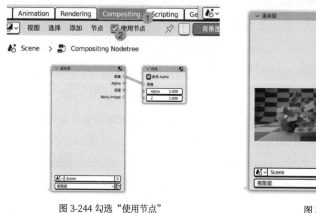

图 3-244 勾选"使用节点"　　　　　　　　图 3-245 "渲染层"节点

02 简单调色

背景匹配可用空间

Alt **Home**　　无扩展知识或提醒。

执行添加 > 颜色 >RGB 曲线命令，添加一个"RGB 曲线"节点，并且放在"渲染层"节点和"合成"节点的连接线上，Blender 会自动把节点连接到中间，操作过程如图 3-246 所示。

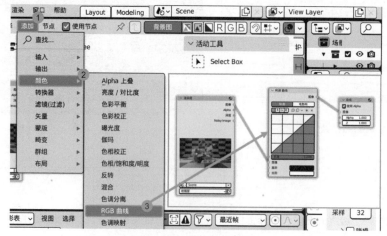

图 3-246 添加"RGB 曲线"节点

在 RGB 曲线中间的位置单击，添加一个点，并且往左上角拖动，这样可以提亮整个图像，操作过程如图 3-247 所示。然而现在并没有看到效果，所以需要执行添加 > 输出 > 预览器命令，然后把"RGB 曲线"节点的"图像"连接到"预览器"节点的"图像"输入，即可在背景上看到合成后的图像，操作过程如图 3-248 所示。

如果不能完整地看到背景图，可以执行视图 > 背景匹配可用空间命令，将图像缩放到合适的大小，操作过程如图 3-249 所示。"预览器"节点只有预览作用，最终合成的节点一定要连接到"合成"节点才会起作用。

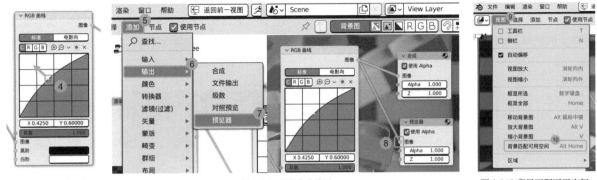

图 3-247 调整曲线　　　　　　　　图 3-248 预览合成结果　　　　　　　图 3-249 背景匹配可用空间

> **❓ 小技巧：快速连接到"预览器"节点**
>
> 按住 Ctrl 和 Shift 键，单击一下要预览的节点，即可快速连接到"预览器"节点。此方法在材质系统中也可以使用。

03 滤镜和畸变　　放大背景图　缩小背景图　　　不同类型的节点，标题栏的颜色也不同。

添加"辉光"和"镜头畸变"两个节点，操作过程如图 3-250 所示；然后把"辉光"节点的条斑改成"雾晕"，把"阈值"改为 0.4，将"镜头畸变"节点的"色散"改为 0.1，最终节点的连接顺序和参数如图 3-251 所示。

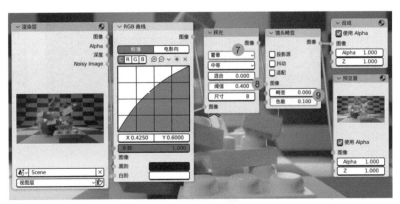

图 3-250 添加节点　　　　　　　　　　　图 3-251 最终节点的连接顺序和参数

辉光的作用是在画面中偏亮的部分加一点发光的感觉，而镜头畸变的色散可以让图像有一种颜色分离开的感觉，让图像更加风格化。可以试着把"渲染层"节点直接连接到"预览器"节点，然后再把"RGB 曲线"节点连接到"预览器"节点，以此类推，看看图像的效果是否更好了。

到这里合成的节点设置就完成了。可以自己尝试不同的节点，看看有什么出其不意的效果，尤其是颜色、滤镜和畸变中的节点。

04　最终渲染 无快捷操作 | 渲染图像的分辨率越高，所需时间也越长。

合成节点全部连接完成后直接渲染即可，一定要确保节点连接到了"合成"节点上。之前说了合成是后期处理，所以渲染的过程中是不会有合成的效果的，只有渲染完成之后才会开始合成。简单的合成一般几秒钟即可完成，在渲染结果窗口可以切换合成前后的图像，操作如图 3-252 所示。关于合成功能，更多、更深入的内容会在后文讲解。合成过程的渲染图如图 3-253 所示。

图 3-252 切换图像

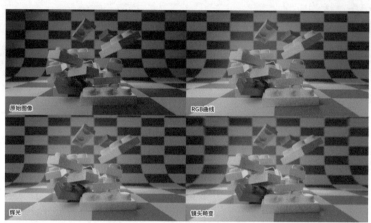

图 3-253 合成过程的渲染图

最终渲染图如图 3-254 所示。如果需要不同尺寸的图片，可以单击输出属性，修改"格式"中的分辨率 X 和 Y，操作方法如图 3-255 所示。

图 3-254 最终渲染图

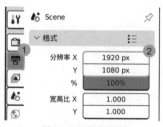

图 3-255 调整分辨率

05　文件管理 批量重命名 `Ctrl F2` | 大纲视图中的物体默认是按照首字母排序的，不可手动调整。

虽然图像已经渲染完了，但是作品还不算完成，文件夹内还是很乱，需要整理一下。Blender 的大纲视图中有一个默认的叫作 Collection 的集合，如图 3-256 所示。集合 可以理解为分组，当场景中物体多的时候，集合就非常有用了。首先双击集合名称，输入"积木"（macOS 用户可以输入拼音），即可修改集合的名称，操作过程如图 3-257 所示。

图 3-256 默认集合

图 3-257 集合更名

一个集合显然是不够的，单击右上角的"新建集合"按钮即可新建集合。新建集合的时候不要选中"积木"集合，否则集合会新建在"积木"集合中。新建"灯光""摄像机""环境"3 个集合，操作过程如图 3-258 所示。

把物体移动到集合中有很多种方法，直接拖动是最简单的。首先在大纲视图或者 3D 视图中选中所有的灯光，然后拖入"灯光"集合中，如图 3-259 所示。对摄像机和环境也同样操作。因为积木本身就在"积木"集合中，所以不需要拖动。完成后大纲视图如图 3-260 所示。

图 3-258 新建 3 个集合

图 3-259 拖入集合

图 3-260 最终大纲视图

单击集合左侧的三角按钮 ▶ 即可展开和折叠集合。展开集合会发现积木的名称还是很乱，一个个重命名效率太低，这里直接使用批量重命名功能。首先选中全部的积木，然后执行编辑 > 批量重命名命令，操作过程如图 3-261 所示。批量重命名后积木名称就非常规范了，如图 3-262 所示。至此，积木进阶版就全部完成了。一定要记得保存文件！

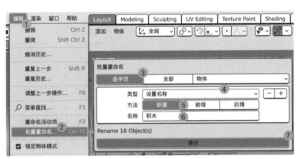

图 3-261 批量重命名

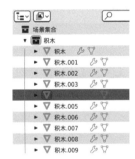

图 3-262 批量重命名后

案例总结

积木进阶版中几乎没有与建模相关的新知识，主要涉及物理学、灯光、材质等方面的知识。由此可见，想要创作出优秀的作品，不只是要学习三维和计算机的知识，对其他领域也要有所了解。阅读完本章基本就算"跨过 Blender 的门槛"了，之后的案例会深入介绍各方面的知识，以及如何综合运用不同的知识制作更多的作品。

课后作业

试着把本章的 3 个案例按照顺序独立制作一遍，看看需要花多少时间，会遇到哪些问题。在制作过程中可以尝试不同的材质节点，然后试着独立制作几个类似的作品，熟练掌握本章的内容后再继续阅读本书。

第 4 章

Blender 基本逻辑

每个软件都有自己的风格，软件的风格是通过基本逻辑展现出来的。Blender 有着与众不同的基本逻辑，掌握了基本逻辑后学习起来会更得心应手。本章是本书的重中之重。

本章内容涉及一些计算机基础知识，以理论为主。虽然可能较为枯燥，但是熟练掌握这些基础知识对之后学习任何软件都有很大的帮助，一定要认真阅读。在阅读完本书之后推荐再次阅读本章，这样会有更深入的理解。

4.1 Blender 整体基础逻辑

Blender 由于特殊的发展历史，有着与众不同的基础逻辑。首先，Blender 具有非常强的逻辑性，显得更专业，例如 Blender 2.8 之前默认是右键选择、左键放置 3D 游标，这个设计与众不同，这也"劝退"了一些用户。但其实一旦理解了 Blender 的逻辑，Blender 就会变得非常简单。Blender 入门门槛高，但是入门后就非常简单。

其次，Blender 更加开放，很多东西都可以自定义，甚至可以自己修改源代码，这个特性是其他同类软件所不具备的（一般软件都比较封闭，不会给用户太多的权限）。Blender 对了解编程的用户来说会容易很多，因为 Blender 的一些概念如数据块，与编程中的一些逻辑相同（但这并不是说不会编程就学不会 Blender 了）。模块化也是 Blender 的一大特点，模块化逻辑在 Blender 中随处可见。

随着 Blender 的发展壮大，Blender 的逻辑也在 2.8 版之后变得更加友好和人性化了，降低了学习的门槛。

4.2 用户界面逻辑

Blender 的用户界面是高度模块化的，并且布局是完全交给用户操控的，掌握了 Blender 用户界面的逻辑可以让 Blender 用起来更得心应手。

4.2.1　基础控件

Blender 中复杂的用户界面都是由控件组成的，控件也就是具有某些功能的零部件，如按钮和开关。在 Blender 中，用户操作的都是控件，熟悉控件就能知道什么时候该如何操作，也能避免出现一些错误。

图 4-1 所示的控件是最常见的一些控件。不同系统下的 Blender 中的控件外观可能有所区别，但是功能和作用都是一样的。下面来看一下这些常见控件。

图 4-1 常见控件

**Blender 中
对应控件**

图 4-2 "保存"按钮

❶ 按钮（Button）

按钮是最基本、最常见的控件，如图 4-2 所示。按下按钮一般可以触发某个功能。

按钮有多种状态，如正常状态、按下状态、禁用状态等。不同状态的按钮可以让用户知道操作的状态，如果看到被禁用的按钮，就要想是否有操作没有做。

图 4-3 视图叠加层中的复选框

图 4-4 修改器设置

❷ 复选框（CheckBox）

复选框代表可以多选，所以一般是一组有多个复选框控件。复选框由一个方形的框和标题文字组成，单击方形框可以勾选，再次单击可以取消勾选。标题文字用于说明这个复选框的内容或功能是什么。

复选框多用于设置是否需要启用某些功能，如果需要开启某个功能就可以勾选上，同一组的复选框有着类似的作用。Blender 的视图叠加层中就有很多复选框，如图 4-3 所示。Blender 中修改器顶部的部分也属于复选框，如图 4-4 所示，由此可见控件类型由特征决定，而不是外观。

复选框与按钮不同的是，按钮按一次就执行一次操作，按两次就执行两次一样的操作，而复选框则只有启用和不启用两种状态，可以说属于开关类型控件。

图 4-5 视图着色方式

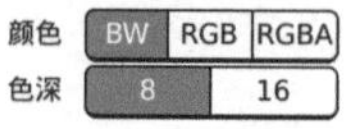

图 4-6 输出设置

❸ 单选按钮（Radio Button）

单选按钮也是成组出现，一组中只能选择一个（一组中只有一个时没有选择的意义）。单选按钮一般由一个圆形框和标题文字组成，圆形框中填色代表选中，空心代表未选中。

Blender 中单选按钮很常见，但是外观与一般的单选按钮不同，Blender 中的单选按钮设计得比较独特，如图 4-5 和图 4-6 所示，并不是通过圆形框表示选中状态，而是替换成了图标，通过颜色表示选中与否。

图 4-7 切换渲染引擎

❹ 下拉列表框（ComboBox）

下拉列表框由一组选项组成，右边一般有一个向下的箭头，单击箭头即可展开一个列表，单击列表中的项目就可以选择其中一项，被选中的一项会显示在下拉列表框中。从软件开发者的角度出发，当要提供很多内容供选择的时候，如果要设计一个控件把它们都收纳进来，就自然而然会想到下拉列表框这样的结构。

下拉列表框有点像单选按钮，在多个选项中选一个，主要是视觉上不同，如果选项太多就不适合使用单选按钮了，使用下拉列表框更加直观。下拉列表框中的项目也可以是按钮或者其他内容。Blender 中的下拉列表框主要用于设置参数，例如切换渲染引擎，如图 4-7 所示。

图 4-8 标签

❺ 标签（Label）

标签单纯地用来显示文字，不具备其他的功能，凡是不可点击的文字都属于标签，如图 4-8 所示。标签一般用来展示信息，或者用作其他控件的标题。标签是最常见的控件之一。

图 4-9 图片框

❻ 图片框（Picture Box）

图片框用来放置图片。在 Blender 中查看渲染结果窗口，显示图片的地方就是图片框，如图 4-9 所示。

图 4-10 文本框

❼ 文本框（Text Box）

文本框用于输入文字，如图 4-10 所示。文本框与标签的区别就是文本框可以编辑文字。文本框有单行和多行两种类型。Blender 中单行文本框比较常见，例如用来重命名的文本框。

❽ 进度条（Progress Bar）

进度条用来显示操作的进度，一般呈横向条状。进度一般由鲜艳的颜色表示，背景是浅色。在 Blender 中烘焙所有动力学解算结果的时候，最下方的状态栏中就会显示进度条，如图 4-11 所示。

图 4-11 进度条

图 4-12 列表

图 4-13 分组框

⑨ 列表（List）

列表是指垂直排列一些内容，列之间由线隔开。列表一般用于展示内容，可以添加或删除内容。手机聊天应用的首页就属于列表。

列表的应用范围非常广，且列表可以扩展出多种类型。Blender 中节点的参数可以算作列表，如图 4-12 所示，大纲视图属于树状列表。

⑩ 分组框（Group Box）

分组框属于布局控件，用于控件的归纳分组。分组框一般有一个标题，代表分组的名称。在 Blender 中分组框随处可见，如图 4-13 所示。

以上只是部分常见控件，虽然不同软件的控件外观有所不同，但是特征都是一样的。了解了控件的基本知识能够更快地上手各类软件，例如，看到下拉列表框控件，就自然而然会想到将其展开看看有什么选项可以使用。

除了基本控件外，软件开发者还会根据需求设计很多自定义控件。Blender 中就有很多自定义控件，如轴向控件，如图 4-14 所示。接下来可以试着从不同的软件中找出基本的控件和自定义控件，并分析自定义控件的意图，为什么要这么设计，然后再继续阅读本书。

图 4-14 轴向控件

4.2.2 界面布局

4.2.1 小节介绍了控件，本小节将介绍由控件所组成的界面。Blender 的界面大致可以分为 7 个部分，如图 4-15 所示。其中只有少部分是固定的，中间区域是可以自定义的。接下来分别介绍界面的各个部分。

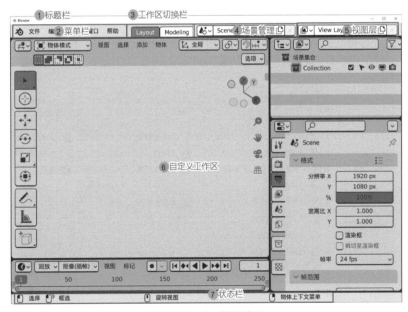

图 4-15 Blender 的界面布局

① 标题栏

标题栏是几乎所有软件界面都会有的部分。标题栏主要用于展示软件的标志和名称，最小化、最大化和关闭这 3 个按钮也位于标题栏中。在 Blender 中如果保存了文件，标题栏上就会显示出文件所在的路径，这个功能非常有用，当不记得文件保存到了哪里的时候就可以看标题栏。

② 菜单栏

菜单栏也是软件界面中常见的部分。菜单本身属于控件的一种，其中包含的一般是软件的基本功能，如保存文件等。菜单栏一般有多个层级，Blender 的菜单中带有向右三角箭头的命令代表其中有子菜单。

Blender 的菜单栏有 6 个菜单，一般容易忽视第一个菜单，即 Blender 菜单，其中"关于 Blender"项比较常用，可以用来查看 Blender 的版本和发布时间。

③ 工作区切换栏

Blender 提供了多个默认布局，每一个布局适合做特定的工作。用户单击最后面的加号按钮可以新建并保存当前布局，如图 4-16 所示。双击布局名称即可修改布局名称，在布局名称上右击可以删除布局或者执行其他操作。Blender 的布局是保存在文件中的，新建的文件不会带有之前文件的布局。

图 4-16 添加布局

④ 场景管理

一个 Blender 文件可以有多个场景，例如一个动画分为几个镜头，每个镜头就可以当作一个场景。一个文件放一个场景也比较麻烦，在一个文件里放多个场景更方便管理，且可以重复利用相同的资源。场景管理就是用来管理 Blender 中的多个场景的。

⑤ 视图层

视图层是 Blender 渲染合成功能的一个重要部分。有时候需要把前景和背景分开渲染，然后再合成，Blender 就是通过视图层实现这一目的的。在不同的视图层中可以单独设置集合隐藏或显示，在渲染的时候，每一个视图层都会被单独渲染一遍，也就是说有两个视图层就会渲染出来两幅图像，所以视图层多，渲染时间也会更久。视图层属于比较高级的知识点，本书后面的案例会有简单的介绍。

⑥ 自定义工作区

Blender 中所有的创作都是在自定义工作区完成的，自定义工作区可以随意修改。自定义工作区由模块区域组成，在Blender 3.0 中一共有 4 组，总共 23 种模块可以使用，如图 4-17 所示。随着 Blender 的发展，未来可能有更多的模块。

每一个模块都有不同的功能，可以任意组合这 23 种模块。其中使用得最多的是 3D 视图，大部分创作都是在 3D 视图中完成的，其他模块都是用来辅助 3D 视图创作的。

图 4-17 Blender 3.0 中的所有模块

任何模块都是可以随时切换成其他模块的，工作区左上角就是相应模块的图标，单击图标，然后单击其他模块，即可切换，操作如图 4-18 所示。切换模块不会丢失之前所做的任何操作。

模块区域由黑色的线隔开，将鼠标指针移到垂直或者水平的间隔线上然后拖动，即可修改模块区域的大小，如图 4-19 所示。在分割线上右击打开"区域选项"菜单后，单击"垂直分割"或者"水平分割"，然后移动鼠标，再单击确认，即可分割出一个新的模块区域，操作过程如图 4-20 所示。想要删除模块，可右击打开"区域选项"菜单并单击"合并区域"，然后通过移动鼠标合并区域。

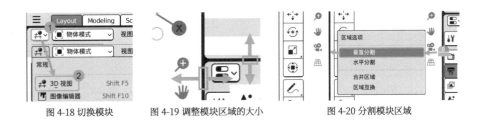

图 4-18 切换模块　　　　　　　图 4-19 调整模块区域的大小　　　　　　　图 4-20 分割模块区域

⑦ 状态栏

状态栏中会显示当前可以执行的操作，如图 4-21 所示，在当前视图中可以用鼠标左键选择。在执行倒角之类的操作时，状态栏会显示倒角时可以用的快捷键，如图 4-22 所示。所以状态栏是非常重要的，观察 Blender 的状态栏可以学习到很多技巧。状态栏还可以显示当前的场景信息和内存占用等数据。

图 4-21 状态栏　　　　　　　　　　　　　　　　　　　　图 4-22 倒角时的状态栏

灵活的布局让 Blender 在低分辨率和高分辨率的屏幕上都能很好地显示，但是在低分辨率的屏幕上部分控件可能会被遮挡，这时候将鼠标指针放在遮挡区域，然后滚动鼠标滚轮即可滑动显示控件，操作如图 4-23 所示。

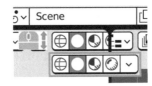

图 4-23 被遮挡的区域

在同一个工作区下，多个模块区域是可以使用同样的模块的，例如全部都是 3D 视图，不同的 3D 视图可以有不同的设置。

4.2.3 侧边栏和工具栏

侧边栏和工具栏很多模块中都有，之所以单独讲解，是因为它们一般处于隐藏的状态，但是又要经常使用，而新手很容易忽略或找不到它们。按 T 键就可以打开或关闭工具栏，侧边栏是按 N 键来打开或关闭的。熟练之后侧边栏和工具栏最好保持关闭状态，这样可以省出很多空间，需要的时候再打开。

图 4-24 工具列表

工具栏： 3D 视图中工具栏提供了常用的工具，有些工具右下角有三角形按钮，长按有三角形按钮的工具可以打开一个工具列表，如图 4-24 所示。在列表中可以选择其他工具，列表中的工具属于同类但是又有不同之处。将鼠标指针移到工具栏右侧，当鼠标指针变成横向箭头的时候，按住鼠标左键向右拖动，可以把工具栏拉宽，工具栏就会显示出每个工具的名称，如图 4-25 所示。

图 4-25 工具栏拉宽后

侧边栏： 侧边栏一般分很多组，如图 4-26 所示。3D 视图的侧边栏中比较重要的是"条目"。选中模型后，"条目"会显示它的变换信息，如位置和尺寸等，"工具"中会显示当前使用的工具的设置，"视图"中则是调整视图的设置。侧边栏中非常重要的功能就是插件，大部分启用的插件都会显示在侧边栏中，分组的名称就是插件的名称。要使用插件的功能，就需要打开对应的侧边栏分组。

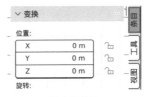

图 4-26 条目

除了 3D 视图，着色器编辑器中的侧边栏也很常用，如图 4-27 所示。有些操作只能在侧边栏中完成，例如修改节点名称和颜色，必须展开侧边栏才能做到。

那么如何才能知道视图中有没有侧边栏呢？灰色透明区域显示在视图左侧就代表有工具栏，在右侧就代表有侧边栏，如图 4-28 所示。单击灰色透明区域可以打开工具栏 / 侧边栏。

图 4-27 着色器编辑器的侧边栏　　　　　　图 4-28 工具栏 / 侧边栏标识

4.2.4 图像编辑器

在 Blender 中经常会使用到图像，所以经常需要使用图像编辑器模块，查看渲染结果的窗口实际上就包括一个图像编辑器，如图 4-29 所示。单击"打开图像"按钮，随意加载一幅图像，操作过程如图 4-30 所示。单击中间的图像下拉列表框，就可以看到所有打开过的图片，如图 4-31 所示，"Render Result"（渲染结果）是默认就有的，"Viewer Node"（预览节点）在合成中启用节点才会有。刚才打开的图像会在列表最下方，渲染结果和预览节点会始终在顶端，渲染结果中会显示渲染的图像。在渲染的过程中也可以在列表中切换到其他图像，并不会影响渲染过程。所以说渲染结果是非常特别的一种图像，预览节点图像是指在合成器中连接到预览节点所输出的结果。

为什么要单独讲图像编辑器呢？这是因为之后的案例会经常使用外部图像，需要了解 Blender 的图像编辑器是会保留所有加载过的图像的。

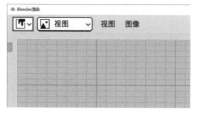　　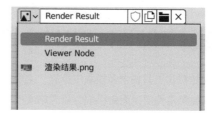

图 4-29 图像编辑器　　　　图 4-30 打开图像操作过程　　　　图 4-31 图像下拉列表框

4.2.5 文件视图窗口

打开、保存文件是使用 Blender 常见的操作，文件相关的操作都需要在文件视图中完成，文件视图结构如图 4-32 所示。接下来逐一介绍文件视图的各个部分（每一个部分的名称都是笔者为了方便讲解所起的名字，其实并无官方名称）。

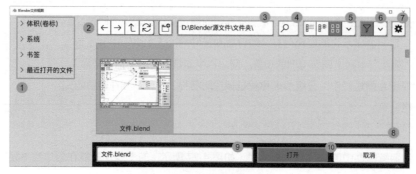

图 4-32 文件视图结构

① 侧边栏

侧边栏是一个可折叠的列表控件，用来快速定位文件所在位置，一般是最先操作的地方，一共分为 4 组——"体积（卷标）""系统""书签""最近打开的文件"。"卷标"比较好理解，也就是计算机的 C、D、E 盘，单击盘符就可以让第 8 部分显示相应盘内的文件。"系统"中则是系统内置的一些文件夹，不同的系统会显示不同的文件夹，比较有用的是其中的"桌面"和"字体"两个文件夹。"书签"可以理解为收藏夹，单击"添加书签"按钮即可把第 8 部分中文件所在的文件夹添加到书签中，下次就可以快速找到这个文件夹了，建议把 Blender 文件都放在一个文件夹中，然后把这个文件夹添加到书签中。"最近打开的文件"指的是文件夹而不是文件。

② 文件夹管理

前 4 个按钮用于导航文件夹，分别为"上个文件夹""下个文件夹""父级文件夹""刷新"，这几个按钮与系统自带的文件管理器的按钮一样，不做过多解释。此外，还有一个"新建文件夹"按钮，单击即可新建一个文件夹，然后直接输入名称并按 Enter 键。

③ 文件路径

文件路径属于单行文本框控件，在第 8 部分打开文件夹时文件路径文本框会自动填充文件路径，既展示了信息，又可以手动编辑。在文件路径框中可以直接输入路径，然后按 Enter 键以快速到达指定路径。

④ 搜索框

搜索框属于文本框，在搜索框中输入文字即可在当前文件夹中搜索文件，无须按 Enter 键。

⑤ 文件显示设置

前 3 个按钮是一组显示模式单选按钮，分别用于切换为垂直列表模式、水平列表模式和缩略图模式，缩略图模式可以看到文件的内容，查看字体时可以看到字体的预览，但是缩略图模式会更加消耗计算机资源，所以当文件多的时候会很卡，需要根据实际情况切换文件显示模式。单选按钮右边还有一个下拉列表框，其中包含更多文件视图的设置。

⑥ 筛选文件组合

筛选文件组合由一个开关按钮和一个下拉列表框组成，开关按钮决定是否启用筛选，下拉列表框中有复选框，选中的文件类型会被筛选出来。在文件很多的时候筛选文件会很有用。

⑦ 设置按钮

单击设置按钮会打开侧边栏，文件视图的侧边栏内容很少，在保存文件的时候，侧边栏中的功能比较实用。

⑧ 文件浏览区域

文件浏览区域显示浏览的文件夹和文件，大部分操作都在文件浏览区域中完成，其他操作大多可以在快捷菜单中完成。

⑨ 文件名称文本框

打开文件的时候，此文本框中会显示选中的文件名称，保存文件时可在此文本框中设置要保存的文件名。保存文件时不需要手动输入扩展名 .blender，Blender 会自动补上。

⑩ 按钮区域

按钮区域根据文件视图不同的需求会显示不同的按钮，打开文件的时候显示"打开"和"取消"按钮。一般左边第一个按钮是蓝色背景，也是主要的按钮，第二个按钮是"取消"按钮，通过控件颜色也可以看出控件的重要性。

4.3 数据块

数据块是 Blender 中最容易被忽略的部分。数据块是 Blender 的基础，本节很重要，尽管理论较多，但是一定要耐心阅读，阅读完本书之后也可以再反复阅读本节，以加深理解。

4.3.1 什么是数据块

如果说世界是由原子组成的，那么 Blender 就是由数据块组成的，这一点都不夸张。**数据块是 Blender 的基本单位**，Blender 场景中的所有内容都是数据块。数据块类型如图 4-33 所示，一共有 38 种类型，灯光、网格、图像、材质等都属于数据块，工作区也是数据块，每一种数据块都有各自的图标。

图 4-33 数据块类型

在 3.3.3 小节步骤 03 中移除材质时讲到移除材质是切断模型与材质的关联，而不是删除材质，这是因为材质是一种数据块。"模型"在 Blender 中实际上叫作"网格"，网格指的是由点、线、面构成的模型，在大纲视图中所看到的项目其实是物体。以积木中级版为例，单击积木中级版左侧的三角形按钮，展开可以看到积木中级版包含一个"平面.001"网格数据块和"修改器"数据块，如图 4-34 所示；再展开"平面.001"，会发现里面还有一种材质数据块。所有的内容都是数据块，物体由不同类型的数据块组合而成，材质默认属于模型数据块，修改器属于物体数据块。

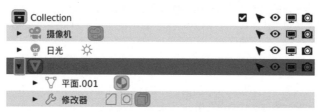

图 4-34 展开物体

一个类型的数据块是抽象概念，例如假设"人"是一种数据块，那么一个有名有姓的具体的人就是数据块的实现，就像图 4-34 中的"平面.001"就是网格数据块的实现。

数据块其实就是 Blender 开发者所设计的一套逻辑、一套系统。数据块就像是建造房子的砖块，一块一块的数据块构成了 Blender 文件。数据块的好处是方便导入或导出到其他文件中，还可以在一个文件中重复引用。例如，积木进阶版中使用过的关联复制实际就是不同的物体使用同一个数据块，这个数据块属于本体，这样就能够节省很多内存。这也是一个模块化的概念，就跟 Blender 的用户界面一样，Blender 处处可见模块化的逻辑。

数据块具有几个通用特征：每个数据块名称是独一无二的，不可重复；可以添加、删除、编辑和复制；文件之间可以链接；可以自定义属性。

4.3.2 用户与生命周期

数据块有个核心概念"用户"，数据块如果没被使用就不会起作用，如果被其他数据块使用了，就算是有用户。一个数据块可以被多个用户使用。例如在积木进阶版中，关联复制的积木就有多个用户。选中一个积木，单击"物体数据属性"按钮，在名称的右侧即可看到用户数量为2，如图4-35所示，这代表有两个物体使用了这个数据块。

图 4-35 查看数据块用户数量

单击"材质属性"按钮，可以看到"积木随机颜色材质"有 7 个用户，但是场景中明明不止 7 个积木，这是因为有积木共用一个数据块，所以真正独一无二的积木数据块只有 7 个。这 7 个数据块都与"积木随机颜色材质"有关联，如果想要把数据块独立出来，变成一个新的单用户数据块，单击数据块旁的数字即可，如图4-36所示。这就是 Blender 赋予材质的概念，材质与网格模型只是在数据块之间建立关联，用户只能移除两者之间的关联，而不是删除材质，这就引出了数据块的生命周期问题。

图 4-36 设置单用户

在 Blender 中，除了在编辑模式删除点、线、面是真的删除了，其他的删除都不是真的删除，这是因为数据块有一套回收机制。在大纲视图中删除一个物体，这个物体不会真的被删除。如果这个数据块还有其他用户在使用，则不会发生什么；如果没有用户使用这个数据块了，则这个数据块会被放入"孤立的数据"中，如图4-37所示。这有点类似回收站，数据块长期不被拿回来使用或者重启软件、重新打开文件都可能会导致数据块被彻底删除。删除数据块这一工作是 Blender 完成的，而不是交给用户处理。所以在 Blender 中并不能方便地删除材质，而只是让模型不使用某种材质。这样做的好处就是可以把数据块（材质）拿回来用，不用重新制作材质。

图 4-37 孤立的数据

4.3.3 伪用户

如果暂时不想使用某个数据块，但是又不希望它被删除，该怎么做呢？这就涉及一个新的概念——伪用户。也就是伪造一个用户，给数据块添加一个伪用户就代表数据块有用户在使用，所以不会被删除，但是因为用户是伪用户，所以也不会出现在视图中。添加伪用户的方法如图4-38所示，单击数据块旁边的盾牌图标，即可给这个数据块启用伪用户，这个盾牌属于开关控件，再次单击即可关闭。Blender 中只要出现同样的盾牌图标，就代表可以添加伪用户。伪用户是个非常有用的功能，但是数据块多了也会增加 Blender 文件的体积，所以需要酌情使用。

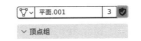

图 4-38 添加伪用户

4.3.4 数据块操作

① 手动删除数据块

在 Blender 中一般是不需要手动删除数据块的，但是如果想要手动删除材质之类的数据块也是可以的。在大纲视图中单击"显示模式"按钮，然后单击"Blender 文件"，"Blender 文件"中把当前文件所有的数据块按类别分组，展开数据块所在的类别，在数据块上右击，单击"删除"即可彻底删除数据块，操作过程如图4-39所示。

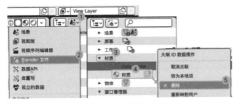

图 4-39 手动删除数据块

② 数据块重映射

在数据块的快捷菜单中单击"重新映射用户"，在弹出的窗口中设置"新 ID"，再单击"确定"按钮就可以把数据块替换成其他数据块，操作过程如图4-40所示。这个操作用得不多，但是也会有需要的时候。

图 4-40 数据块重映射

③ 清理数据块

当项目比较大或者制作时间比较久的时候，可能会累积较多的没有用上的数据块，这些数据块会占用一些内存，有时不一定会被及时删除。当需要清理这些数据块的时候，就可以执行文件 > 清理 > 未使用的数据块命令；如果有需要清理的数据，则单击出现的提示框中的内容即可。操作过程如图 4-41 所示。这个操作不会清除启用了伪用户的数据块。

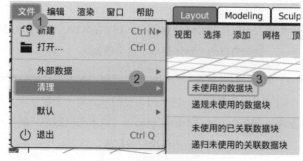

图 4-41 清理未使用的数据块

④ 资产标记

Blender 3.0 增加了资产管理的功能，如图 4-42 所示，可以非常方便地建立资产库，随时调用库中的模型、材质等资产。Blender 的资产其实就是标记过的数据块，在数据块上右击，单击"标记为资产"即可把数据块变为资产，操作如图 4-43 所示。资产管理使用的模块叫作"资产浏览器"，属于数据分组。

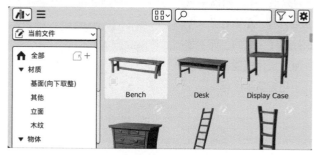

图 4-42 Cube Diorama by Blender Studio

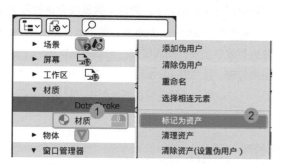

图 4-43 标记为资产

Blender 3.0 内置了一个资产管理的布局，在工作区切换栏最右端单击加号按钮，单击常规 >Asset 即可添加一个资产管理工作区，操作过程如图 4-44 所示。此时就可以在资产浏览器中看到刚才标记的资产了，如图 4-45 所示。

资产管理本质上是数据块的一种新用法，正是得益于数据块这种先进的模块化逻辑，才能开发出资产管理这样的新功能。

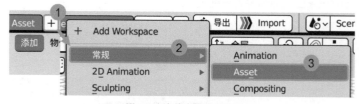

图 4-44 添加资产管理工作区

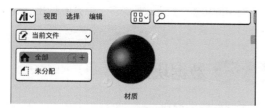

图 4-45 资产浏览器

数据块总结

数据块不那么容易理解，需要反复阅读本节并实践才能更好地理解。有的用户使用了多年 Blender 可能都不知道数据块的存在。不会数据块一样可以使用 Blender 进行创作，但是会数据块可以对 Blender 了解得更深入，理解底层逻辑，能够更好、更快地学习和创作，所以笔者建议一定要掌握数据块。

4.4 操作逻辑

在计算机中进行 CG 创作，实际上就是执行各种操作。这些操作具有一定的逻辑，只有了解了操作的逻辑，才能知道自己真正做了什么。

4.4.1 什么是操作

操作即做一些动作，以达到某一目的。在 Blender 中做的所有事情都是操作，单击一个工具、切换视图着色方式、执行菜单中的命令等都是操作。切换到 Scripting 工作区，新建一个立方体，然后在左下角的 Python 控制台即可看到所有的操作记录，如图 4-46 所示。

Python 是一种编程语言，Blender 中的操作一般都用 Python 执行，图 4-46 红框中就是执行一个添加立方体的操作的代码，看着复杂，其实翻译过来就是 Blender 的 Python. 操作 . 几何体 _ 立方体 _ 添加〔尺寸 =2，进入编辑模式 = 假，对齐 = 世界，位置 = (0, 0, 0)，缩放 = (1, 1, 1，)〕。后面的括号中是参数，在 Blender 中切换编辑模式，以及倒角之类的所有操作都会在这里显示出来（除了选择操作）。可以试着执行别的操作，并观察输出的命令。

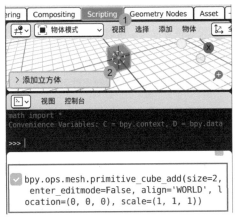

图 4-46 Scripting 工作区

找不到相应的操作

Blender 中有太多菜单和命令，有时候会找不到相应的命令，这时候就可以执行编辑 > 菜单查找命令，然后输入要搜索的命令。有的命令是英文的，当输入中文找不到的时候可以试着输入英文，然后单击搜索到的结果即可执行命令，操作过程如图 4-47 所示。搜索结果中还会显示出操作所在的地方，例如，图 4-47 中第一项就说明了该操作的位置，还有相应的快捷键。

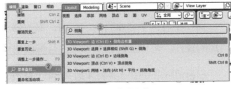

图 4-47 菜单查找

4.4.2 操作流程

对于操作最大的误解就是操作只是单击一些按钮或执行一些命令这么简单，其实操作是一系列的过程，分为 4 个步骤，激活操作→执行操作→完成操作→调整参数。以倒角操作为例，先选中边，然后按快捷键 Ctrl+B 激活倒角操作；移动鼠标控制倒角大小，滚动鼠标滚轮调整段数；单击完成操作；再次调整操作的参数，直到效果满意。

激活操作可以是单击按钮，也可以是单击菜单中的某一项，还可以是使用工具。在激活操作后，Blender 会进入一种操作的状态，平常的快捷键是不可以使用的，操作过程中会有专用的快捷键，状态栏中会显示所有操作时能使用的快捷键，如图 4-48 所示。其中以"V：影响（边）"为例，在倒角的操作过程中，按 V 键即可切换点和边倒角，不只可以用快捷键，操作时移动鼠标一般也可以调整相应的参数，单击即可完成操作，不完成操作就会一直处于操作状态，操作确认完成左下角就会出现一个面板，展开后还可以调整参数。

↵/PadEnter/鼠标左键: 确认, Esc/鼠标右键: 取消, M: 模式 (偏移量), A: 宽度 (0 m), S: 段数 (1), P: 轮廓 (0.500), C: 钳制重叠 (关), V: 影响 (边), O: 外斜

图 4-48 倒角时的状态栏

重复操作

如果想要重复执行同一个操作，可以在执行这个操作之后执行编辑 > 重复上一步命令，也可以直接按快捷键 Shift+R。如果想把之前执行过的操作再执行一次可以执行编辑 > 重复历史命令，然后单击想要重复的操作，即可再执行一次。当想要使用相同的参数执行某一个操作时，"重复历史"命令特别好用。

4.4.3 撤销

计算机中大部分操作都是可以撤销的。在 Blender 中要撤销上一步操作，可以执行编辑 > 撤销命令（Ctrl+Z），撤销之后如果想恢复操作，可以执行编辑 > 重做命令（Shift+Ctrl+Z）。

如果想要撤回多步可以执行编辑 > 撤销历史命令，单击想要回到的步骤，即可回到执行这个操作的时候。撤销历史时可能需要等待片刻，建议先保存文件再撤销。

撤销虽然好，但是撤销次数也是有限制的，因为保存这些操作记录是会占用计算机内存的。撤销历史多了之后，想要撤销到早期的操作，计算机可能会卡顿一段时间，尤其是执行了比较复杂的操作后。

要更改撤销次数限制，首先打开 Blender 偏好设置，找到"系统"，展开"内存 & 限额"，如图 4-49 所示。将"撤销次数"设置为 256，这也是 Blender 的最高限制，其他的参数就不建议调整了，最好保持默认。

图 4-49 撤销设置

4.4.4 修改器

操作中有一个非常特殊的东西：修改器。一般执行操作后虽然可以撤销，但是不能调整操作的参数，而修改器就像是一个附加的操作，可以随时调整参数，且修改器可以随时删除（或者只是关闭修改器的视图显示）。

Blender 3.0 中一共有 4 组共 54 个修改器，其中使用最多的是"生成"和"形变"两组。"物理"修改器一般不用手动添加；"修改"修改器比较"高阶"，使用不多。第 3 章的案例中已经使用了多个修改器，这里就不重复讲解如何添加修改器之类的基本操作了。

修改器的显示模式

每个修改器的标题栏都有一组复选框，如图 4-50 所示，其中有 3 个选项，分别是编辑模式显示、视图显示和渲染显示，这 3 个选项默认都是打开的状态。

图 4-50 修改器复选框

编辑模式显示：如果关闭编辑模式显示，就不能在编辑模式看到这个修改器起作用的状态了。这对想要编辑原始模型来说很方便，例如添加了表面细分修改器后就只能看到模型细分后的样子，关闭表面细分修改器的编辑模式显示就可以更好地建模了。

视图显示：关闭视图显示后就不能在 3D 视图中看到修改器起作用的效果了，但是最终渲染的时候修改器还是起了作用的。例如关闭了倒角修改器的视图显示，在 3D 视图中看到的模型就是没有倒角的状态，但是渲染出来的图片却还是有倒角的状态。

渲染显示：渲染显示跟视图显示同理，关闭渲染显示后，渲染出来的图像就没有相应的修改器效果了。

视图显示和渲染显示是 Blender 非常重要的概念，眼见不一定为实。建模的时候看到模型是什么样，不代表最后渲染出来的就是什么样。这也是 Blender 非常特别的一个逻辑，建议还是不要轻易去动修改器的这一组复选框。

修改器顺序

当修改器超过一个时，顺序就变得非常重要。修改器的顺序是自上而下的，修改器的顺序不正确，可能会引起很多问题。例如给一个立方体添加倒角和表面细分两个修改器，先添加倒角修改器，然后再添加表面细分修改器，模型就是正常的，如图 4-51 左边所示；但如果按住倒角修改器最右端的 8 个点的按钮，然后往下拖动到表面细分修改器下方，就会发现立方体变成了一个球，这是因为立方体表面细分后就会变成球状，如图 4-51 右边所示。变成球状后模型就没有能够满足倒角修改器的条件的地方，于是倒角修改器就没有起到任何作用。由此可见修改器的顺序至关重要。

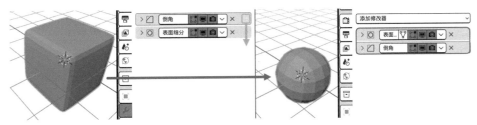

图 4-51 修改器顺序调整

当修改器多了之后，想要调整修改器的顺序，可以单击修改器右边的展开按钮，单击"移至首位"或"移至末尾"，快速把修改器移动到首、尾的位置，操作过程如图 4-52 所示。

修改器的应用和移除

修改器多了之后是会占用大量内存的，所以不能滥用修改器，需要时再用。如果修改器确认不改了，可以单击修改器展开菜单中的"应用"（Ctrl+A），这样就把修改器应用到模型上了，就相当于对模型执行了相应的操作。移除修改器只需单击右端的移除按钮，如图 4-53 所示。

图 4-52 调整修改器的顺序

图 4-53 移除修改器

复制修改器

可以为模型添加多个相同的修改器。直接复制现有的修改器也是可以的，展开修改器菜单，单击"复制"即可复制修改器。例如，有时候需要不同的地方有不同的倒角就可以添加多个倒角修改器，然后设置不同的参数。

如果想把修改器复制到其他物体上，可以选中多个物体，确保修改器所在的物体是活动项后展开修改器菜单，单击"复制到选定项"即可，操作过程如图 4-54 所示。

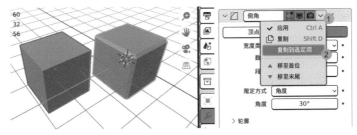

图 4-54 复制修改器到选定项

修改器总结

修改器一般是针对整个模型进行操作，而不是局部操作。所以并不是什么操作都要用修改器，在适当的情况下才会选择使用修改器，例如给整个模型添加倒角。不要为了图方便就滥用修改器。

修改器很多，本书会尽量讲解常用的修改器。其实修改器都很类似，掌握其中一些修改器就会明白其他修改器的作用。通过阅读本章了解 Blender 的逻辑之后，读者就能自己摸索软件的各种功能了。

4.4.5 物体交互模式

物体交互模式是 Blender 重要的逻辑之一。物体交互模式是针对物体的，每一个物体都可以切换到不同的交互模式，如第 3 章的案例中就使用了"物体模式"和"编辑模式"。一般的物体有 6 种交互模式，如图 4-55 所示，而灯光、摄像机之类的物体就只有物体模式。

在不同的物体交互模式下，可以给物体执行的操作是不一样的。例如要改变物体的模型、要建模就必须切换到编辑模式，才能执行倒角之类的命令；要移动、旋转物体就必须切换到物体模式。不同的交互模式下界面和可以使用的工具也会不一样，除物体模式和编辑模式外其他的交互模式使用频率相对较低，第 5 章的案例将介绍不同的物体交互模式。

物体交互模式到底是什么意思呢？如果把物体比作一辆车，编辑模式就是车在设计或者维修的状态，物体模式就是在展厅里展示的状态。在三维建模中，可以随时切换物体的状态，这是非常跳跃的思维，为什么要有这样的限制，不直接在一个模式下全都做了呢？这样分离成多个交互模式主要是对用户更加友好。在不同的交互模式下，工具栏和菜单栏都会有变化。如果没有不同的交互模式，那么所有的功能都摆在一起，软件界面就会拥挤不堪，很容易执行错误的操作。

图 4-55 物体交互模式

通过大纲视图也可看出物体所在的交互模式，如图 4-56 所示。"立方体 .001"处于编辑模式，"立方体"处于物体模式，对比可以发现，编辑模式下物体的图标会产生变化。

图 4-56 编辑模式状态

4.4.6 操作技巧

参数操作技巧

数值类的参数在 Blender 中随处可见，如图 4-57 所示，无论是在属性、材质节点，还是侧边栏中都有。在调节数值类参数时一般可以直接输入数值，也可以单击数值两侧的箭头调整数值大小，按住数值拖动可快速调整数值大小，拖动的同时按住 Shift 键可以微调数值，鼠标指针悬浮在数值上时按 BackSpace 键可以把数值恢复成默认值（其他类型参数也可以）。

还可以直接在参数文本框中进行数学运算，如输入"5*6"，Blender 会像计算器一样计算输入的公式然后计算出结果。

图 4-57 数值类参数

同时调整多个物体的参数

在 Blender 中，大部分时候选中多个物体调节同一个参数都只能调整活动项的参数。在调整参数时，按住 Alt 键即可同时调整选中的多个物体的参数，只是这个方法并不支持所有的参数。

操作逻辑总结

掌握操作的逻辑后可以试着去探索 Blender 中的操作，执行从来没有学过的操作，看看会有什么结果。在操作过程中观察有哪些可以修改的参数，多尝试不同的操作。了解了操作逻辑之后很快就能上手陌生的操作。

4.5 快捷键逻辑

快捷键是新手入门的一道门槛，掌握快捷键是入门的标志之一。对于快捷键并不是只能死记硬背，也是有逻辑可循的。

⚠ 本节所有讲解默认使用全键盘和3键鼠标。

4.5.1 什么是快捷键

有操作才有快捷键，使用快捷键是快速执行操作的方法。如果要执行倒角的操作，需要执行**边 > 边线倒角**命令，这个过程看似简单，但实际上要先找到"边"菜单，然后将鼠标指针移动过去，打开菜单，再找到"边线倒角"，这个过程一般需要 2～3s，如果不熟练可能需要 10s。但是如果使用快捷键 Ctrl+B，则只需要不到一秒钟，速度提升了几倍，并且不需要移动鼠标，不需要知道菜单在哪里。

快捷键是一个通用概念，并不是只有 Blender 中才有快捷键。在 Blender 中快捷键并不只是键盘的按键操作，如在倒角的操作过程中，滚动鼠标滚轮可以调整段数，这也是快捷键操作。由此可见，凡是能够加快原本的操作速度的都是快捷键，注意这里的"原本"很重要，因为快捷键是快捷的方式，先有本来的慢的方式，才有快捷的方式。在不同的物体交互模式和不同的操作状态下，快捷键会有所不同。快捷键是提高效率的关键，一定要熟练掌握。

⚠ 使用快捷键一定要切换到英文输入模式。

4.5.2 快捷键的类型和组成

常见的快捷键都是由修饰键（Modifier Key）加上字符键组成的。修饰键就是按键后不会出现字符的键，例如 Shift、Ctrl、Alt 等键，这些键可以说是专为快捷键而生的。

Blender 中快捷键有多种类型，就算不用修饰键，许多单独的字符键也是快捷键。接下来就介绍一下 Blender 中快捷键的类型和组成。

❶ 单字符快捷键

文字类软件一般不会把单字符键设计为快捷键，而 Blender 中有大量单字符快捷键。字符键并不只有字母键，还包括数字键和一些符号键，而数字键又分为小键盘的数字键和字母键上方的数字键。

单字符快捷键就是按键盘中的一个字符键即可触发的快捷键，例如常见的全选操作快捷键就是 A 键，只要涉及选择操作，按 A 键都能全选；数字键比较常见的是字母键上方用于切换点、线、面模式的数字 1、2、3 键，而数字小键盘上的数字键则是用来切换视图的视角的；有很多符号键也是快捷键，例如数字小键盘上的 . 键就是框显所选的快捷键。Blender 会把单字符快捷键用于最常用的功能，以提高效率。

❷ 修饰键 + 字符键

这是最常见的快捷键类型，作为快捷键的修饰键的，Windows 上主要是 Shift 键、Ctrl 键、Alt 键，macOS 上是 Shift 键、Control 键、Option 键、Command 键。这些修饰键加上字符键即可组成快捷键，例如 Ctrl+N 键、Shift+R 键等，这类快捷键要先按下修饰键再按字符键，如果先按下字符键，则会执行单字符快捷键操作。

Ctrl 键和 Shift 键与字符键组合的快捷键一般是执行命令，例如 Ctrl+B 键（倒角）、Ctrl+S 键（保存文件）；Alt 键与字符键组合的快捷键部分是执行命令，但是经常用作与单按字符键执行相反的操作，例如 M 键是合并，Alt+M 键就是拆分；A 键是全选，Alt+A 键则是全都不选。

③ 多个修饰键 + 字符键

例如 Shift+Ctrl+O 键这种前面有两个修饰键的，一般都是基于一个修饰键 + 字符键的快捷键的，例如 Ctrl+O 键是打开文件，而 Shift+Ctrl+O 则是打开近期文件。对有着多个修饰键的快捷键来说，先按哪个修饰键都一样，但是字符键一定要最后按。例如，边线倒角是 Ctrl+B 键，而点倒角则是 Shift+Ctrl+B 键，可以看到一般 Ctrl 键组合的快捷键再加上 Shift 键都是类似操作的快捷键。

④ 修饰键 + 鼠标键

Blender 中鼠标键同样被用作快捷键，例如挤出到鼠标指针所在的位置，这个操作的快捷键是 Ctrl 键 + 鼠标右键。

⑤ 字符键 + 字符键

字符键 + 字符键的快捷键在变换中最常用，例如按 G 键（移动），然后按 Z 键（限制在 z 轴）即可只沿 z 轴移动，这种属于自由组合的快捷键。G 键可以加 X 键、Y 键、Z 键，同理 R 键（旋转）和 S 键（缩放）都可以加 X 键、Y 键、Z 键，这样非常方便。Shift+X 键、Y 键、Z 键可以分别限制相对应的轴向变换，例如，Shift+Z 可以让物体在除了 z 轴之外的轴向上移动。

除了 X 键、Y 键、Z 键，在操作的过程中还可以直接输入参数，例如按 G 键、Z 键移动，然后用数字小键盘输入 10 并按 Enter 键，即可向上移动 10m。在执行其他操作的时候也可以组合数字参数。

这类快捷键还有很多，如执行内插面，然后开启各面的快捷键就是按两次 I 键，第一个 I 键是内插面命令的快捷键，第二个 I 键是内插面操作中启用"各面"参数的快捷键。

Fn 键

如果键盘上有 Fn 键，那么 F1 ～ F12 键的快捷键一般就使用不了了，尤其是在一般的笔记本式计算机上。因为计算机默认把 F1 ～ F12 键用来执行别的操作了，例如调节屏幕亮度、调节音量等，要使用快捷键功能就需要按 Fn+（F1 ～ F12）键才行，这样特别麻烦。但好在这个是可以关闭的，具体操作需要查看相关的说明书。

Windows 和 macOS 快捷键的区别

Windows 和 macOS 快捷键的区别主要在于修饰键不同，macOS 上多了 Command 键，在 Blender 中 Command 键对应 Windows 上的 Ctrl 键，Option 键对应 Alt 键。非常人性化的是 Blender 中 Command 键等于 Control 键，即快捷键 Command+N 键也可以是 Control+N 键，所以就算习惯了使用 Windows 快捷键，再使用 macOS 也能很快适应过来。macOS 其他的快捷键都跟 Windows 是一样的。

图 4-58 部分 macOS 设备的 Shift 键

部分 macOS 设备的 Shift 键可能是一个向上的箭头，如图 4-58 所示。

快捷键冲突问题

有的软件快捷键是全局的，也就是使用其他软件时也可以调用快捷键，常见的就是微信和 QQ 的截图快捷键。这样的快捷键有时候会跟 Blender 中的快捷键产生冲突，建议找到导致冲突的软件，在设置中修改导致冲突的快捷键。最简单的方法是退出导致冲突的软件。

4.5.3 快捷键的通用性

Blender 中有很多模块有不同的物体交互模式，是不是就代表有更多的快捷键、更多的操作呢？其实正相反，Blender 的快捷键系统非常人性化，很多快捷键都是通用的，例如无论删除什么东西，快捷键都是 X 键，工具栏和侧边栏都是 T 键和 N 键，全选是 A 键，可以看出很多快捷键都是通用的。几乎所有模块都有"视图"和"选择"菜单，如图 4-59 所示，所以自然这些模块中"视图"和"选择"菜单的快捷键就都是一样的。

就算快捷键不完全一样，也是有规律可循的。例如新建文件的快捷键是 Ctrl+N，图像编辑器中新建图像的快捷键是 Alt+N，Ctrl 键换成 Alt 键是为了防止冲突，但是后面的 N 键都是一样的。

图 4-59 "视图"和"选择"菜单

4.5.4 查找快捷键

❶ 菜单命令快捷键

菜单命令的快捷键是最好找的，菜单命令的快捷键会显示在命令最右端，如图 4-60 所示。因为快捷键有限，所以也不是所有的菜单命令都有快捷键，由此可见哪些是常用的命令，需要着重注意。

图 4-60 菜单命令快捷键

❷ 工具快捷键

将鼠标指针移入工具，会出现深色透明框，其中有工具的相关信息，包括快捷键，如图 4-61 所示。

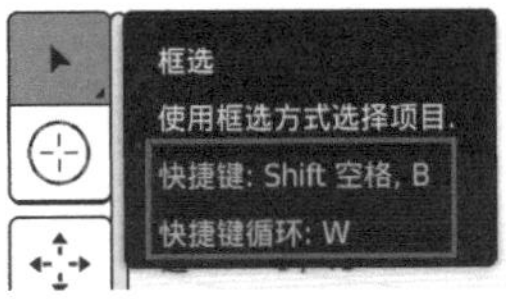

图 4-61 工具快捷键

❸ 在偏好设置中查找快捷键

其实 Blender 所有的快捷键都可以在键位映射 > 偏好设置中找到，如图 4-62 所示，展开相应的分组即可看到操作和对应的快捷键。

"键位映射"界面顶部有搜索框，可以直接搜索相应的快捷键。默认是按名称搜索，也可以使用按键绑定搜索，例如输入"ctrl n"就可以搜索到相应快捷键的操作是什么，如图 4-63 所示。

图 4-62 键位映射

图 4-63 搜索快捷键

4.5.5 自定义快捷键

❶ 自定义菜单快捷键

想要给没有快捷键的菜单命令添加快捷键，在命令上右击，然后单击"指定快捷键"，按想设置的快捷键即可，操作过程如图 4-64 所示。注意不要设置已经被使用的快捷键。

图 4-64 指定快捷键

115

②　更改快捷键

在"键位映射"界面中还可以修改快捷键。找到想要修改的快捷键，单击现有的快捷键，变成蓝色状态时就可以直接输入新的快捷键，操作过程如图4-65所示。单击"Restore"按钮可把整组快捷键都恢复到默认状态。

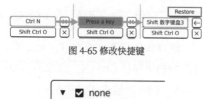

图 4-65 修改快捷键

③　添加新的快捷键

在"键位映射"界面中滚动到下方，单击"Add New"按钮即可添加新的快捷键，如图4-66所示。在左边的"none"中需要输入相应的命令（例如"bpy.ops.mesh.primitive_cube_add"），在右边设置快捷键。此方法难度较高，不建议新手使用。用此方法还可以给手绘板等其他输入设备添加快捷键。

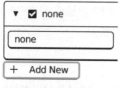

图 4-66 添加快捷键

④　快速收藏夹

在 Blender 中按 Q 键可以打开快速收藏夹，快速收藏夹是一个自定义的菜单，可以存放经常使用的命令，就像是浏览器的收藏夹一样。在命令上右击，然后单击"添加到快速收藏夹"即可将命令添加到快速收藏夹中，如图4-67所示，按 Q 键打开快速收藏夹就可以看到相应的命令了。

图 4-67 添加到快速收藏夹

快捷键逻辑总结

掌握了快捷键的逻辑之后，就算是猜或许都能猜出相应命令的快捷键，这就是逻辑的重要性。快捷键是有规律可循的，并不只是靠死记硬背，毕竟快捷键也是人构思的。快捷键是提高效率的法宝，本书在之后的案例讲解中会尽量多使用快捷键，所以读者需要熟练掌握快捷键。

4.6 文件逻辑

在 Blender 中，所有的创作内容都会保存到文件中。控制不好文件，可能会前功尽弃。

4.6.1　Blender 文件结构

Blender 文件默认的扩展名是 .blend。Blender 文件由数据块组成，工作区、物体、模型网格、材质、图片等都是数据块。Blender 文件还可以包含外部文件，4.6.4 小节会讲解此部分内容。

一个 Blender 文件可以拥有多个场景，一个场景相当于一个三维世界，4.2.2 小节介绍过场景管理。在 Blender 中场景也属于数据块，场景又是展示物体数据块的地方。

除了数据块之外，Blender 文件还包括文件名和所使用的 Blender 版本，要看到这些信息，可以在大纲视图中切换到"数据 API"，操作如图4-68所示。可以看到这个文件是使用 Blender 3.0.42 保存的，版本上方还有"文件已保存"等内容的复选框。在下面展开数据块还可以看到数据块的详细信息，如图4-69所示，在此除了查看信息，还可以修改数据块的设置，例如可以添加伪用户。

图 4-68 数据 API

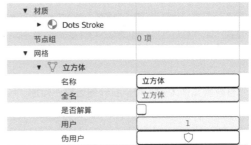

图 4-69 数据块详细信息

4.6.2 文件基本操作

Blender 文件的相关操作都在"文件"菜单中，如图 4-70 所示。下面介绍其中常用的操作。

图 4-70 "文件"菜单

① 新建（Ctrl+N）

新建中有 5 个模板，不同的模板包含不同的工作区，例如，Video Editing 文件中就只有 Video Editing 和 Rendering 两个工作区，并且输出属性中输出的文件格式设置为了 FFmpeg 视频，常规文件的输出格式是 PNG。

启动 Blender 时默认就会新建一个常规文件，单击启动画面外的任意地方就可以关闭启动画面，这样就无须手动新建常规文件了。常规文件是可以自定义的。

② 打开（Ctrl+O）

单击"打开"会启动文件视图窗口，4.2.5 小节详细讲解过此窗口，只可以打开 Blender 文件。

③ 打开近期文件（Shift+Ctrl+O）

打开近期文件中会显示最近打开过的文件的列表，单击文件名即可打开文件，文件如果没有保存，则不会显示在近期文件中。鼠标指针悬浮在近期文件上时，会显示相应文件的路径、修改和尺寸信息，如图 4-71 所示。

图 4-71 近期文件信息

④ 重新加载

重新加载可以让文件回到刚打开或者上次保存时的状态，如果打开文件后没有保存就会回到刚打开文件时的状态，如果保存了就会回到上次保存时的状态。这个功能很常用，笔者一般是在做重大改变，或者尝试新做法之前保存文件，然后再制作，觉得不满意时就单击"重新加载"，回到上次保存的状态。

⑤ 保存（Ctrl+S）

单击"保存"会弹出文件视图窗口，选好要保存的路径，单击"保存工程文件"按钮即可保存文件。当场景中有更改，但是还没保存文件时，Blender 标题栏上的标题会加上星号，变成"Blender*"。

当文件夹中已经有同名文件时，文件名背景会呈红色状态，如图 4-72 所示。这时候就需要更改文件名，如果想要保存多个版本的文件，就可以直接添加上编号。考虑到编号功能比较常用，Blender 提供了自动编号的功能，单击文件名右侧的加减号按钮即可增加和减少编号，快捷键是数字小键盘上的加、减号键，操作如图 4-73 所示。

图 4-72 文件名冲突　　　　　　　　　　　　图 4-73 增加文件编号

有时候文件太大，可以打开侧边栏，勾选"压缩"复选框，此时 Blender 就会通过算法减小文件大小（文件扩展名不会改变）。以积木中级版为例，压缩后文件大小是压缩前的 14.25% 左右，如图 4-74 所示。

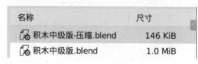

图 4-74 压缩文件对比

既然压缩效果这么好，是不是就应该每次保存文件都使用压缩功能呢？压缩功能适用于分发大型项目和在线传递文件，但同时也会带来需要更长时间保存和加载的副作用，自动保存文件时也会导致速度变慢，所以只在有相关需求的情况下才使用压缩功能。

Blender 3.0 使用的是 Zstandard 压缩算法，3.0 版之前使用的是 Gzip，这代表 3.0 版之前的版本无法打开压缩过的 3.0 版文件。

⑥ 另存为

另存为功能可以把当前的场景保存到一个新的文件中。另存后，Blender 中操作的是新的文件。当需要保留之前的文件又需要保存新的文件时，就可以使用该功能保存不同阶段的文件。

⑦ 保存副本

保存副本功能可以在不更改当前文件的情况下，把当前文件保存到另一个文件中，相当于创建一个备份文件。保存副本后，Blender 中打开的仍然是之前的文件。

⑧ 导入和导出

导入和导出功能是用来跟其他软件交换文件的。每个软件都有自己的格式，并且一般是不互通的，其他的软件一般无法打开 Blender 源文件。这时候就需要有桥梁架设在不同的软件之间。随着三维技术的发展，通用文件格式也越来越多，例如 FBX、OBJ 等。导入就是导入通用格式的文件，导出是把场景中的物体导出成通用格式的文件。

Blender 比较特别的逻辑是，导入、导出的时候需要选择指定的格式，而不是由 Blender 自动选择格式。Blender 初始状态支持的导入、导出文件格式如图 4-75 所示，启用不同的插件后会增加更多的格式，后文会详细讲解具体的操作。

图 4-75 文件格式列表

⑨ 默认

保存启动文件：启动文件是 Blender 启动后的文件，实际上就是常规文件，单击"保存启动文件"就可以把当前的场景保存为启动文件。

加载初始设置：可以理解为初始化 Blender，所有设置都会重置，启动文件也会恢复成默认的状态，但是如果不在偏好设置中保存用户设置，重启软件后还是会恢复到之前的状态。

4.6.3 追加和关联

Blender 文件之间可以无缝互通，追加和关联功能可以让模型、材质等数据块重复利用或在不同的文件中使用。

追加：3.3.1 小节的步骤 01 使用了文件追加的功能，从其他文件导入了模型，通过追加导入的数据块跟之前的文件不再有关系。

关联：关联的导入方式和追加一样，不同的是，关联进来的数据块与之前的文件关联，关联的原始数据块被修改，当前文件中引用的数据块也会跟着被修改。

接下来新建一个常规文件，试着把积木中级版中的积木关联进来，操作过程如图 4-76 所示。在大纲视图中可以看到链接进来的数据块有一个链接的图标，如图 4-77 所示。切换到 Blender 文件，滚动到底层，可以看到链接的文件路径，如图 4-78 所示。链接进来的物体是不可以移动的（但是如果链接的是集合，则可以移动），也不可以更改修改器等所有属性，那么是不是就没有别的办法了呢？接下来介绍的库重写就可以解决这一问题。

图 4-76 链接文件流程

图 4-77 链接图标

图 4-78 链接的文件路径

库重写

链接的物体不能修改，但是又有修改的需求，于是就有了库重写。库重写是 Blender 3.0 的新系统，目的是取代之前的代理系统。库重写可以重新覆盖链接的数据块的属性，例如给位置添加库重写就可以修改链接进来的物体的位置，并不影响原文件中物体的位置，但还是不允许进入编辑模式修改模型，库重写只能更改属性。

以刚才链接进来的积木中级版为例来讲解一下实际操作，在大纲视图中的链接数据块上右击打开快捷菜单，执行 ID 数据 > 创建库重写命令即可，操作过程如图 4-79 所示。此时如果再移动物体就重写了物体的位置，在物体属性中可以看到，位置的参数变成了绿色底色，代表这个参数被重写了，如图 4-80 所示。

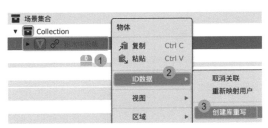

图 4-79 创建库重写

图 4-80 重写位置

创建库重写后，更改所有参数时，Blender 会自动给被修改的参数添加库重写。如果只是想给某一个参数添加库重写，可以在参数上右击，然后单击"Define Override"（定义重写），操作过程如图 4-81 所示。

图 4-81 自定义重写

本地化

如果不想保持链接状态，又想保留下数据块，可以在"ID 数据"子菜单中单击"转为本地项"，本地化后数据块就完全属于当前文件了。

4.6.4 打包文件

一个完整的项目文件往往会有很多外部数据，例如图片、音频等文件。如果直接把单个的 Blender 文件发送给其他人，由于图片没有跟着一起发过去，所以会导致文件缺失，Blender 就无法正确显示场景。

好在 Blender 提供了打包文件的功能，可把外部文件封装到 Blender 文件中。在"文件"菜单的"外部数据"子菜单中，单击"打包资源"即可把外部资源打包到 Blender 文件中，操作如图 4-82 所示。打包资源也是有限制的，影片剪辑编辑器中和视频序列编辑器中的视频就不能打包到 Blender 文件中。

如果不想手动打包资源，可以勾选"自动打包资源"。打包后，Blender 文件会比较大。不需要打包时可以单击"解包资源"，把文件放置到外部文件夹中。

图 4-82 打包资源

4.6.5 备份文件

当做重大更改的时候一般都会备份文件，Blender 有着非常智能的备份文件系统。在偏好设置 > 保存 & 加载中，有"保存版本"选项，如图 4-83 所示，默认是 1，推荐改到 5 甚至更高。在用户保存文件的时候，Blender 会自动把保存前的文件备份，然后再保存，"保存版本"就是指会自动保存多少个备份。如果设置为 1，旧的备份就会被新的备份覆盖。

图 4-83 保存版本

备份文件会保存在源文件旁边，文件的扩展名是 .blend 加上数字编号的形式，例如".blend1"。保存版本增多，数字递增，如图 4-84 所示。

图 4-84 备份的文件

如果需要打开备份文件，只需要把文件的扩展名后的数字去掉，再打开即可，但是为了避免文件名冲突，需要更改文件名。在 Windows 中默认是不显示文件的扩展名的，可以在资源管理器中设置显示文件的扩展名，操作过程如图 4-85 所示。

图 4-85 显示文件扩展名

4.6.6 自动保存

计算机软件是运行在内存中的，软件难免有不稳定并且崩溃的时候，所以自动保存功能就应运而生。需要确保在偏好设置中启用了"自动保存"，如图 4-86 所示。"自动保存"中只有一个选项"间隔（分钟）"，默认值为 2，启用"自动保存"后，每隔两分钟 Blender 就会在系统的缓存文件夹保存一次文件。

图 4-86 自动保存文件

执行文件 > 恢复 > 自动保存命令，就可以找到自动保存的文件，如图 4-87 所示。就算当前的场景还没有保存成文件，也可以自动保存，文件名由 Blender 生成。

Blender 在退出时，会把场景保存在系统缓存文件夹中并命名为"quit.blend"。执行文件 > 恢复 > 最近的对话命令即可打开这个文件。

图 4-87 恢复自动保存的文件

文件逻辑总结

文件中保存着创作者的心血，善待文件就是善待自己的作品，要把文件当作艺术品去看待。在创作过程中，务必要经常保存文件，在不同的阶段多备份文件。在之后的案例中，将不会再提醒保存文件，请自觉养成良好的习惯。

4.7 节点逻辑

想要创作出更优秀的作品，需要掌握节点逻辑。本节将讲解节点的相关知识。

4.7.1 什么是节点

节点可以说是一种创作方式，如果拿做菜来说，正常流程就是买菜 > 洗菜 > 切菜 > 炒菜 > 装盘 > 上菜，这是一个破坏性流程，也就是说做完了就做完了，没有机会做任何更改。如果中途添加了修改器，就是半破坏性流程，例如炒菜那一步，添加了一个口味修改器，可以切换辣和不辣的口味，那么做完之后觉得不辣，还可以通过调整修改器的参数，把口味改成辣的，这就是半破坏性。有的步骤是不可更改的，有的步骤是可以通过修改器修改的。

那么有没有完全的非破坏性流程呢？节点系统就是。如果用节点的形式来做一道菜，那么买菜、洗菜、切菜、炒菜、装盘、上菜都是节点，以做青椒肉丝为例，如图 4-88 所示。每一个节点都有参数可以调节，例如洗菜那一步可以调节洗菜次数，调整节点参数后，整个流程都会刷新一遍，完全无缝替换。例如现在的参数是做青椒肉丝，如果把买菜环节的青椒换成千张，那么整个节点流程最终输出的就是千张肉丝。由此可见，修改节点就像是穿越回某一刻，做一些修改，再穿越回来。

节点系统有另一个形容词"程序化"，整个流程就是一步一步的，有点像是工厂的一条流水线，每个环节都是节点。节点在很多软件中都有应用，其中最著名的是 Houdini。Houdini 是一个制作特效的软件，在 Houdini 中新

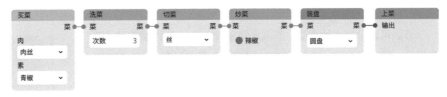

图 4-88 做菜节点示意图

建每一个立方体都要通过节点实现。其他软件中，节点系统一般都只用于材质，在 Blender 中使用节点系统最多的也是材质系统，如图 4-89 所示，然后是合成系统。Blender 3.0 开始加入了几何节点系统，可以通过节点创作场景，图 4-90 所示作品就是使用几何节点制作的。

主流的渲染使用的都是材质节点（除 Blender 自带的渲染引擎外），为什么材质系统都使用节点而不是破坏性流程呢？这是因为材质是需要反复修改的。例如一开始觉得红色好看，便将基础色设置为红色；之后又觉得蓝色好看，又想改成蓝色。节点系统就能够很好地满足这样的需求。3.3.3 小节中的随机材质就很好地体现了节点系统的优势，通过几个节点就给十几个物体赋予了随机的颜色，并且随时可以修改这些颜色。

每一个节点都有各自的功能，通过连接节点，最终可以输出想要的内容，并且随时可以修改节点。那么节点这么好，为什么不整个软件都使用节点呢？节点真的就是完美的吗？其实也不是。首先，并不是所有的内容都适合使用节点，例如 3.1 节中的积木基础版的模型，使用正常的流程建模，熟练的人只需要十几秒钟。但是使用节点系统，就算是很熟悉，可能也需要

121

30s 以上。而一个简单的积木模型，制作好后一般也不会有修改的需求，所以也不需要使用节点。其次是节点系统会占用更多的内存等计算机资源，更改节点参数，整个节点就会重新输出一遍。最后就是节点也有局限性，并不是所有的操作都有节点，例如把框选做成节点，就有点多余，因为这样一来制作一个简单的模型就会有几十个节点。

总结：节点系统适用于需要反复调整以尝试不同效果的创作内容，尤其适合大批量输出差异化的内容，例如生成 100 个略有不同的石头，通过建模就太麻烦，但是使用节点就很容易实现。节点的逻辑是相通的，只是最后输出的形式不同。要想创作出优秀的 CG 作品，就必须要理解节点的逻辑。

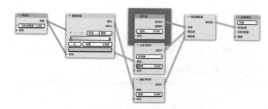

图 4-89 材质节点示意图

图 4-90 *Cupcakes* by Sanctus

思考

试着用节点的逻辑把做一杯果汁的过程填写在图 4-91 中。也可以把生活中的事情用节点的逻辑在纸上画出来，加深对节点逻辑的理解。

图 4-91 空节点

4.7.2 节点的逻辑

节点类型

节点可以分为 3 种类型。节点之间靠线连接，线连接的地方叫作端口。观察图 4-92，可以看到"材质输出"节点只在左侧有端口，属于输出节点；颜色节点只在右侧有端口，属于输入节点；两侧都有端口的是处理节点。

图 4-92 输出节点

输出节点：输出节点是没有右侧的端口的。输出节点用来接收最终的输出。Blender 使用 Cycles 渲染引擎时材质系统中输出节点只有 3 个，如图 4-92 所示，其中主要使用的是"材质输出"节点。一种材质无论有多少节点，最终都必须要输出到"材质输出"节点。

输入节点：与输出节点相反，输入节点是给其他节点提供输入信息的。输入节点本身包含着某些信息，例如物体的颜色、位置，或者只是颜色。常用输入节点如图 4-93 所示。

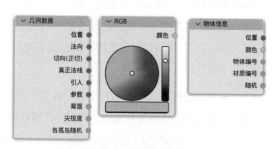

图 4-93 常用输入节点

处理节点：处理节点处理左侧端口提供的数据，处理后传递到右侧端口以传递给下一个节点。节点系统中大部分节点都是处理节点，主要的工作都由处理节点完成。例如混合着色器就是一个处理节点，它把左侧的两个 BSDF 节点混合之后，输出给"材质输出"节点。

节点颜色和数值类型

Blender中不同类型的节点标题颜色也不同。例如，材质节点大概分为10组，如图4-94所示，每一组节点都有各自的颜色，通过节点标题颜色就能区分节点的类型，如图4-95所示。

图 4-94 材质节点　　　　　　　　　　　图 4-95 不同颜色的节点

不仅是标题颜色不同，节点端口也有着不同的颜色，不同的颜色代表不同的数据类型。下面介绍所有的数据类型。

❶ 浮点数

浮点数指的是带有小数位的数，例如 0.1、0.425，一般浮点数的取值范围是 0.000 ～ 1.000。例如图 4-107 中所有灰色的浮点数都是有范围限制的数，范围都是 0.000 ～ 1.000。但是也有例外，只是比较少见。Blender 中大部分的参数都是浮点数类型，当小数点后都是 0 时不需要把小数点后 3 位都输入，输入 0.5 时，Blender 会自动补齐成 0.500。

❷ 颜色

之前的案例中多次修改了基础色，基础色就属于颜色类型。颜色类型不只是指某一种颜色，图片也同样属于颜色类型，可以连接到颜色端口。

❸ 矢量

位置信息包含X、Y和Z这3个数值，旋转和缩放也是。浮点数类型显然不能表示这种信息，所以有了矢量类型。矢量由一组（3个）浮点数组成。除了位置、旋转的变换信息，矢量还用于法向和图像纹理的映射，后文的案例中会经常使用到矢量。

❹ 着色器

着色器是一个非常重要的概念。着色器用于描述表面或体积上与灯光的交互，而不只是简单地指表面的颜色。最常用的是原理化 BSDF 着色器，用于描述物体表面的光反射、折射和吸收。一种材质可以由多个着色器组成。

数据类型转换

节点之间连接时，一般是同样的颜色对同样的颜色，如图 4-96 所示。也就是同样的数据类型互相连接，部分不同数据类型之间会自动转换。例如浮点数类型连接到颜色，如图 4-97 所示，浮点数类型会自动转换成颜色。观察图 4-96 和图 4-97 可以发现，有数据类型转换时节点中间的连接线是渐变色，没有转换时就是端口的颜色。当数据类型转换失败时连接线会变成红色，如图 4-98 所示。这种情况代表连接错误，**必须断开连接**。

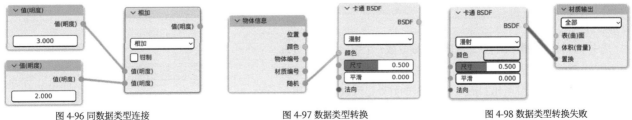

图 4-96 同数据类型连接　　　　　　图 4-97 数据类型转换　　　　　　图 4-98 数据类型转换失败

123

颜色数据跟矢量比较相似，也是 3 个数值，范围均是 0 ~ 1，例如（0.400,0.250,0.800）。那么浮点数是如何转换成颜色的呢？ 0.500 如果转换成颜色就会变成（0.500,0.500,0.500）这样的形式。其他数据类型转换与此类似，唯有着色器是不可以转换成任何其他数据类型的。

4.7.3 节点的应用

节点基本操作

Blender 中不同节点系统的节点操作方法都是一样的，其中常用的操作在节点的快捷菜单中，更全面的节点操作在"节点"菜单中。首先介绍节点的常用快捷键：添加节点（Shift+A）、删除节点（X 或者 Delete）、展开折叠节点（H）、启用或禁用节点（M）、重命名节点（F2）。大部分快捷键的应用前提都是先选中要操作的节点。

接下来介绍一些节点的基本操作。

添加节点：在空白处按快捷键 Shift+A 即可添加节点，按快捷键 Ctrl+F 可以搜索节点以快速添加节点。

连接节点：单击端口并拖动出一根线，将之放到要连接到的端口上即可。连接可以从起点连接到终点，也可以从终点连接到起点，但是不能自己连接自己。连接上节点后，相应端口的参数会被输入的节点替代。

断开连接：删除节点就会自动断开所有连接线。单击连接线的任意端拖动即可断开连接线，按住 Ctrl 键并拖动鼠标右键可以一次性断开多根连接线。

删除节点：菜单项和快捷键都可以删除节点，但是删除节点后线会断开。如果要保持线连接，只需选中节点然后按快捷键 Ctrl+X，即可自动连接前后节点。删除节点前后如图 4-99 和图 4-100 所示，但是只能自动连接相同的数据类型。

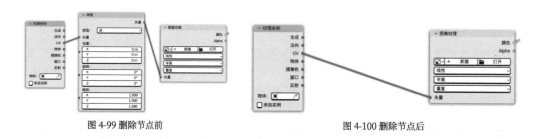

图 4-99 删除节点前　　　　　　　　　　　　　图 4-100 删除节点后

节点信息：节点标题一般是节点类型的名称，可以通过按 F2 键或者直接在侧边栏中修改节点的名称。侧边栏逻辑之前已经讲解过，这里就不重复。侧边栏中的标签代表节点显示的名称，而节点名称并不是显示出来的名称，节点名称就像是身份证号一样，是独一无二的，标签是可以重复的。勾选侧边栏中的"颜色"复选框后，还可以设置节点的背景色。

节点状态：节点多了之后会显得很乱，尤其是参数多的节点。这时候可以选中节点，按 H 键或者单击节点标题栏最左边的按钮展开或者折叠节点，按快捷键 Ctrl+H 可以隐藏没有连接的端口，按 M 键可以启用或者禁用节点。禁用节点后，节点不起任何作用，但是连接线仍然在。

节点管理

选中节点按快捷键 Ctrl+G 即可把节点建立成一个组，并自动进入组，按 Tab 键或者单击"回到父级节点"按钮即可回到父级，如图 4-101 所示。节点组样式如图 4-102 所示。节点组的好处是可以重复利用，按快捷键 Ctrl+Alt+G 即可解散组。

图 4-101 "回到父级节点"按钮　　图 4-102 节点组样式

有时候不需要分组，而只是分区域，选中节点按快捷键 Ctrl+J 即可把节点放到一个框内，如图 4-103 所示。框其实是一个特殊的节点，在添加节点 > 布局中可以找到该节点，框的颜色和标题都可以修改。通过给节点分框即可整理清楚节点，选中节点按快捷键 Alt+P 即可把节点从框中移除，选中框按 X 键即可直接把框删除。

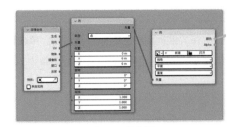

图 4-103 节点框

节点插件

Blender 中有两个必须要用到的节点插件：Node Wrangler 和 Node Arrange。尤其是前者，非常强大，提供了很多很方便的快捷方式，后文的案例会经常常用到，一定要在偏好设置中启用。

节点逻辑总结

节点是非常有魅力的一种创作方式，通过节点能够非常灵活地进行创作。其实节点的逻辑也非常好理解，节点也就是用步骤的方式创作。为了更好地理解节点，可以试着把生活中的事情都拆分成步骤，以节点的形式写下来，并且用不同的数据类型作为参数。

4.8 大纲视图逻辑

Blender 场景中所有的内容都在大纲视图中。不了解大纲视图的逻辑，可能会导致渲染出来的结果和视图中的结果不同。

4.8.1 什么是集合

大纲视图是 Blender 的一个模块。大纲视图一共有 7 个显示模式，如图 4-104 所示。

Blender 场景中所有的物体都列在大纲视图中，物体多了之后肯定不能简单地排列，所以就有了集合（Collection）。集合用来组织管理物体，就像是把物体收藏到一起一样。集合不只可以组织管理物体，还可以方便地在文件或场景之间传递。在一个场景中，默认有一个场景集合，这个集合是不可删除的，是整个场景的根集合，所有的集合都归场景集合管理。

图 4-104 显示模式

4.8.2 集合操作

新建集合

除了单击大纲视图中的"新建集合"按钮之外，选中物体，按 M 键（物体模式下），单击"New Collection"，然后输入集合名称，即可新建一个集合并且把物体移动到这个集合中去，操作过程如图 4-105 所示。

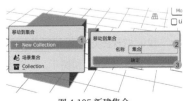

图 4-105 新建集合

删除集合

在大纲视图中，在集合上右击，单击快捷菜单中的"删除"即可删除集合，集合内的物体并不会被删除。此外，选中集合按 X 键也可以删除集合。在快捷菜单中单击"删除层级"即可删除集合和集合中的所有物体。

管理集合

在大纲视图中直接拖动物体即可把物体移动到集合中。还可以选中物体按 M 键，然后单击想要移动到的集合，快速把物体移动到指定集合中。

图 4-106 关联集合

在 Blender 中，一个物体可以同时属于多个集合。在拖动物体到集合时，按住 Ctrl 键可以把物体关联到另一个集合中，如图 4-106 所示。在物体属性中也可以看到物体的集合信息，如图 4-107 所示，可以看到这个物体同时属于两个集合，单击"添加到集合"按钮可以将物体添加到更多集合中。

集合多了之后会很难区分，Blender 提供了不同的集合颜色。在集合上打开快捷菜单，单击不同的颜色即可设置集合颜色，如图 4-108 所示。

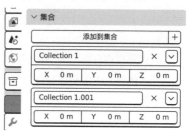

图 4-107 物体属性

> ⚠ 添加物体时，物体会被添加到大纲视图中被选中的集合中。

图 4-108 集合颜色

在大纲视图中选择物体

在 3D 视图中选择物体时，大纲视图中也会同时选中相应的物体，反之也是一样的。在大纲视图中单击可以选中物体，按住 Ctrl 键可以多选物体，先选择一个物体，按住 Shift 键再选择一个物体，可以选择这两者之间的所有物体。在集合的快捷菜单中单击"选择物体"可以选中集合中的全部物体。

实例化集合

有时候想要重复使用一个集合。如图 4-109 所示，集合中有 3 个物体，如果想多复制几个场景中的物体，可以使用复制物体功能。但是这样会导致大纲视图中有很多物体，如图 4-110 所示，这样显然是不合适的。这种情况可以使用实例化集合功能，在集合的快捷菜单中单击"实例化到场景"，即可创建一个实例化集合的物体，如图 4-111 所示。实例化集合跟关联复制原理类似，只是它是集合的分身，不会占用很多内存。单击添加集合实例中的集合，也可以创建实例化集合，如图 4-112 所示。

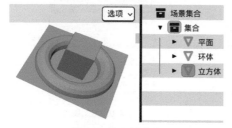

图 4-109 演示用的集合

图 4-110 复制物体后的大纲视图

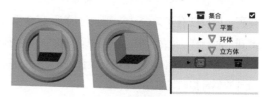

图 4-111 集合实例

4.8.3 父子级关系

像大纲视图这样可以折叠展开并且有多个层级的列表，属于树状视图控件。就像一棵树一样，有树根和树干，树干上分出树枝，树枝不断地分出更小的树枝，一层一层的。大纲视图就是如此，树根就是场景集合。

图 4-112 添加集合实例

这就牵扯出了非常重要的一个概念——父子级关系。所有的集合和物体都属于场景集合，所以场景集合是最高的父级，如图 4-113 所示，平面是集合 1 的子集，平面模型是平面的子级，反之平面是平面模型的父级，父子关系非常明显。

图 4-113 物体结构

在 Blender 中物体属于集合，集合属于场景集合，物体并不等于模型。之前提到过物体与模型的关系，模型属于物体，也就是说模型是物体的子级，模型是点、线、面组成的网格，修改器也是物体的子级，材质是模型的子级，这一切都是物体的子级，所以说模型不等于物体。一般物体结构如图 4-113 所示，这样的父子关系能够让大纲视图看起来很清晰，管理起来也很方便。

物体也可以互相成为父子级。在大纲视图中拖动物体 A 到物体 B 上的时候，按住 Shift 键即可把物体 A 变成物体 B 的子级，如图 4-114 所示，物体 B 左侧的实线变成了虚线。当一个物体变成另一个物体的子级时，子级物体会跟着父级物体变换，但是子级物体也可以单独变换。在 3D 视图中，父子级物体间也会有虚线连接，表示这两个物体有父子级关系，如图 4-115 所示（关系线并不会被渲染出来）。

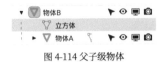

图 4-114 父子级物体

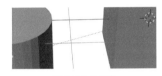

图 4-115 关系线

物体的父子级关系设置一般在 3D 视图中完成。选中两个物体，其中一个是活动项，按快捷键 Ctrl+P 或者执行物体 > 父级 > 物体命令即可把活动项物体设置为父级。

集合同样也是可以设置父子级关系的，只需把集合拖入或者拖出另一个集合，即可设置父子级，但是物体是不可以作为集合的父级的。

集合折叠之后，集合的右侧会显示包含的物体的类型图标，如图 4-116 所示。可以看出，集合 1 中有 3 个物体，集合 2 中有一个灯光，集合 3 中有一个摄像机。在物体很多的时候，通过观察大纲视图可以快速找到想要的物体。

图 4-116 集合折叠后

4.8.4 过滤功能

单击"筛选"按钮即可打开过滤功能面板，如图 4-117 所示。过滤功能一共分为 3 组，接下来一一介绍这 3 组的功能。

限制开关

限制开关功能是 Blender 中出错率最高的地方，就算是"高手"也一样容易出错。笔者也经常在限制开关上失误，所以一定要仔细阅读下面的内容。

物体和集合都有限制开关。集合有 7 个限制开关，物体有 6 个。默认只启用了 5 个限制开关，图 4-117 中启用了 7 个限制开关。面板中限制开关是一组复选框，单击即可启用或不启用，面板中的限制开关只是决定在大纲视图中是否显示限制开关的按钮。

限制开关指的是物体是否显示在 3D 视图中，或者是否显示在渲染结果中，用于控制集合或者物体的状态。7 个限制开关按图 4-117 中的顺序具体功能如下。

1. 是否启用集合：关闭后，集合相当于不存在，在 3D 视图中看不见，也不会被渲染出来。

图 4-117 过滤功能面板

2. 禁用选中项：关闭后，代表在 3D 视图中无法被选择，在防止误操作某个物体或者集合时非常实用。

3. 在视图层中禁用：关闭后在当前的视图层中显示。不同视图层可以设置大纲视图中同样的物体有不同的限制开关状态，场景可以有多个视图层，一般用于渲染合成，后文的案例中会使用到。

4. 在视图中禁用：与"在视图层中禁用"不同的是，在所有的视图层中都隐藏。

5. 在渲染中禁用：这个功能容易带来问题，因为 Blender 可以分别设置 3D 视图和渲染结果中物体显示与否，如果设置了物体在视图中禁用，但是渲染中启用了，就会导致渲染结果中出现 3D 视图中没有显示的物体。一般情况下如果在视图层中禁用了，则也要在渲染中禁用。尽管这个功能很容易导致出错，但是在有些情况下还是很实用的，一定要注意此功能！

6. 阻隔：只有集合能启用阻隔。某集合启用阻隔后，渲染时，这个集合的部分会挖空变成透明的像素，物体不会被渲染出来。

7. 仅间接光可见：只有集合可用，启用后渲染时集合只会出现在反射和阴影中，不会被看见，但是也不会变成透明的像素。

限制开关的位置都在物体或者集合的右侧，如图 4-118 所示。操作集合限制开关时，集合中的所有物体都会受到影响，但是如果操作一个物体，这个物体的子级物体并不会受到影响，子级物体有独立的限制开关。

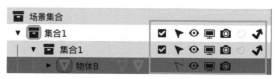

图 4-118 限制开关的位置

排序问题

Blender 大纲视图中物体默认是按照首字母顺序排列的，截至写此书时的 Blender 3.1.2 仍然不能手动在大纲视图中排序，禁用过滤功能面板中的"按首字母排序"后大纲视图会按照物体创建顺序对物体排序。

搜索

大纲视图中有一个搜索框控件可以搜索物体，过滤功能面板中搜索有两个选项，这两个选项用得并不多，尤其是使用中文名称时，区分大小写就没有作用了。

过滤（筛选）

使用过滤功能可以在大纲视图中筛选出想要展示的内容，大纲视图中被筛选掉的物体并不影响渲染结果。不建议新手使用此功能，可能导致忘记设置筛选。

实际应用

下面来看一个实际应用。图 4-119 中有两个物体，一个猴头，一个球体。猴头所有的限制开关都开启了，球体在视图层中禁用了，所以 3D 视图中没有看到球体。但是最后渲染出来之后球体却出现了，如图 4-120 所示。这是因为球体在渲染中启用了，这就是使用限制开关最容易犯的错误。如果限制开关使用不当，会导致渲染前功尽弃。所以一定要检查清楚再渲染，或者先渲染一张小图，确认无误后再渲染。

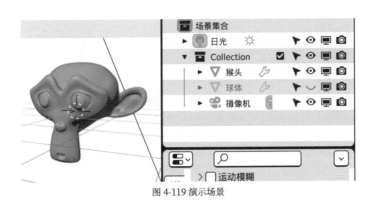

图 4-119 演示场景

图 4-120 渲染结果

大纲视图逻辑总结

大纲视图就像是 Blender 文件的地图，非常重要。一般来说，大纲视图只用来观察，而不用来操作。选择和删除物体、创建集合等操作都尽量在 3D 视图中完成。

Blender 的大纲视图目前还是有些局限，例如，由于修改器属于物体，所以没有办法给整个集合添加修改器，并且不能手动排序。Blender 的大纲视图仍然在不断完善当中，相信未来会变得更好。

本章总结

Blender 功能太多，限于篇幅，本章也只介绍了部分 Blender 通用的逻辑。读者阅读完本章后，可能还是有很多内容不能够理解，但只要在大脑中保留了印象，在阅读后文时遇到相关的问题，再回来阅读本章，即可加深印象，通过实际操作就会理解本章的内容。

课后作业

阅读完本章后可以打开 Blender，新建一个文件，不用创作任何作品，只是研究 Blender 本身。例如试着自定义工作区、整理大纲视图、随意连接节点，也不需要保存文件，通过操作对本章内容进行更深入的理解后再继续阅读本书。

第 5 章

基础案例

学习任何东西，入门之后一般就简单多了。本章将通过多个案例讲解 Blender 必备的基础知识和作品基本的制作流程，读者学习完本章后就能独立制作一些简单的作品了。

5.1 基础知识

**图像由什么组成？颜色色值如何设置？什么是循环边？本节将介绍
与图像和建模相关的基础知识。**

5.1.1 像素

图 5-1 中是一个 8×8 的网格，一共 64 个格子。如果选择一些格子填充颜色，就可以得到一个图形。如图 5-2 所示，填充其中 13 个格子就出现了一个数字 1。如果格子足够多、足够密集，填充的颜色足够多，就能形成非常复杂的画面，其中的每个格子就相当于计算机中位图的基本单位：像素。试着拿铅笔在图 5-1 中玩填色游戏，看看能够画出什么内容来，如果有彩色铅笔更好。

我们平时在计算机中看到的图片一般都是位图图像，也就是由像素组成的图像。把图片放大，就可以看到一格一格的像素了，如图 5-3 所示。当格子足够多的时候，颜色过渡就非常自然，图片看起来也就很清晰。可以试着打开计算机中或者手机上的图片，不断地放大，直到看到一格一格的像素，然后再缩小，反复观察。

像素一般都是正方形的，但是也有例外，有些视频格式的像素是长方形的，长宽比就不是 1∶1。

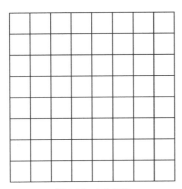

图 5-1 8×8 的网格

图 5-2 填充一个数字 1

图 5-3 放大的图片局部

5.1.2 颜色

每一个像素格子里填充的都是颜色，每个像素的颜色由红、绿、蓝（RGB）三原色组成。图像最终是显示在屏幕上的，现在最常见的就是液晶屏幕，手机和计算机基本都是液晶屏，屏幕是一格一格的，并且每个格子都可显示红、绿、蓝 3 种颜色，分别调整 3 种颜色的亮度等即可显示出不同的颜色。

不同的显示器能够显示的颜色数量也是不同的，这就涉及色彩深度。目前主流的 8bit 屏幕可以显示约 1670 万种不同的颜色。可以理解为像素是有深度的立方体，而不是简单的平面，深度越深，能够显示的颜色也就越多。专业显示器一般可以显示约 10.7 亿种颜色，所以同样的一幅图像在不同显示器上可能颜色也是不同的。

计算机中颜色有几种不同的表达方式，最常见的是 RGB 色值，例如（255,0,0），由 3 组数字组合而成，每一组数字的取值范围是 0 ～ 255，R 是 255、G 和 B 都是 0，所以这是纯红色。但是在 Blender 中，颜色色值的取值范围是 0 ～ 1，所以纯红色在 Blender 中是（1,0,0），如图 5-4 所示。

Blender 中一共有 3 种色值形式，分别为 RGB、HSV 和 Hex，如图 5-4 所示。Blender 默认的色值形式是 HSV，3.3.3 小节步骤 04 的扩展阅读中已经讲解过 HSV 颜色模型，H 决定颜色，S 决定颜色的饱和度，V 决定颜色的亮度。Hex 是网页颜色的表示方法，由 3 组十六进制数字表示（例如红色是 #ff0000），主要用于网页设计和开发。在 Blender 中，单击色值类型的名称即可切换色值形式，颜色会自动进行转换。

色值上方的彩色圆盘叫作色轮，可以使用鼠标直接在色轮上选取颜色。色轮右边有个垂直的由黑到白的渐变条，是用来调整颜色的明度的。在创作中会经常用到颜色，一定要熟练掌握 Blender 的颜色选取。

图 5-4 拾色器

5.1.3 分辨率

一张图片的像素数量是由分辨率所决定的，分辨率一般是指一幅图像水平的像素数量乘以垂直的像素数量。例如常见的 1080P 就是指 1920 像素 ×1080 像素，也就是说水平方向有 1920 个格子，垂直方向有 1080 个格子，有 200 万像素左右。4K（4096 像素 ×2160 像素）也只有 800 万像素左右，而很多年前的相机就已经有 800 万像素，所以现在的屏幕像素其实不算高。

像素数量越多，代表图片的分辨率越高，也就能够显示更清晰、更细致的图像。如图 5-5 所示，当分辨率只有 16 像素 ×16 像素时，图像就非常粗糙，看不出是什么；当分辨率为 64 像素 ×64 像素时，大致能看出是一朵花了；当分辨率为 2048 像素 ×2048 像素时，图像就非常清晰了，可以看到很多的细节。

16像素×16像素　　　　64像素×64像素　　　　2048像素×2048像素

图 5-5 同一张图不同分辨率

Blender 默认的输出分辨率是 1920 像素 ×1080 像素，如图 5-6 所示。这个分辨率指的是最终渲染出来的图像的分辨率，分辨率简写一般用宽度，1920 像素 ×1080 像素简写为 1080P，P 是 Pixel（像素）的首字母，1080P 一般来说已经足够清晰了。分辨率越高，渲染时间也会越久，本书案例大部分都使用默认的 1080P。如果想要减少渲染时间，可以设置为 1280 像素 ×720 像素或更低。

图 5-6 Blender 输出属性

5.1.4 循环边 / 边循环（Edge Loop）

模型是由点、线、面组成的，建模时大部分时候都是在操作边线。循环边是建模中必须要知道的知识点，英文叫作 Edge Loop。循环边指的是一串连续的相连接的边组成的一组边线，简单理解就是一圈边，如图 5-7 所示，图中绿色的线都是循环边。

要选择循环边，先选择一个模型并进入编辑模式，然后选择边选择模式。这里用一个平面举例（先把平面细分几次），按住 Alt 键，单击平面上任意一根线即可选择这条线的循环边，如图 5-8 所示，其中选择的是绿色的边，红色的就是选择的循环边，也可以在选择一条边后执行选择 > 选择循环 > 循环边命令。可以尝试选择不同的边，观察循环边的规律，看在面选择模式下按住 Alt 键单击一个面会有什么事情发生。

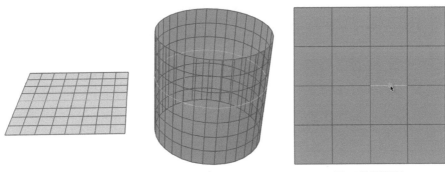

图 5-7 平面和圆柱上的循环边   图 5-8 选择循环边

循环边就是向线的两端的顶点前方去寻找下一个边，选择的边一定是另一个面的边，不会在同一个面上选择两条边。循环边一般是首尾相连形成一圈的，但不是一定的。图 5-7 中左边平面上的循环边就没有首尾相连，右边的圆柱上的循环边就是首尾相连的。循环边要求每个顶点都要连接 4 个点，少于或超过 4 个点，循环边的形成都会停止。如图 5-9 所示，A 点连接了 5 根线，B 点连接了 3 根线，循环边的形成都停止了，没有继续向前寻找边。循环边所在的面必须是四边面，这也就是为什么建模要尽量全是四边面，其中的一个原因就是为了快速选择循环边。

循环边其实就像是在地图上找一条线路，只要有路就会一直找下去，但当有分叉的时候就停止了。那么为什么要有循环边这样的概念呢？当模型复杂之后，一条边一条边选择会非常慢。如图 5-10 所示，图中选择了 52 条边，如果要一条一条选需要很久，但是如果使用选择循环的功能，很快就可以选择很多条边。选择了这些边之后，就可以很方便地进行倒角、挤出之类的建模操作了。好的布线能创造更好、更多的循环边，因此建模时要保持良好的布线习惯，毕竟循环边是非常重要的。

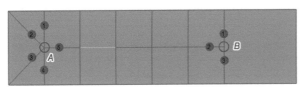

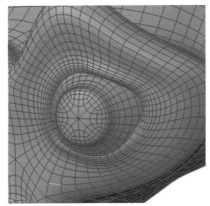

图 5-9 循环边的形成停止   图 5-10 复杂模型上的循环边

5.1.5 并排边 / 边环（Edge Ring）

并排边跟循环边非常类似，只是并排边是平行的，循环边是相连的，并排边本质上来说是垂直于循环边的。如图 5-11 所示，A 处选择的就是并排边，B 处是循环边，相信 A 处的循环边在哪里也非常明显了。

133

按住Ctrl键和Alt键，单击一条边即可选中这条边的所有并排边。也可以在选择一条边后执行选择>选择循环>并排边命令，同样可以选择并排边。相邻的并排边是同一个面上的对边，如图 5-11 所示，1 的对边是 2，2 的对边是 3，以此类推。并排边的选择同样也会在遇到三角面、多边面时停止，并排边之间是不会共用顶点的！相对循环边而言，并排边使用的频率相对较低。

在面选择模式下，选择循环边的操作可以选择循环面。如图 5-12 所示，选择面不同的边，可以选择不同方向的循环面。循环边可以看作循环面一侧的轮廓线，并排边可以看作循环面之间共用的边。在建模中循环这一概念非常重要，整个建模过程除了把形状做出来，让模型的布线有好的循环也是必须的。

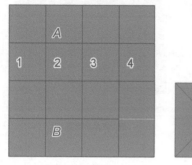

图 5-11 并排边　　　　　　　　　　　图 5-12 循环面

5.1.6 UV 映射（UV Mapping）

生活中立体的包装盒、快递箱子、纸杯等很多东西都是纸制品，纸是扁平的，但是却能够制作出立体的纸盒，这就是包装设计的结果。包装设计是平面设计师的工作，设计师需要设计好外观，然后想办法把立体的包装展开成平面，制作出刀版，印刷出来后把纸切割成想要的形状，然后由工人折叠成立体的。图 5-13 所示就是一个常见的纸盒包装展开图，虚线是折叠的地方，这个展开图折叠起来之后就变成了立体的纸盒，如图 5-14 所示。可以尝试把身边的外卖盒、快递盒之类的纸盒拆解展开，然后再折起来，以帮助理解。

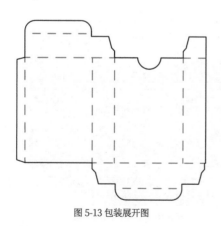
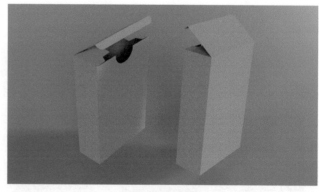

图 5-13 包装展开图　　　　　　　　　图 5-14 纸盒包装

UV 映射可以说是三维建模中的"纸盒包装"。想要将一张图片贴在一个立方体上，该如何做呢？三维建模中的做法就是把三维模型展开成一个平面，如图 5-15 所示；然后对应平面上模型点、线、面的位置制作纹理贴图，如图 5-16 所示；再在材质中添加这张纹理图片，这样立方体就贴上了一张贴图，如图 5-17 所示。但三维模型实际上并不会真的被展开，UV 只是在 UV 编辑器中被展开，模型会单独储存 UV 数据，如图 5-18 所示。一切都发生在 UV 编辑器中，模型本身的点、线、面并不受影响，UV 映射也就是指把三维模型投影到二维图像上。

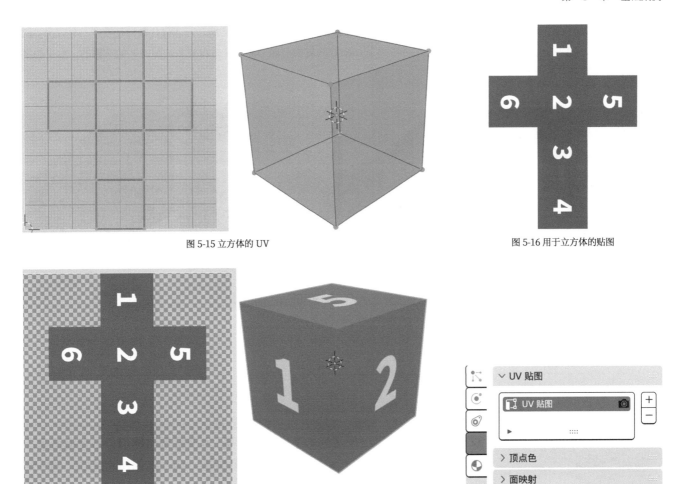

图 5-15 立方体的 UV

图 5-16 用于立方体的贴图

图 5-17 贴图应用效果

图 5-18 UV 贴图数据

一整个平面是无法组成复杂的立体形状的，一定需要拆分成很多个部分，就如同纸被切割后才能折叠成立体的纸盒一样。三维模型同样如此，拆分的边缘就叫作"缝合边"，UV 展开的流程是在模型上标记缝合边，然后展开。Blender 中添加的几何体都带有默认的 UV，柱体的 UV 如图 5-19 所示，柱体的缝合边如图 5-20 中红色的线所示。缝合边所在的位置在 UV 展开时会断开，顶部和底部的圆圈作为缝合边能够分离出两个圆形来，中间部分有一条垂直的缝合边可以把柱体展开成长方形。试着拿一张纸包裹在柱状物体上，就能够体会到柱体的 UV 是如何展开的。

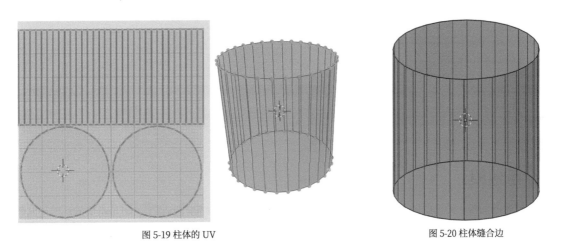

图 5-19 柱体的 UV

图 5-20 柱体缝合边

几何体的 UV 是比较简单的，自己建模时需要手动对模型标记缝合边。不同的 UV 展开方式会让贴图在模型上有完全不同的表现，如图 5-21 所示。只有好的、正确的 UV 才能够制作出好的材质，而 UV 展开是需要多加练习才能掌握的，后文的案例中会介绍 UV 展开的一些基本操作。

图 5-21 正确（右）和错误（左）UV 效果对比

5.2 金币制作——建模

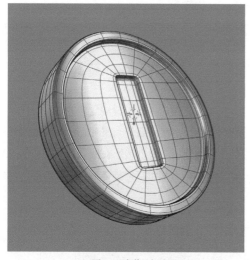

图 5-22 本节目标成果

图 5-22 所示为本节的目标成果。本节案例将使用更多建模技术，对模型进行更复杂的处理。模型是一切三维创作的基础，熟练掌握建模的操作才能更好地学习。

难度	★★★☆☆☆☆☆☆☆
插件	无
知识点	原点、三维中的圆
新操作	填充面、对称
类型	模型制作
分辨率	无

⚠ 本章案例都会使用默认的常规文件，不会再强调新建文件和保存文件的操作。因为本章的案例会更加深入，不再是入门水平，所以本章案例会采用新的步骤和流程。

5.2.1 金币建模

建模是三维技术的门槛。无论做什么内容都需要有模型，虽然可以使用他人制作的模型，但是基础的建模知识和操作是需要了解的。本节通过游戏金币建模介绍更多的建模技巧，难度并不高。接下来就正式制作。

1. 基本形准备：首先添加柱体，参数如图 5-23 所示，其中"顶点"设置为 24（为什么是 24，后面会有解释）；然后进入编辑模式，选中顶面和底面并按 X 键，接着选择"面"命令，只留下一圈外框，如图 5-24 所示，基本形就准备好了。

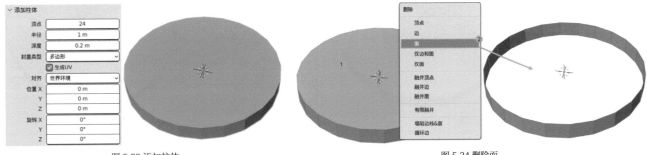

图 5-23 添加柱体　　　　　　　　　　　　　　　　　　　　图 5-24 删除面

> **⊘ 扩展阅读：三维建模中的圆形**
>
> 　　三维建模中没有真正的圆形，圆形只是顶点数多的多边形，如图 5-25 所示。可以看到顶点数越多，形状就越圆，所以三维建模中的圆形本质上是多边形，只是视觉上看起来很圆。第 3 章的积木案例中之所以用八边形做圆柱就是因为八边形细分之后会非常圆，而且正好能通过 4 个面内部挤压出来。而六边形则需要更多细分才能看起来圆，四边形则无法变成圆形。因为圆形只是多边形，所以需要开启"平滑着色"和"自动光滑"，从而让模型在视觉上更像圆形。
>
>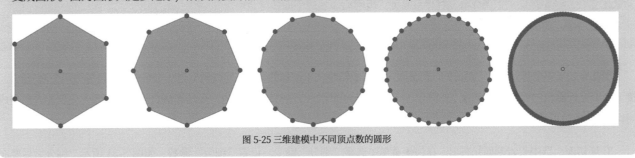
>
> 图 5-25 三维建模中不同顶点数的圆形

2. 金币内部：首先需要调整 3D 游标的位置，在边选择模式下**按住 Alt 键**，单击顶部一圈线中的任意一条即可快速选中顶圈的线，如图 5-26 所示；然后按快捷键 Shift+S，在吸附选项中单击"游标 -> 选中项"¤，如图 5-27 所示，完成游标的吸附。

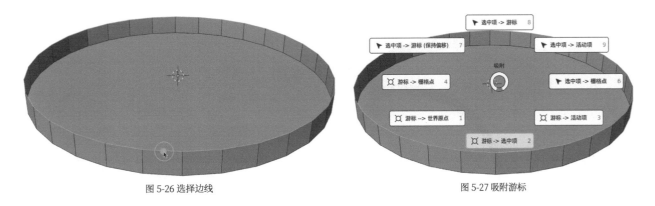

图 5-26 选择边线　　　　　　　　　　　　　　　　　　　图 5-27 吸附游标

　　制作内部凹槽需要从一个平面开始，接下来在编辑模式下添加一个平面，如图 5-28 所示。平面默认处于选中的状态，直接使用缩放工具将其缩放成一个长方形即可，如图 5-29 所示。这样金币就有了中间的部分。

137

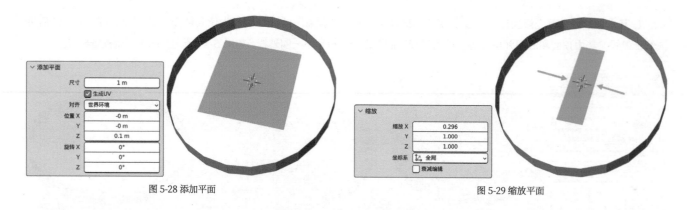

图 5-28 添加平面　　　　　　　图 5-29 缩放平面

步骤补充说明

　　本小节金币建模的难点就在于制作内部长方形的凹槽。外圈是圆形，如果向内挤压，只能得到圆形，虽然可以通过手动移动顶点摆放成长方形，但是非常费时，也不能做到很标准。直接添加一个平面是制作凹槽最简单的方式，但是 3D 游标默认在整个三维世界的原点，即正好在柱体 z 轴上的中间位置，如果直接添加平面，平面也会在整个柱体高度的一半的位置上。通过吸附游标到选中项即可把游标放在柱体最高处，吸附后添加的平面就与金币表面齐平了，如图 5-30 所示。

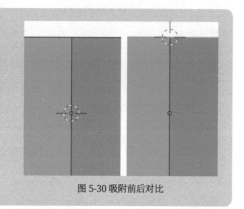

图 5-30 吸附前后对比

　　现在看起来模型是分成两个部分的，但是因为是在编辑模式下添加的平面，所以模型是一个整体，只是分为两个部分而已。接下来填充外圈和内部之间的空隙，外圈有 24 条边，而中间的长方形只有 4 条边，显然无法直接填充，需要先把长方形变成同样的 24 条边再填充缝隙。

　　3. 环切面：选中长方形面并右击，在快捷菜单中选择"细分"命令，设置"细分"参数，如图 5-31 所示，细分之后竖向为两格，横向也是两格。最终需要的是竖向两格、横向 4 格，如果再次细分的话，横竖都会有 4 格，所以接下来要使用到一个新的工具——"环切工具"，快捷键是 Ctrl+R。按快捷键后，将鼠标指针移动到竖直方向的线上，横向就会出现一根黄色的线，直接单击即可完成环切，如图 5-32 所示。默认环切是在中间位置，上、下都环切就可以得到横向四格，如图 5-33 所示。此时模型是 8 个面、12 条边。环切之前建议先保存文件，如果环切出现任何问题，直接按**快捷键 Ctrl+Z 撤销**，或者重新加载文件即可。如果发现错误还继续环切，问题会越来越严重。

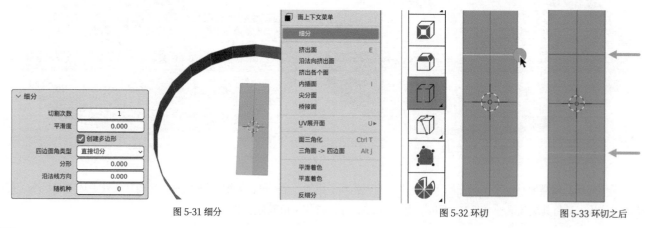

图 5-31 细分　　　　　　图 5-32 环切　　　　图 5-33 环切之后

❓ 知识点：环切工具

环切工具是建模中使用频率最高的工具之一，是每个三维建模软件都有的基本工具。环切简单说就是沿着并排边切割一圈循环边出来，如图 5-34 所示。说是切割，**其实只是增加了边线，这一点非常重要**，大多数建模都是在需要细节的地方增加模型的点、线、面，这样才能做出复杂的形状，但并不是断开模型的点、线、面。使用环切工具首先是通过鼠标移动选择要环切的地方，第一次单击是正式开始环切，移动鼠标可以更改环切的距离，再次单击即可完成环切。如果不移动鼠标，切割线默认是在并排边的中间位置，直接单击再单击代表在正中间的位置环切。

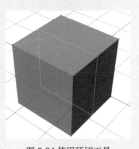

图 5-34 使用环切工具

4. 填充缝隙：在实际创作中一般会提前尝试做准备的，本节案例也是如此。笔者试验后发现金币中间的凹槽加上倒角会更好看。切换到点选择模式，选中边角的 4 个点，按快捷键 Shift+Ctrl+B（顶点倒角），倒角时向上滚动鼠标滚轮，直到"段数"为 3，如图 5-35 所示，此时凹槽模型就有 24 条边了。现在可以开始填充缝隙了，选中内部的一条边和外圈上对应位置的边，总共两条边，按 F 键填充面（"顶点"菜单 > 从顶点创建边 / 面），如图 5-36 所示，这样就在空隙中填充了一个面。

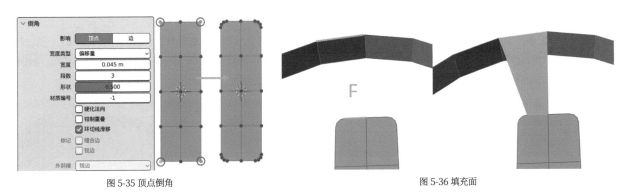

图 5-35 顶点倒角　　　　　　　　　　　　　　　图 5-36 填充面

剩余的空隙如果用同样的方法填充就太烦琐了，直接选择刚才填充出来的面的一条边，然后重复按 F 键即可，如图 5-37 所示。用这种方法填充满所有的空隙，如图 5-38 所示。此填充法速度非常快，但不是所有时候都适用，尤其是两边的边数不同时会出现很多问题，应谨慎使用。

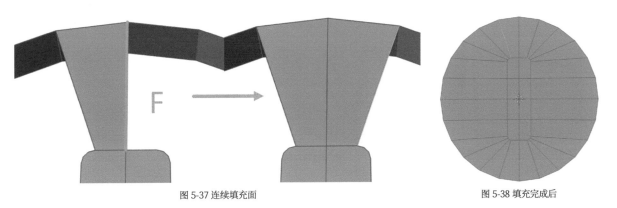

图 5-37 连续填充面　　　　　　　　　　　　　　图 5-38 填充完成后

5.N-gon 修复：此时模型还有 4 个 N-gon，解决这个问题也非常简单，只需要在点选择模式下选中对应的两个点，按 J 键（连接顶点路径）连接即可，如图 5-39 所示。然后使用同样的方法连接其他顶点（连接同样字母的两个顶点，无先后顺序），如图 5-40 所示。连接完成后模型布线就基本完成了。

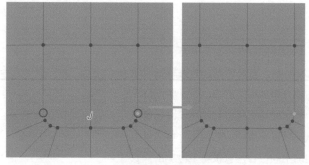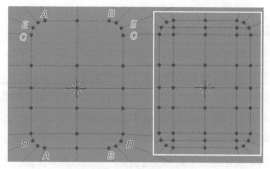

图 5-39 连接顶点路径　　　　　　　　　　　图 5-40 顶点连接完成

？ 知识点：连接顶点路径

连接顶点路径可以连接两个点，也可以连接多个点。连接顶点时会直接分割所有经过的面，就像是在两条线中间建立一条铁轨一样。连接顶点路径时如何连接取决于模型的布线，布线不标准时，顶点连接可能会出现意想不到的情况。当连接顶点对达不到效果时，可以使用切刀工具，手动切割顶点之间的面。

6. 细节制作：模型的核心布线有了，但模型还是平面的，需要添加细节。进入面选择模式，框选全部的顶面，然后按 I 键执行"内插面"命令，如图 5-41 所示，这一步是为了给外面增加一圈面。然后快速选择外面一圈循环边，再挤出即可，如图 5-42 所示。接着再选中中间的部分，向下挤压，如图 5-43 所示，细节就添加完成了。

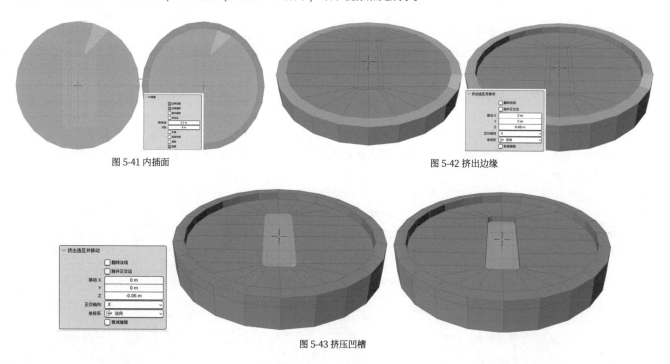

图 5-41 内插面　　　　　　　　　　　　　图 5-42 挤出边缘

图 5-43 挤压凹槽

？ 知识点：框选工具

顾名思义，框选就是通过框住一定范围的内容来进行选择。按住鼠标左键然后拖动就会出现一个虚线框，放开鼠标左键即可选中虚线框内的所有内容，如果处于面选择模式，则选中的就是面，如图 5-44 所示。按住 Ctrl 键框选可以取消选择已经选中的内容。框选并不需要完全框住要选择的内容，只要内容的一部分在框里面就能选中，哪怕只是非常小的一部分。副作用就是可能会导致选择到不想选择的地方，所以框选不是百分百精确的，使用的时候需要注意。

工具栏的框选工具中共有 4 个选择工具（调整、框选、刷选、套索选择），保持框选工具即可。如果工具栏这里显示的是框选工具，那么在使用其他工具时其他工具同时也具有框选的功能，例如使用倒角工具可以直接框选，不需要切换到框选工具，这样就避免了来回切换工具。

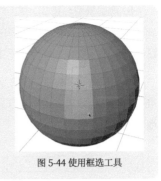

图 5-44 使用框选工具

7. 对称模型：金币模型已经初具雏形，但是目前只制作了一半的金币细节，另一半还是空的，只需要使用对称功能即可把制作好的部分对称过去。首先来完善一下模型，使用环切工具（Ctrl+R）在中间部分环切一下，环切的时候向上滚动鼠标滚轮增加环切次数，如图 5-45 所示，这样模型的面的大小会更均匀，表面细分后模型网格也会更均匀。然后按 A 键全选模型，再执行网格 > 对称命令，方向选择"+Z 到 -Z"，如图 5-46 所示，即可使模型基于 z 轴对称。如果对称有问题也可以试试其他的方向，对称是以原点为中心的，所以如果模型的原点被移动了，对称也会有问题。

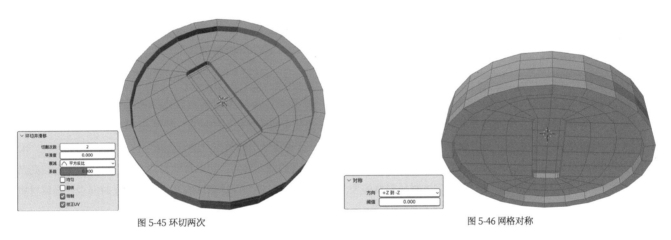

图 5-45 环切两次　　　　　　　　　　　　　　　　　　　　　　　图 5-46 网格对称

金币的基础模型已经完成了，接下来还是按照惯例添加倒角修改器和表面细分修改器，并且设置"平滑着色"，开启"自动光滑"，让金币更加好看，如图 5-47 所示。

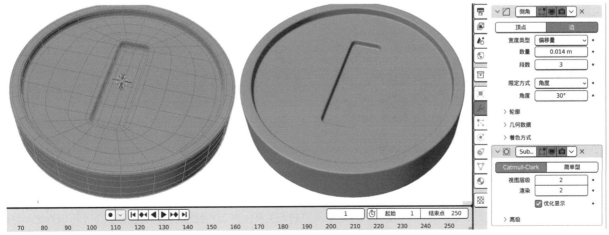

图 5-47 添加倒角和表面细分修改器

8. 观察模型：在 3D 视图的实体模式下，灯光和材质都是可以修改的，例如现在制作金币就可以使用金属的质感，更好地去观察模型。所有着色选项都在视图着色方式中，如图 5-48 所示，要更改模型的视图着色方式，主要是调整"光照"和"颜色"这两组参数（只在实体模式下才有）。

光照又分为"棚灯""快照材质""平展"3 组，单击"棚灯"中的球体可以展开更多棚灯，如图 5-49 所示，不同的棚灯有着不同的灯光效果。这里的灯光跟渲染是完全不同的，对计算机无压力，不需要花很多时间，随时可以切换，主要是为了更好地观察模型。

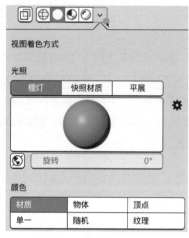

图 5-48 视图着色方式

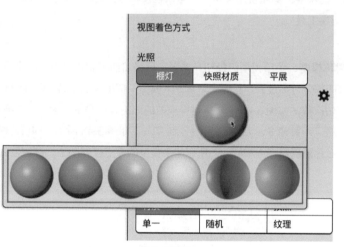

图 5-49 棚灯

棚灯中只有灯光变化，要更改质感需要切换到"快照材质"，选择金属质感较强的材质，如图 5-50 所示，此时金币就呈现出银色金属的质感了。接着再到"颜色"分组中切换到"单一"，即可手动选择颜色，这里选择金色，如图 5-51 所示，3D视图中的模型立马就有了金币的质感。这样在建模的过程中更容易发现问题，例如，如果有地方弯曲了，材质的反射和高光就会跟着弯曲。建模过程中可以多切换不同的材质观察模型，但大部分时候还是保持默认的棚灯，毕竟长时间观看金属材质容易视觉疲劳。

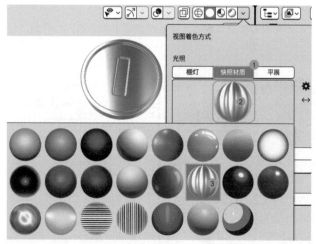

图 5-50 快照材质

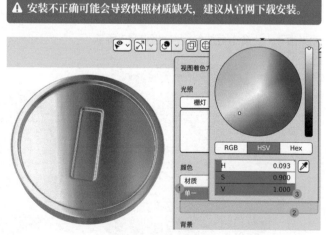

图 5-51 单一颜色设置

至此，金币建模就完成了。本小节介绍了棚灯，棚灯跟渲染毫无关系，在 3D 视图的实体着色模式下才可以看见，可以尝试不同的棚灯去观察模型，看看有什么区别。

5.2.2 金币 UV 展开

1. 准备工作：模型制作好后，还需要将其 UV 展开。首先切换到 UV Editing 布局，如图 5-52 所示，左边是 UV 编辑器，右边是 3D 视图。然后把金币模型的修改器全部关闭，进入编辑模式，切换到边选择模式。因为 UV 展开主要根据边线展开，所以一般保持在边选择模式即可。

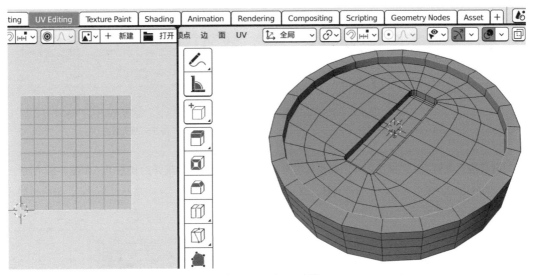

图 5-52 UV Editing 布局

2. 标记缝合边：标记缝合边需要经验，但也是有技巧的。对于金币这种边缘锐利、转折多的模型，一般都会在转折处标记缝合边。模型有圆形部分，也一定要在圆圈处标记缝合边。所以首先把转折处的边线全部选中，如图 5-53 所示。对金币另一半也进行同样的操作，然后执行 UV> 标记缝合边命令，如图 5-54 所示。或者右击后直接在快捷菜单中执行"标记缝合边"命令。标记缝合边后即使没选中也有颜色，但是根据软件主题设置的不同可能呈现不同的颜色。

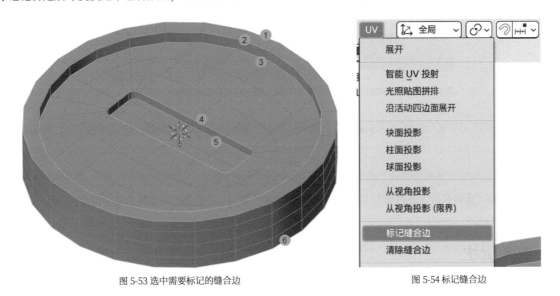

图 5-53 选中需要标记的缝合边   图 5-54 标记缝合边

3.UV 展开：标记好缝合边后，按 A 键选中全部的面，按 U 键打开"UV 映射"菜单，单击"展开"即可根据缝合边展开 UV，如图 5-55 所示。展开后的 UV 如图 5-56 所示。在 UV 编辑器中需要选中模型才会显示相应的 UV。

图 5-55 展开 UV

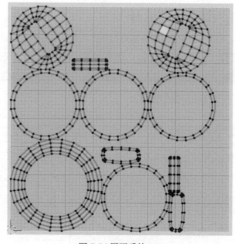

图 5-56 展开后的 UV

4. 继续标记缝合边：此时 UV 中圆圈很多，需要从中间标记一条缝合边，以展开为长方形，如图 5-57 所示。图片无法展示出所有需要标记的缝合边，金币上下、左右都对称，这是一半标记，对另一半同样的地方也要标记。最终再展开一次，如图 5-58 所示，此时 UV 就更加规范了。

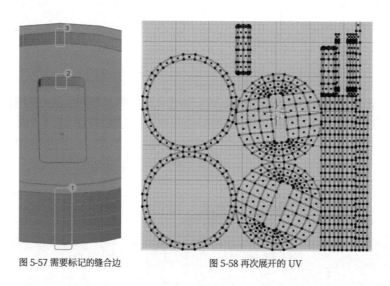

图 5-57 需要标记的缝合边　　　　　　　　图 5-58 再次展开的 UV

5. UV 的使用：金币 UV 展开至此就基本完成了，接着启用所有修改器即可，修改器会自动处理 UV，所以不用担心倒角会影响 UV。

阅读本书 7.2 节后，可以试着给金币模型绘制纹理贴图。目前金币的 UV 还不完善，UV 操作非常之多，本小节只是简单介绍，实际上还需要深入操作才能够获得完善的 UV。UV 本身是属于模型的，所以 UV 数据始终会随着模型保存，不用单独保存为文件。

5.2.3 更多玩法

第一种：导出模型

模型制作完成后可以导出为一个文件，以便导入其他的三维软件中使用或者修改，也可以用作 3D 打印。当前的文件中只有一个模型，所以无须选中模型，直接执行文件 > 导出命令即可导出模型。导出设置中还有很多文件格式可供选择，Blender

比较特别的就是**需要指定要导入和导出的文件格式**。常用的 3D 文件格式有 FBX（可以保存动画）、OBJ（最常见的三维模型文件格式，可用于 3D 打印）、STL（3D 打印使用）等，绝大部分文件格式都是通用的，普通的三维软件都可以打开。这里的金币模型只有模型，没有材质也没有动画，使用 OBJ 格式即可。执行文件 > 导出 >Wavefront(.obj) 命令，如图 5-59 所示，然后在文件视图中找到要用来保存模型文件的文件夹（推荐新建一个专门的文件夹来保存模型文件），单击"导出 OBJ"按钮即可，如图 5-60 所示。导出不同格式的文件的方法都一样，但是文件视图右侧的选项会根据格式显示不同的选项。当前的金币模型完全符合 3D 打印的要求，可以发送给 3D 打印的厂家打印或者自己打印，也可以导入其他的三维软件中进一步制作贴图。

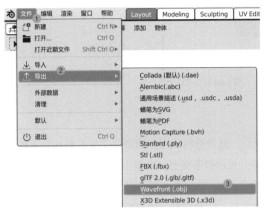

图 5-59 导出 OBJ 文件

图 5-60 导出文件

第二种：阵列模型

现在的场景中只有一个金币，如果有很多金币会更有冲击力，可以使用复制功能复制金币模型，并可以通过阵列功能快速有规律地排列模型。选中金币模型，在

> ⚠ 使用软件时，任何文件路径和文件名，都尽量不要使用中文。因为计算机编码问题，中文容易无法正确显示，可能导致软件崩溃或者在软件中无法找到文件夹等无法预料的情况。

修改器中找到并添加一个阵列修改器，将"数量"改为 5，将"相对偏移"中的"系数 X"改为 1.1，如图 5-63 所示。阵列顾名思义就是根据参数把模型复制排列，数量就是包括原模型在内进行阵列的全部模型数量。模型复制出来如果坐标完全一样就会重叠在一起，所以需要有偏移，默认的偏移方式是相对偏移，使用数值参数控制偏移量，偏移系数代表的是阵列模型之间的间距，1 等于模型本身的尺寸，设置为 1 时模型之间没有间距，X 设置为 1.1 代表间距为模型 x 轴尺寸的 110%。接下来再添加一个阵列修改器，设置"系数 X"为 0、"Y"为 0.4、"Z"为 1、"数量"为 10，这样就是在阵列的基础上再阵列，就有了一个阶梯式的阵列，如图 5-64 所示。由此可见，阵列修改器是非常灵活的，通过多个阵列修改器可以制作出很多种不同方式的阵列。

❓ 知识点：原点

Blender 中每一个物体都有一个原点，原点代表这个物体的位置。因为大多物体的形状是复杂的，所以需要有一个点去表示物体的位置。选中物体后，黄色的圆形就是原点，如图 5-61 所示。创建物体时原点位于物体的中心。原点是可以在任何位置的，只是多数情况下需要在物体中心。在物体模式下选中物体并右击，在其快捷菜单的"设置原点"子菜单中有很多选项可以设置原点的位置，如图 5-62 所示，其中 **A** 和 **B** 使用最多。

原点除用作表示位置之外，在修改器中也有运用，例如镜像修改器默认的镜像位置就是原点。原点还可以用作变换轴心点，这个概念后文会讲。

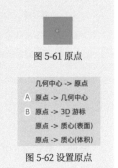

图 5-61 原点

图 5-62 设置原点

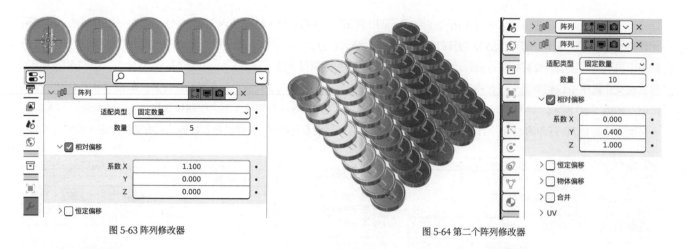

图 5-63 阵列修改器

图 5-64 第二个阵列修改器

第三种：简易形变

在三维建模中，如果需要让一个模型扭曲变形，一般不需要手动修改模型，而是直接使用修改器之类的非破坏性方法。Blender 中有非常多的形变修改器，如图 5-65 所示，形变修改器可以用各种方式让模型变形，最常用、最基础的是其中的简易形变修改器 ʔ。选中金币，添加一个简易形变修改器，简易形变包括扭曲（Twist）、弯曲（Bend）、锥化（Taper）和拉伸（Stretch）4 种，单击对应的名称即可切换不同的变形模式，默认是扭曲变形。试着增加"角度"参数，可以看到金币上下像是被拧在一起了，然后切换到拉伸模式，可以看到金币被拉伸得很宽，如图 5-66 所示。手动快速调整"系数"参数，就可以看到金币被拉伸的动画，可以试着调整其他的参数看看有什么效果。

简易形变会受到模型原点位置的影响，所以当变形不正确时，可以选中模型并右击，在"设置原点"子菜单中单击"原点 ->几何中心"，把原点设置到模型在几何上的中心位置。

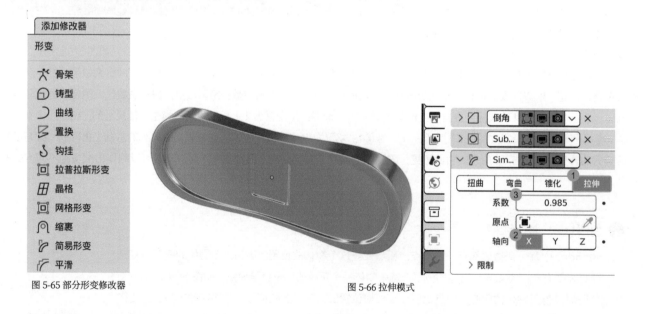

图 5-65 部分形变修改器

图 5-66 拉伸模式

案例总结

至此，游戏金币模型就制作完成了，简单的模型有非常多的玩法，限于篇幅只介绍了一部分。本节案例不包含材质、灯光和渲染的内容，学习完本章内容后，可以再拿金币模型自己设计一个场景去渲染。

5.3 乒乓球拍——建模和材质

图 5-67 所示为本节的目标成果。乒乓球拍案例以建模为主，涉及比较多的建模操作。建模是三维创作的基础，学好建模才算正式入门 Blender。

难度	★★★★★★☆☆☆
插件	无
知识点	布线基础、变换轴心点、程序化纹理、倒角权重、三点灯光
新操作	镜像修改器、切变、打平、分离、局部视图
类型	静态渲染图
分辨率	1920 像素 ×1080 像素

图 5-67 本节目标成果

5.3.1 结构分析

首先解释一下为什么要选乒乓球拍作为案例。乒乓球拍比积木和金币更复杂，并且由多个部分组成，每个部分的建模方式都不同，但是又不算太难，整体难度适中，并且需要用到很多的建模命令，非常适合用来学习进阶的建模。这个案例的制作还涉及镜像修改器等知识，是建模必须要知道的内容。

乒乓球拍分为 3 个部分，即底板、胶面和手柄，如图 5-68 所示。底板和胶面都可以由扁平的圆柱制作而成，手柄则需要使用高一些的圆柱制作。手柄顶部还有一个较大的斜面，这是制作的难点之一。从侧面来看，乒乓球拍整体是上下对称的结构，如图 5-69 所示，这样建模的时候就可以只制作一半，从而节省时间。接下来就正式开始制作吧。

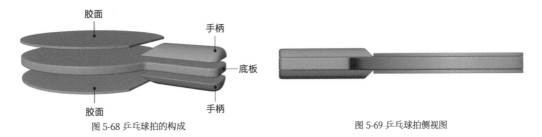

图 5-68 乒乓球拍的构成

图 5-69 乒乓球拍侧视图

5.3.2 底板和胶面建模

1. 基本形：添加一个"深度"为 0.1m 的柱体🔲，参数如图 5-70 所示，将"顶点"设置为 48，这样柱体会更圆，"封盖类型"默认是"多边形"。"顶点"为 48 时，顶面就是一个四十八边形，这显然是不符合建模规则的。将"封盖类型"改为"三角扇片"，顶面会形成 48 个三角面。虽然不是四边面，但有时候是允许有三角面的，尤其是圆柱模型经常会使用这样的三角扇片封顶。

2. 挤出手柄：进入编辑模式，切换到面选择模式，选中圆柱侧边 y 轴方向上中间 4 个面，如图 5-71 所示，切换到顶视图，按 E>Y 键然后移动鼠标，挤出适当的长度形成手柄，如图 5-72 所示。

手柄是按照原本的形状挤出的，所以呈现弯曲的状态，如何快速打平这 4 个面呢？确保手柄 4 个面处于选中的状态，依次按 S>Y>0 键后按 Enter 键，即可打平，如图 5-73 所示。S 是缩放的快捷键，Y 是限定在 y 轴上，连按 3 个键就是在 y 轴上缩放到 0，也就实现了打平的效果（其他轴向同理）。**一定注意要在编辑模式使用此方法！**

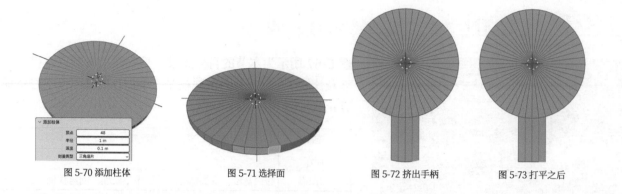

图 5-70 添加柱体　　　　　图 5-71 选择面　　　　　图 5-72 挤出手柄　　　　　图 5-73 打平之后

步骤补充说明

　　打平不是固定的单一操作，而是通过多个操作完成的一件事，方法也不止一种，其目的是让模型的顶点在某个轴向上保持在同一位置。通过缩放的操作把点的位置缩放到 0，本质上就像把一个易拉罐压扁一样，不同的是要压到所有点的中间位置，而不是压到最低的地方，如图 5-74 所示。打平是经常需要用到的操作，切记不要把点在各个轴向上都打平，这样会造成点重叠在一起，容易出现很多问题！

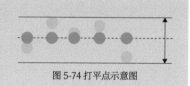

图 5-74 打平点示意图

　　3. 分离胶面：胶面和底板的圆形部分有很多地方是重叠的，所以可以直接从底板的模型中复制出一部分作为胶面。首先框选底板圆柱顶部所有的三角面，然后按快捷键 Shift+D 复制，移动鼠标即可看到复制出来的面，如图 5-75 所示；然后右击，即可把面复制到原本的位置；接下来按 P 键打开"分离"菜单，单击"选中项"，如图 5-76 所示，即可把刚才复制出来的面分离成一个新的物体。分离后场景中一共有两个物体，如图 5-77 所示（为了方便观察，笔者调整了胶面模型的位置）。

　　4. 整理文件：把物体名称和集合名称改为相对应的名称，修改后的大纲视图如图 5-78 所示。

⚠ 模型的面不允许重叠在一起，这容易引起很多问题，所以在复制到原位置的时候一定要记住这里是有重叠面的。

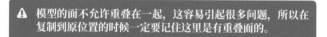

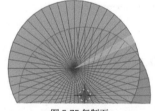

图 5-75 复制面

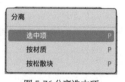

图 5-76 分离选中项

图 5-77 分离之后

图 5-78 大纲视图

步骤补充说明

　　一个三维模型不一定是一个整体，分开的多个模型也可以在一个模型内。图 5-79 中的模型看起来是两个，但其实是一个模型。但是一般还是保持单个模型独立更好。

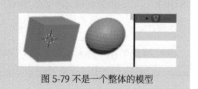

图 5-79 不是一个整体的模型

　　5. 单独编辑底板：当场景中模型多了之后，编辑一个模型时，视角会被另一个模型遮挡。尤其是底板和胶面两个模型重叠时，编辑底板会很不方便，这时可以独立显示底板。选中底板模型，按 / 键，或者执行*视图 > 局部视图 > 切换局部视图*命令，即可局部显示底板，此时 3D 视图左上角会显示"用户透视（局部）"，如图 5-80 所示。"局部"两字不好理解，可以理解为独立、单独，再次按 / 键即可回归全局视图。这里容易犯的错误是忘记进入了局部视图，导致找不到本应该存在的模型，所以一定要记得做过的所有操作，当出现问题时仔细观察界面上的文字和按钮的状态。

6. 环切底板：底板是对称的形状，如果要编辑底板，做完了一面，另一面需要做同样的操作，虽然也可以同时选中一起操作，但还是很麻烦的，这时候就可以使用镜像功能。在镜像之前先要把底板切成两半，选中底板进入编辑模式，按快捷键 Ctrl+R（环切工具 🔄），将鼠标指针移入底板模型内部的任意位置，可以看到底板中间出现了一圈线，如图 5-81 所示，然后单击一次，再单击一次，即可完成环切。

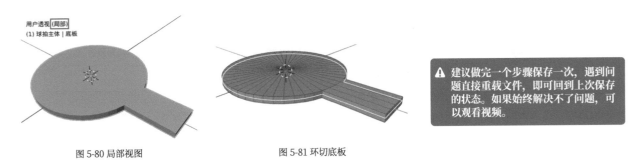

图 5-80 局部视图　　　　　　　　图 5-81 环切底板

⚠ 建议做完一个步骤保存一次，遇到问题直接重载文件，即可回到上次保存的状态。如果始终解决不了问题，可以观看视频。

7. 镜像底板：环切底板就是为镜像做准备的，首先切换到点选择模式，再切换到侧视图，启用透视模式，框选下半部分全部的点并按 X 键删除，此时模型只剩上半部分，下面是空的，如图 5-82 所示。

给底板添加一个镜像修改器，并且把"轴向"设置为 Z，如图 5-83 所示。添加镜像修改器 ⫶⫶ 后，可以看到底板下面不是空的了，并且变厚了。此时进入编辑模式再次编辑模型，会发现只能编辑上面的部分，并且编辑上方的点时下方对称位置的点会做相同的操作，如图 5-84 所示。

图 5-82 删除一半后

图 5-83 镜像修改器

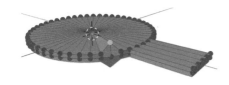

图 5-84 添加镜像修改器后移动点

图 5-85 镜像出来的模型不对称

⚠ **容易出现的问题**

镜像出来的模型并不对称，如图 5-85 所示。

解决方法：如果严格按照步骤来，镜像就是正常的。如果原点被修改了，不在底板的底部，则镜像效果就会相应有所偏移。建议直接重新做。

❓ 知识点：镜像修改器

照镜子的时候，镜子里外的东西是完全对称的，如图 5-86 所示。镜像修改器其实就是给物体放置一面镜子，创造出一个对称的物体。镜子的位置默认是模型的原点，也就是物体中心黄色的点，镜像修改器的轴向决定对称的方向，选择 z 轴代表上下镜像，如图 5-87 所示，镜子的方向就是垂直于 z 轴的状态。y 轴镜像如图 5-88 所示。**图中的镜子只作演示用，其实并不存在。**

要使用镜像修改器一般都会先环切，把模型切成两半，然后删除一半，再镜像。模型的点、线、面是一定不能重叠的，所以镜像时要确保模型镜像的位置是空的，没有填充面。步骤 7 中，如果不删除另一半的底板直接镜像，就会导致模型有重叠面，在渲染的时候就会出现问题。比起之前使用过的"对称"命令，镜像修改器更加灵活，所以在大部分时候都使用镜像修改器。

图 5-86 照镜子的猴子

图 5-87 z 轴镜像

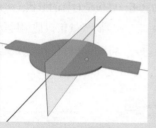

图 5-88 y 轴镜像

8. 镜像胶面：先按 / 键退出局部视图，选中胶面模型，进入编辑模式，把胶面模型挤出一定的厚度，然后添加镜像修改器，轴向同样也是 z 轴，结果如图 5-89 所示。

图 5-89 胶面镜像后

步骤补充说明

现在的胶面和底板都需要镜像，并且镜面位置相同，通过设置同样的原点是可以实现的。但是当物体多了之后就很不方便，更好的方法是使用一个空物体当作镜面。首先选中底板模型，按快捷键 Shift+S，单击"游标 -> 选中项"，即可把 3D 游标移动到选中的底板模型的原点位置，如图 5-90 所示；然后执行添加 > 空物体 ↳ > 箭头 ↳ 命令，这样就间接把纯轴添加在了底板原点的位置，如图 5-91 所示。空物体只有位置等变换参数，不是实际的物体，所以使用空物体作为镜面是最好的选择，尤其是箭头空物体更能直观显示出轴向。

镜面有了，接下来选中并打开底板的镜像修改器，单击"镜像物体"右侧的文本框，选择"空物体"，如图 5-92 所示。设置了镜像物体之后，镜面位置就由镜像物体决定，而不再是物体的原点。同样把胶面的镜像物体也设置为空物体。所有的模型都用空物体做镜面位置，这样只需要移动空物体就可以改变所有物体的镜像位置。

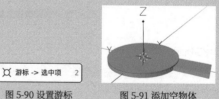

图 5-90 设置游标

图 5-91 添加空物体

图 5-92 设置镜像物体

9. 胶面切割：乒乓球拍的胶面不是正圆形的，有一小部分是直的。选中胶面模型，使其局部显示后进入编辑模式，选中手柄方向上对称的两个点，然后按 J 键（连接顶点路径），如图 5-93 所示；把镜像修改器视图显示 ▣ 关闭后，对另一面也做同样的操作，此时模型的状态如图 5-94 所示。其实这里也是可以使用镜像修改器的，先用一个镜像修改器镜像一个胶面的一半，再用第二个镜像修改器镜像出第二个胶面，操作比较复杂，模型本身简单，就不这样操作了。

接下来要删除不需要的面。首先切换到面选择模式 ▣，选择 A 面，按住 Ctrl 键，再选择 B 面即可选择 A、B 两个面之间的所有面，如图 5-95 所示。使用此方法选择所有不需要的部分，按 X 键即可删除。

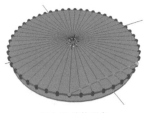

图 5-93 连接顶点

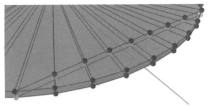

图 5-94 模型状态

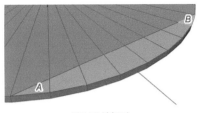

图 5-95 选择面

10. 填充孔洞：按 W 键上方的数字 2 键切换到边选择模式，然后按住 Alt 键单击开放的轮廓上的任意一条边，即可选中整个一圈循环边，如图 5-96 所示；执行面 > 栅格填充命令（按快捷键 Ctrl+F 可以直接调出"面"菜单），如图 5-97 所示，就可以把孔洞填充上。填充后如图 5-98 所示，并且全部是四边面。直接按 F 键也能填充上，但是会直接填充一个多边面，中间没有线，虽然可以手动连接顶点，但是会更加麻烦。所以还是使用栅格填充更好。

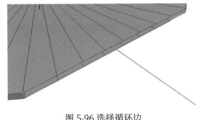

图 5-96 选择循环边

图 5-97 栅格填充

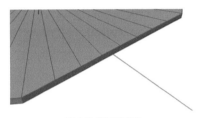

图 5-98 栅格填充后

> ⚠ 如果 Blender 出现快捷键按了没有反应的情况，首先确保关闭了中文输入法，不行就重启 Blender，如果还不能解决就需要检查键盘和 Blender 设置等问题。

11. 完善胶面：胶面模型基本已经完成，接下来添加倒角修改器和表面细分修改器 ⬡，参数如图 5-99 和图 5-100 所示。因为模型比较薄，所以倒角不需要太大，然后还是启用"平滑着色"和"自动光滑"。接着把修改器的顺序调整一下，把镜像修改器放到最下面，修改器顺序是倒角 > 表面细分 > 镜像，如图 5-101 所示。虽然不调整问题也不大，但是这种镜像出来的物体是分离开的状态，最好把镜像修改器放到最后面。至此，胶面模型制作完毕。

图 5-99 倒角修改器

图 5-100 表面细分修改器

图 5-101 修改器顺序

12. 底板倒角：回到底板，按 / 键退出局部视图，再选中底板进入局部视图。目前底板和手柄部分连接生硬，可以添加一个倒角修改器（"数量"为 0.011m）和表面细分修改器，再平滑，与步骤 11 的操作一样，但是不要调整修改器的顺序。倒角数量根据感觉调整即可，不同的倒角大小会有不同的风格，例如大的倒角会更卡通，所以不需要跟笔者使用完全一样的参数。

添加倒角之后可以看到手柄连接处明显有问题，把表面细分修改器视图显示关闭，可以看到连接处的面很不自然，如图 5-102 所示。这里是两个倒角的交接处，默认的衔接方式不适合这里，需要修改修改器参数。单击展开"外斜接"类型的下拉列表框，选择"圆弧"，如图 5-103 所示，修改后如图 5-104 所示。可以看到衔接处自然多了，并且都是四边面，但 A 面是一个 N-gon（多边）面，如图 5-105 所示，如何解决可以看进阶挑战部分。此处不修复对这个案例来说没有影响，但修复会更好。

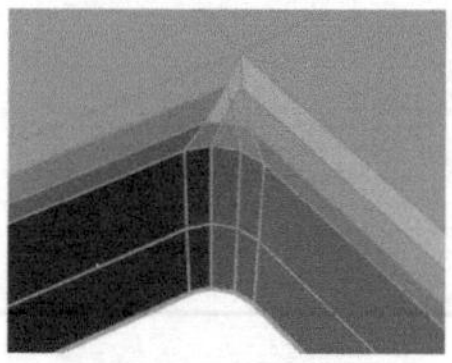

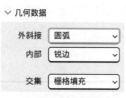

图 5-102 连接处

图 5-103 修改外斜接

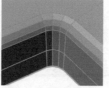

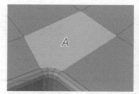

图 5-104 修改外斜接后

图 5-105 N-gon 面

> ⚠ 进阶挑战难度会更高，但可以让作品效果更好，建议尝试阅读。如果操作反复遇到问题，可以跳过进阶挑战继续阅读。

进阶挑战 1　目的：使用权重控制倒角，优化模型布线。　　新知识点：权重倒角、滑移顶点。

　　虽然说底板已经完成了，但是还有可以优化的地方，例如转角的倒角处可以更大一点。转角处可以单独手动倒角，其他地方用修改器或者手动倒角，但是只用一个倒角修改器也可以让不同地方有不同大小的倒角。首先把倒角修改器的"限定方式"改为"权重"，如图 5-106 所示。这时还没有设置权重，所以模型没有倒角。选择除了转角其他所有需要倒角的边线，然后按 N 键打开侧边栏 > 条目，把"平均倒角权重"改为 0.3，如图 5-107 所示。可以看到设置了权重的边出现了倒角，用同样的操作，把边线的"倒角权重"设置为 1，如果操作没有问题，那么此时转角状态应该如图 5-108 所示，域转角处倒角更大，其他地方倒角较小。

图 5-106 把"限定方式"改为"权重"

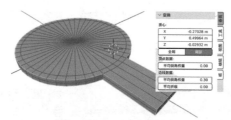

图 5-107 选择边并设置边线权重

图 5-108 设置倒角权重

　　权重简单来说就是重要的程度，倒角修改器的"数量"为 2 的时候，如果一条边的权重是 0.3，那么它的倒角数量就是 2×0.3=0.6，权重为 1 的边，倒角就是 2，设置倒角权重就可以通过一个修改器让模型有不同大小的倒角。

　　权重设置好后把倒角数量改为 0.05m（建议大小），接下来要手动连接 N-gon 面的线。首先应用倒角修改器（务必先复制一个源文件或者底板物体作为备份，再应用倒角修改器），否则不能修改倒角后的布线，然后连接 *A*、*B* 两对对称的顶点，如图 5-109 所示。这样就只剩两个 N-gon 面了，如果有顶点离得太近，可以选中一个顶点，按两次 G 键移动顶点，如图 5-110 所示，让顶点分布均匀一些。顶点全部移动完成之后如图 5-111 所示。

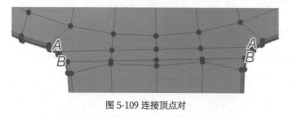

图 5-109 连接顶点对

图 5-110 移动顶点

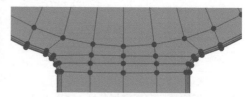

图 5-111 顶点移动完成之后

　　13. 完善和修复：至此底板和胶面模型就制作完成了，如图 5-112 所示。在开始下一步之前，可以先检查一下模型有没有问题，例如顶点之间距离太近，需要适当移动远一点（**按两次 G 键即可滑移顶点**），如图 5-113 所示；然后可以按 A 键选中全部的顶点，执行**网格 > 合并 > 按距离**命令，状态栏中显示移除了（数字）个顶点，如图 5-114 所示。如果是 0 个顶点代表没有问题，如果数字大于 0，代表有顶点被合并了，这证明有顶点距离过近，很容易引起问题。在制作过程中如果遇到问题，就可以试试按距离合并顶点，很多时候都能解决问题，但是也要注意可能会把不想合并的顶点合并。

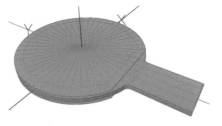

图 5-112 底板和胶面模型

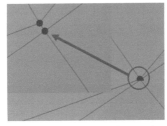

图 5-113 滑移顶点

⚠ 应用倒角修改器后，设置过权重的边线，仍然有倒角权重。建议选中全部边线，把"倒角权重"统一设置为 0。

图 5-114 按距离合并顶点后

5.3.3 球拍手柄建模

1. 基本形：手柄的建模主要也是用镜像修改器，首先把 3D 游标放到手柄的位置，然后添加柱体，笔者使用的参数如图 5-115 所示，"顶点"要设置为 8，其他的根据情况设置，将"半径"和"深度"调整到合适的数值，x 轴旋转 90°，让柱体朝向正确的方向。然后进入编辑模式，在点选择模式下，连接柱体两端顶面的中间的顶点，这样就可以形成一条线，正好让柱体有变成两半的感觉，如图 5-116 所示。

图 5-115 添加柱体

图 5-116 连接顶点

2. 镜像准备：切换到面选择模式，选中下半部分的面并且按 X 键删除面，如图 5-117 所示；删除面之后底部就空了，切换到边选择模式，选择开放的一圈边，然后按 F 键从边创建面（填充底部），如图 5-118 所示。

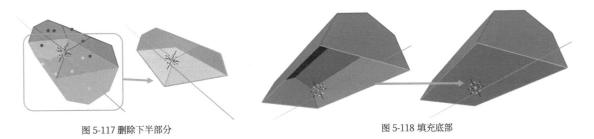

图 5-117 删除下半部分

图 5-118 填充底部

3. 制作斜面：为了防止视线被阻挡，局部显示手柄模型进行建模。通过观察可以得知，手柄朝向胶面的是一个斜面，接下来使用工具栏中的切变工具 🔲，单击朝向胶面的面，按住并拖动 z 轴方向的手柄即可把面切变成一个斜面，如图 5-119 所示，切变类似于把一个正方形变成平行四边形的过程。切变工具的快捷键是 Shift+Ctrl+Alt+S，切变工具的切变方向在默认情况下是取决于视角的，所以使用快捷键切变时，一般要先切换到正视图，再按快捷键使用切变工具。

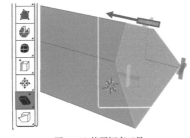

图 5-119 使用切变工具

4. 解决 N-gon: 现在两头的面都是 N-gon，要解决这个问题，首先把底部的面从中间环切一刀（Ctrl+R），如图 5-120 所示；然后把一头最高的点（A）和环切出来的新点（B）按 J 键连接，如图 5-121 所示，另一头也是同样的操作。

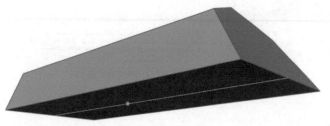

图 5-120 环切底部

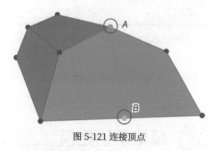

图 5-121 连接顶点

5. 检查模型: 此时模型如图 5-122 所示（启用了透视模式）。手柄模型此时一共有 12 个顶点，如果多于 12 个顶点，可以试试 5.3.2 小节中步骤 13 的距离合并功能。如果按距离合并顶点后才变成 12 个顶点，则证明制作过程中出了问题。

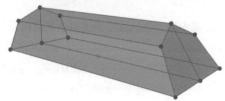

图 5-122 开启透视模式观察

? 小技巧：多种方式查看顶点数量

顶点数量一定不能靠肉眼看！顶点重叠在一起时是看不出来的，通常一个立方体有 8 个顶点，但图 5-123 中的立方体有 24 个顶点。

方法一：启用视图叠加层中的统计信息之后，3D 视图左上角即可显示模型的点、线、面等数据信息。

方法二：勾选编辑 > 偏好设置 > 界面 > 编辑器 > 状态栏 > 场景统计数据，状态栏右下角即可显示方法一中同样的统计信息，只是位置不同。

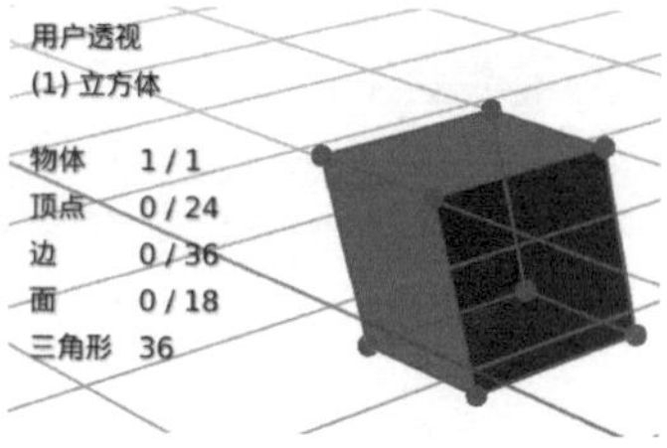

图 5-123 有重叠点的立方体

---

6. 分部分倒角: 观察手柄可以得知，手柄尾部的倒角比较大，其他的地方倒角较小，所以首先单独手动给尾部一个大倒角，如图 5-124 所示，"段数"设置为 3 即可；然后再添加一个倒角修改器来控制其他地方的倒角，直到水平方向的边线不被倒角，调整限制角度，最终效果如图 5-125 所示，倒角数量要设置得非常小。

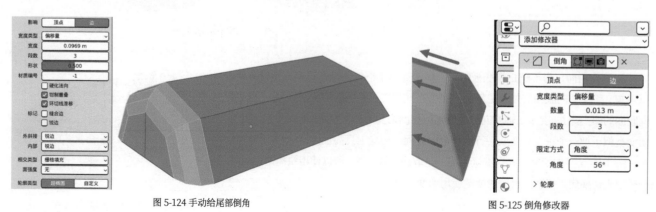

图 5-124 手动给尾部倒角

图 5-125 倒角修改器

7. 光滑模型：倒角完成后依然是添加表面细分修改器，启用
"平滑着色"和"自动光滑"，就不赘述了。最开始添加的柱体"分段"
只有 8，所以表面细分修改器的细分级数可以增加到 3 甚至更高，
如图 5-126 所示，如果这一步细分有问题，一般是倒角修改器的
限制角度出现了问题。如果实在调整不好，可以手动倒角。

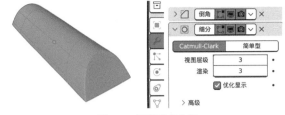

图 5-126 表面细分修改器

8. 优化手柄：手柄模型已经基本完成了，按 / 键退出局部视图。接下来优化手柄，让手柄看起来在正确的位置上。进入编辑模式 > 点选择模式，切换到顶视图，开启透视模式，框选斜面部分的点，沿着 y 轴移动到刚好抵住胶面的位置，如图 5-127 所示，尾部也是同样的操作，调整到合适的位置即可。

现在手柄的宽度比底板的手柄部分更宽，可以进入编辑模式，按 A 键选中整个手柄模型，直接按 S 键，左右移动鼠标，缩放到合适的大小，然后在保持选择全部的状态下调整模型的位置，反复调整直到手柄和底板的手柄前后左右都能够吻合上，如图 5-128 所示。倒角修改器的限制角度可能也需要调整，以保持手柄正确的倒角。

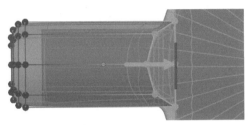

图 5-127 调整手柄长度

图 5-128 调整手柄

9. 卡线：从侧视图可以看出，顶部不是很平整，到了尾部有向下弯的趋势，如图 5-129 所示。这是因为表面细分修改器把手柄尾部细分了比较长的距离，要解决这种情况需要"卡线"，即使用环切工具在靠近尾部边线的地方切一圈线出来，如图 5-130 所示。这样就可以把表面细分截止到这条线这里，让它不再继续向前细分。这只是一次简单的卡线，卡线在创作中经常用到，需要多练习，试着选中卡线的这一圈边线，按两下 G 键移动边线，看看模型曲线会发生什么变化。

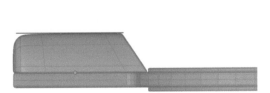

图 5-129 手柄侧面

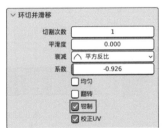

图 5-130 通过环切卡线

步骤补充说明

细分程度取决于模型的线之间的距离，细分段数是不会根据距离而变化的，就算是很贴近的线一样会被细分，所以调整线与线之间的距离就可以改变细分之后的外观。在边角处卡线就可以让边角的转折更加坚硬、锐利，反之就更平滑。图 5-131 所示就是在一个立方体（添加了表面细分修改器）上环切一圈不同距离的线的效果。表面细分建模中经常会用到卡线，但当线距离太近时也可能会出现问题，所有要根据实际情况调整。

图 5-131 不同卡线距离对模型的影响

10. 镜像手柄：添加镜像修改器，镜像对象选择空物体，轴向选择 z 轴，全部的模型就完成了，如图 5-132 所示。可以看到现在手柄比较厚，有卡通的风格，如果能压扁一点就更好了。下面的进阶挑战 2 将讲解如何压扁手柄并且解决一些问题，建议尝试阅读，如果实在无法完成也可以先跳过。

图 5-132 手柄镜像修改器

进阶挑战 2　　　目的：优化手柄形状、修复 N-gon。　　　新知识点：变换轴心点。

因为手柄由半个柱体制作而成，所以很高、很饱满，比较卡通，如果要更写实，可以降低手柄高度。笔者在这里想使用的是缩放的方式，因为删除了柱体的一半，所以手柄的原点是在手柄底部的，如图 5-133 所示。直接使用缩放工具（在物体模式下）沿着 z 轴缩放即可把手柄压扁，如图 5-134 所示，因为变换轴心点默认是质心点，也就是说缩放的时候是以原点为中心缩放的，在物体模式下缩放后还需要执行应用>缩放命令，如图 5-135 所示。

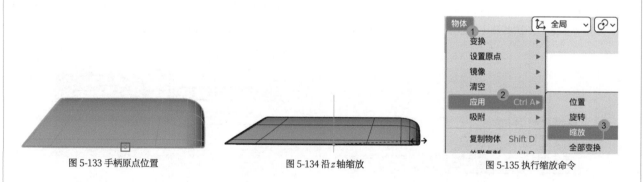

图 5-133 手柄原点位置　　　图 5-134 沿 z 轴缩放　　　图 5-135 执行缩放命令

压扁之后启用倒角修改器，会发现有的地方没有倒角了，这是因为模型变形后倒角的角度变了，即便调整倒角修改器的限制角度也不能达到理想的效果。这是因为各个部分的角度太接近了，很容易给其他地方倒角，所以可以用到进阶挑战 1 中的权重倒角。首先选中需要倒角的边，设置"平均倒角权重"为 1，如图 5-136 所示，然后把倒角修改器的"限定方式"改为"权重"即可，没有设置权重的边自然就没有倒角了。

图 5-136 设置"平均倒角权重"

倒角问题解决了，接下来解决底部 N-gon 的问题，如图 5-137 所示。因为倒角之后原本一个点变成了很多个点，所以底部变成了两个多边面，模型是对称的，只需要把对应的顶点连接即可。首先关闭表面细分和倒角修改器，然后切换到点选择模式，先连接点 6 和点 7（按 J 键连接），再连接点 4 和点 5，最后分别把点 1 和点 3 连接到点 2，如图 5-138 所示。仔细数一下，这样是不是就把所有的面都变成四边面了呢？

启用所有的修改器，手柄模型就完成了。这只是其中一种连接方法，可以自己再试试看有没有别的连接方法。

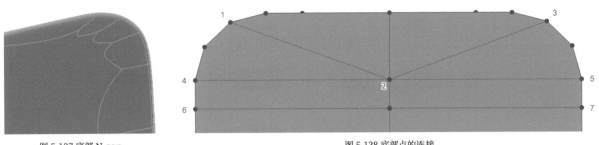

图 5-137 底部 N-gon　　　　　　　　　　　　　　　　图 5-138 底部点的连接

❓ 知识点：变换轴心点

变换轴心点指的是物体变换（移动、旋转、缩放）的中心点，一共有 5 个选项，位于 3D 视图顶部，如图 5-139 所示。默认项是"各自的原点"，其中"活动元素"代表以选中的多个物体中的活动项为中心，"质心点"也就是模型的原点，在多数情况下都使用质心点，其次是"3D 游标"。

切换变换轴心点的快捷键是 M 键右边第二个的 . 键，试着把变换轴心点设置为"3D 游标"，然后移动 3D 游标，再移动、旋转、缩放物体，反复多次即可明白变换轴心点的意思。

图 5-139 变换轴心点

11. 底板倒角调整：手柄模型完成后，可以看到底板尾部的倒角太小了，近乎直角，而手柄则是大圆角。所以接下来手动给尾部单独倒角（如果已经应用了倒角修改器，则无法完成这一步，可以找回底板模型的备份或跳过此步骤）。首先，如果使用的是倒角权重，则需要把"倒角权重"改为 0，如图 5-140 所示，然后再手动倒角（可先关闭表面细分修改器的视图显示），倒角参数调整到跟手柄匹配即可，如图 5-141 所示。

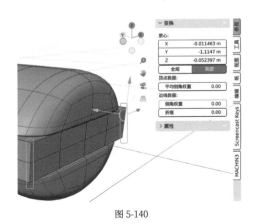

图 5-140　　　　　　　　　　　　　　图 5-141 底板手动倒角

157

乒乓球拍的最终模型如图 5-142 所示（模型不需要做到与本书完全一致，在力所能及的范围内尽量完成即可），接下来开始制作材质部分。

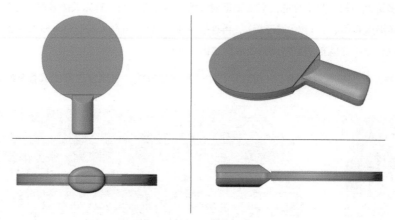

图 5-142 乒乓球拍的最终模型

5.3.4 程序化纹理材质

在之前的案例中，材质使用的基本只有一个"原理化 BSDF"节点，通过单个"原理化 BSDF"节点只能制作出最常见、最普通的材质，例如塑料和金属等。要想获得更复杂的材质一般有两种方法：第一种是使用图片（如木纹的图片）当作纹理，这样做材质会比较真实，因为纹理就是实拍的；第二种是程序化纹理，也就是用算法生成纹理（本书第 3 章的积木进阶版案例中的棋盘格材质就属于程序化纹理，程序化纹理就是通过节点生成的纹理）。

程序化纹理当然没有照片真实，但是程序化纹理能够创造出更多样的纹理，并且因为是由节点生成，所以可控性很强，调整节点参数即可获得不同的纹理。在三维制作中，程序化纹理是一定要掌握的，本小节就介绍使用节点来制作简单的程序化纹理。

1. 圆点基本节点：因为乒乓球拍的胶面是有凸起的圆点的，所以可以试着用程序化纹理制作出圆点的纹理。在 Blender 的材质系统中，只需要两个节点就可以做到。

首先选中胶面模型，新建一种材质并命名为"圆点"，然后切换到 Shading 布局，**切换到材质预览模式**。接着在材质编辑器中执行添加 > 纹理 > 沃罗诺伊纹理命令，然后把"沃罗诺伊纹理"节点的"距离"连接到"材质输出"节点的"表（曲）面"，如图 5-143 所示。把"沃罗诺伊纹理"节点的"随机性"改为 0，可以看到有圆点的感觉了，如图 5-144 所示，但纹理看起来还是很模糊。

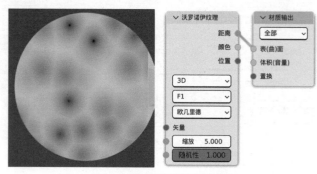

图 5-143 添加"沃罗诺伊纹理"节点

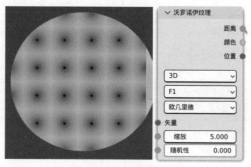

图 5-144 将"随机性"改为 0

2. 运算节点: 调整"沃罗诺伊纹理"节点的任何参数都不能实现完全的圆点, 仅有一个节点很难做出复杂的效果。要实现圆点还需要一个很常用的节点, 执行添加 > 转换器 > 运算命令添加"运算"节点, 如图 5-145 所示。"运算"节点包括加、减、乘、除等很多数学运算功能, 选择哪个功能标题就是那个功能的名称, 默认是"相加"的功能, 也就是把输入的两个端口的数据加起来。这里需要使用的是比较中的大于功能, 如图 5-146 所示。选择"大于"功能之后把"沃罗诺伊纹理"节点的"距离"输出连接到运算节点的"值(明度)", 并且连接到"材质输出"节点, 也可以直接把运算节点移动到"沃罗诺伊纹理"节点和"材质输出"节点的连接线上, 运算节点会自动插入进去, 结果如图 5-147 所示。

图 5-145 添加"运算"节点　　　　图 5-146 选择大于功能　　　　图 5-147 连接节点

3. 实现圆点: 圆点出现了, 只是圆形太大了, 只需要降低运算节点的"阈值"即可缩小圆点, 如图 5-148 所示。阈值越小圆的直径也就越小, 配合"沃罗诺伊纹理"节点的"缩放"参数即可调整圆点的密集程度, 把圆点调整到比较密集的状态, 如图 5-149 所示, 参数可以根据实际情况调整。

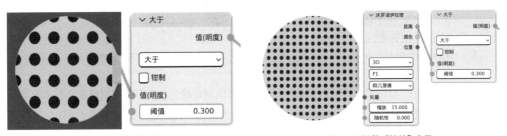

图 5-148 降低"阈值"　　　　　　　　图 5-149 调整"缩放"参数

步骤补充说明

在计算机眼中, 世界是没有颜色的, 只有数据, 黑白在 Blender 中代表数值 0 和 1, 纯黑色是 0, 纯白色是 1, 知道这个前提之后再来看圆点的材质节点就更好理解了。

首先"沃罗诺伊纹理"节点生成了一张黑白的图片(黑白不只是黑色和白色, 还有不同灰度的灰色)。沃罗诺伊纹理是使用俄国数学家沃罗诺伊发明的空间分割算法所生成的, 把"随机性"参数降低之后, 纹理就变得比较规整, 像网格一样。每一个格子中间最深, 向四周逐渐减淡。

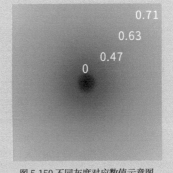

图 5-150 不同灰度对应数值示意图

如果按照 0 ～ 1 来理解随机性为 0 的沃罗诺伊纹理, 就是最中间的数值是 0, 外面是 0.0001、0.001、0.01……, 逐渐增高, 如图 5-150 所示。黑色到白色中间还有非常多的灰色, 所以纹理呈现出模糊的感觉。因为都是数字所以就可以进行计算, 运算节点就派上用场了。"大于"运算功能简单说就是值大于阈值就当作 1, 小于阈值就当作 0。例如输入的是 0.6, 阈值设置的是 0.3, 0.6>0.3, 那么 0.6

就会被改为1，然后输出（如果输入的是0.2呢？可以思考一下不同数值的输出结果）。把沃罗诺伊纹理输入之后，"大于"节点就会把所有大于阈值的都设置为白色（1），小于阈值的变成黑色（0），所以纹理就只剩下黑色和白色了，也就呈现出了清晰锐利的圆形。为什么是圆形呢？拉近视图，仔细看沃罗诺伊纹理，会发现纹理的渐变是由中心向外扩散的，是圆形的状态。

程序化纹理中经常会用到类似的方法，本质上都是数学运算的结果。可以尝试运算节点中不同的运算功能，看看效果有何不同。

4. 调整颜色：现在纹理还是黑白的，有很多方法可以给黑白纹理上色，这里使用一个混合RGB节点，如图5-151所示，把"大于"节点输出的"值（明度）"连接到"混合"节点的"系数"（灰色对灰色），把"混合"节点输出的"颜色"连接到"材质输出"节点。混合RGB节点默认有两个色彩，都是灰色的，所以现在没有效果。接着把"色彩1"和"色彩2"改成喜欢的颜色，结果如图5-152所示，可以看到之前黑白的纹理变成了"色彩1"和"色彩2"的颜色。系数决定了哪里用色彩1，哪里用色彩2，数值是0（黑）的地方使用色彩1，数值是1（白）的地方就使用色彩2，这样就把黑白纹理变成了彩色的。并不是给黑白的纹理上色，而是根据黑白纹理上色。

图 5-151 添加混合 RGB 节点

图 5-152 混合颜色效果

5. 设置糙度：程序化纹理中，黑白纹理是非常有用的，不只是可以设置颜色，还可以设置糙度等很多参数。首先把"混合"节点的"颜色"连接到"原理化BSDF"节点（没有的话可以添加一个）的"基础色"，然后把"大于"节点连接到"糙度"，如图5-153所示。没错，节点的输出是可以重复使用的，现在就是把黑白的圆点纹理作为了"原理化BSDF"节点的"糙度"，也就是黑色的地方糙度为0（即绝对光滑），白色的地方糙度为1（即绝对粗糙）。换一个视角观察可以看到球拍的圆点处非常光滑，如图5-154所示。

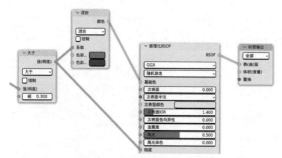

图 5-153 使用"大于"节点当作糙度

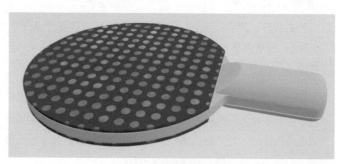

图 5-154 设置糙度后的效果

6. 修复纹理：材质基本制作完成了，但如果切换到不同视角观察，可以发现胶面底部的圆点大小跟上面的不一样，如图5-155所示。这跟二维纹理映射到三维空间的方法有关系。这里最简单的解决方法就是直接把"沃罗诺伊纹理"节点的3D改为2D，并且调整缩放值，减少圆点的数量，让模型更卡通一点，如图5-156所示。改为2D之后也就不存在映射到3D的问题了，胶面材质就制作完成了，如图5-157所示。

图 5-155 圆点大小不一

图 5-156 改为 2D

图 5-157 最终胶面材质

进阶挑战 3　　目的：赋予同一个模型多种材质。

　　胶面模型是有厚度的，所以侧面也有圆点材质，一个模型是可以赋予多个材质的，可以给胶面的侧面赋予一个不同的材质。材质是赋予在模型的面上的，首先按住 Alt 键，单击侧面垂直的一条边，即可快速选中侧面一圈面，如图 5-158 所示；然后单击材质属性中的"添加材质槽"按钮，选中新建的材质槽，再新建一种材质，接着单击"指定"按钮，即可把新建的材质赋予选中的面，操作过程如图 5-159 所示。

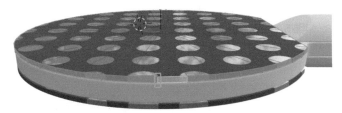
图 5-158 选择侧边面

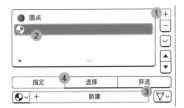
图 5-159 指定材质到选中的面

　　新建的材质的基础色可以从圆点材质复制过来，以免出现不同的颜色。首先在材质槽中单击圆点材质，单击"混合"节点中的"色彩 2"，并且单击 Hex，切换到 Hex 色值模式，如图 5-160 所示；复制 Hex 值，再切换到新建的材质中，把色值粘贴到"原理化 BSDF"节点的"基础色"中即可，如图 5-161 所示。

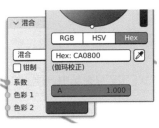
图 5-160 切换到 Hex 色值

图 5-161 粘贴 Hex 色值

　　圆点材质节点最终如图 5-162 所示。首先是通过"沃罗诺伊纹理"节点获得基础的圆点纹理，然后通过运算节点进行"修图"，把圆点变清晰，最后通过混合 RGB 节点上颜色。只用 3 个节点就完成了圆点的纹理制作，可以说是非常的简单。接下来用程序化纹理的方法制作手柄的材质。

图 5-162 圆点材质节点的最终连接图

7. 手柄材质基础：乒乓球拍手柄一般是木质的，写实的木质使用木纹的图片作为纹理，但本节案例是卡通的风格，可以使用程序化纹理制作木纹。首先给手柄新建一种材质，添加一个"马氏分形纹理"节点，如图5-163所示，连接到"材质输出"节点来观察节点效果，调节参数到合适的大小，如图5-164所示，木质的纹理基础就完成了。

图 5-163 添加"马氏分形纹理"节点　　　　　图 5-164 马氏分形纹理参数

8. 木质纹理表现：马氏分形纹理看起来像云一样，常见的木质纹理有比较长的纹理，这里可以添加一个"纹理坐标"和"映射"节点，如图5-165和图5-166所示。把"纹理坐标"节点的"生成"连接到"映射"节点的"矢量"，把"映射"节点的"矢量"连接到"马氏分形纹理"节点的"矢量"，如图5-167所示。所有的连接都是紫色的端口，说明都是矢量类型的，把"映射"节点的缩放 X 改为 1.9，如图5-168所示，可以看到马氏分形纹理沿着 x 轴拉长了，有点像木纹了。

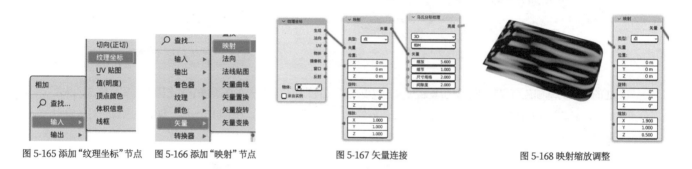

图 5-165 添加"纹理坐标"节点　　图 5-166 添加"映射"节点　　图 5-167 矢量连接　　图 5-168 映射缩放调整

> **❓ 知识点：纹理坐标**
>
> "纹理坐标"节点提供的是所有的纹理包裹三维模型的方式，UV 只是其中一种。如果不添加"纹理坐标"节点，图像纹理等其他纹理节点默认使用 UV 作为纹理坐标。
>
> 具体的算法是如何执行的，其实并不需要了解清楚，除非想了解高深的数学和编程知识。笔者在日常制作中会尝试"纹理坐标"节点的所有端口，其中前 4 个可以分为一组（都可尝试，观察哪个效果更好），后 3 个比较特殊，只用于很特别的情况，极少用到。
>
> 光有"纹理坐标"节点还不够，"映射"节点通常都跟"纹理坐标"节点一起使用，用来对纹理坐标进行变换，例如木质纹理中就对纹理坐标进行了拉伸。所以创建"纹理坐标"节点后一定要加入"映射"节点，就算不改任何参数放在那里也是有必要的。

9. 手柄材质完成：因为制作的是卡通的木纹，所以可以把纹理的边缘变得锐利一点，同样是使用运算的"大于"节点和混合 RGB 节点，如图5-169所示，混合 RGB 节点中选择两个不同明度的褐色即可（Hex 色值：B89464、90642C）。木头材质就制作完成了。

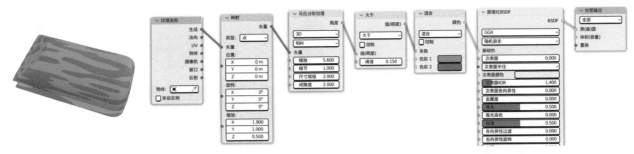

图 5-169 木头材质节点连接

10. 底板材质：材质制作好后可以直接给任何模型使用。选中底板模型，把木头材质赋予底板即可，如图 5-170 所示。至此乒乓球拍全部的材质就制作完成了，最终效果如图 5-171 所示。

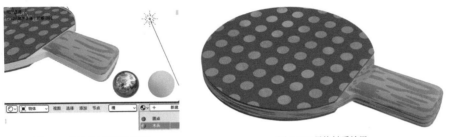

图 5-170 将木头材质赋予底板　　　　　　图 5-171 最终材质效果

> **？ 小技巧：快速切换节点输入**
>
> 　　有时候想要切换节点的多个输入端口，需要手动断开再连接，比较麻烦，例如混合 RGB 节点的"色彩 1"和"色彩 2"。其实只需要选中节点，使用快捷键 Alt+S 即可快速切换输入的端口。只要是有多个输入端口的节点都可以使用此方法，前提是启用了 Node Wrangler 插件。

> **⚠** 材质制作完成后可以试着使用纹理节点中其他的纹理，直接连接到"材质输出"节点，并且尝试连接到运算节点，使用不同的运算方法，看看有什么效果。

5.3.5　三点光

　　建模是纯技术的操作，而打光是非常考验经验和审美的。如果灯光打不好，可能直接导致作品的质量上不去。如果不擅长打灯光，可以尝试使用插件辅助。Blender 内置了一个叫作 Tri-Lighting 的插件，可以直接生成三点光。

　　三点光是摄影布光中最基础、最常见的一种布光方式，包含一个主光、一个补光、一个背光，其基本的示意图如图 5-172 所示。主光用来打亮物体，一般放在物体侧前方 45°的地方，用来设定整个场景的曝光和氛围。补光用来打亮暗部，如果没有补光暗部就是一片漆黑。此时物体和背景都融合到一起了，看不清物体的轮廓，所以还需要再打一个背光（也叫作轮廓光），勾勒出物体的轮廓，让主体和背景拉开差距。不同灯光效果如图 5-173 所示。

　　这就是基本的三点光，在 Blender 中可以自己打三点光，但是使用 Tri-Lighting 插件可以直接生成，更加方便。

163

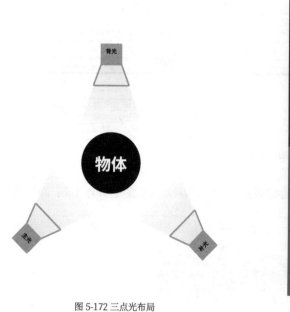

图 5-172 三点光布局

图 5-173 不同灯光效果

1. 添加三点光: 首先一定要在偏好设置中启用 Tri-lighting 插件，然后选中乒乓球拍的胶面，再按快捷键 Shift+A，单击灯光 >3 Point Lights，如图 5-174 所示，即可以胶面模型为主体添加 3 个灯光和一个摄像机。参数如图 5-175 所示，默认的三点光灯光尺寸很小，亮度也低，可以适当调整参数。

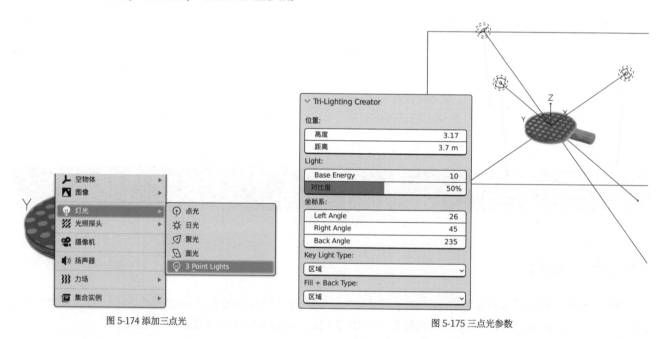

图 5-174 添加三点光

图 5-175 三点光参数

2. 调整三点光: 首先把渲染引擎切换到 Cycles，如图 5-176 所示，然后切换到渲染模式，把灯光尺寸全部改大一点，如图 5-177 所示；可以看到灯光亮度很低，把主光的亮度调到最高，补光能够打亮暗部即可，背光可以亮一些，勾勒出轮廓，但切记不可过曝（也就是边缘变成一片白色），没有细节；笔者这里暂时设置主光（TriLamp-Key）的"能量（乘方）"为80W、"补光"（TriLamp-Fill）的"能量（乘方）"为30W、"背光"（TriLamp-Back）的"能量（乘方）"为80W。灯光能量可根据实际情况来，不一定要跟笔者完全一致。

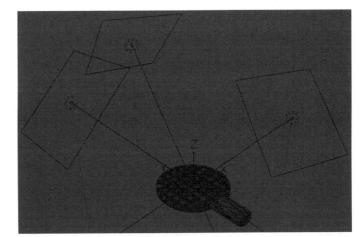

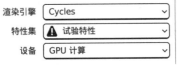

图 5-176 切换渲染引擎

图 5-177 灯光布局

3. 集合管理：因为乒乓球拍是比较平的，所以灯光打上去没什么效果，把乒乓球拍旋转一下，使它竖立起来，就可以让灯光效果更明显。如果直接旋转会出现很奇怪的现象，这是因为模型有镜像修改器，可以选中所有的模型和空物体一起旋转。但还有更好的方法，即先新建 3 个集合，分别命名为"灯光""摄像机""场景"，把灯光和摄像机分别移入对应的集合，确保"球拍主体"集合中只有乒乓球拍的模型，然后单击选中"场景"集合，如图 5-178 所示，选中某个集合后，之后添加的物体都会默认添加到这个集合中。

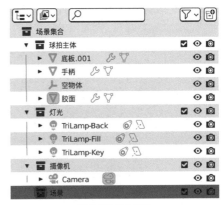

图 5-178 集合管理

4. 添加集合实例：确保选中场景集合后，执行添加 > 集合实例 > 球拍主体命令，如图 5-179 所示，场景中就出现了一个新的乒乓球拍（新建的物体会在 3D 游标处，找不到新建的物体可以缩放视图，看看 3D 游标在哪里）。将新建的集合实例命名为"乒乓球拍实例"，现在如果移动、旋转乒乓球拍实例就会发现一点也不卡，这实际上就相当于是新建了一个集合的分身。那么为什么要新建集合实例呢？因为这样不会更改原始模型的位置、旋转等数据，并且集合实例还是不可编辑的，也避免了误操作修改模型。接下来单击"球拍主体"集合的"在视图层中排除该集合"按钮，即不启用该集合，以避免出现两个乒乓球拍，如图 5-180 所示；然后旋转乒乓球拍实例，让灯光效果更明显，如图 5-181 所示。注意背光要保持在物体背面，主光方向跟物体之间大概成 45°角。

图 5-179 添加集合实例

图 5-180 排除"球拍主体"集合

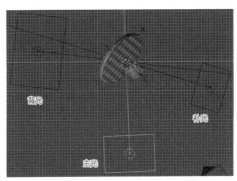

图 5-181 调整球拍角度

5. 构图和优化：为了将灯光效果看得更清楚，进入摄像机视角，锁定摄像机视图，找到一个合适的角度，将球拍适当旋转，灯光的位置也要调整（这里的灯光会始终朝向物体，所以无须手动旋转），最终场景如图 5-182 所示。为了让背光效果更明显，笔者还把背光尺寸变得更大了，能量也增加到了 400W（布光是可以按照个人喜好来的，没有标准）。至此灯光就制作完成了。

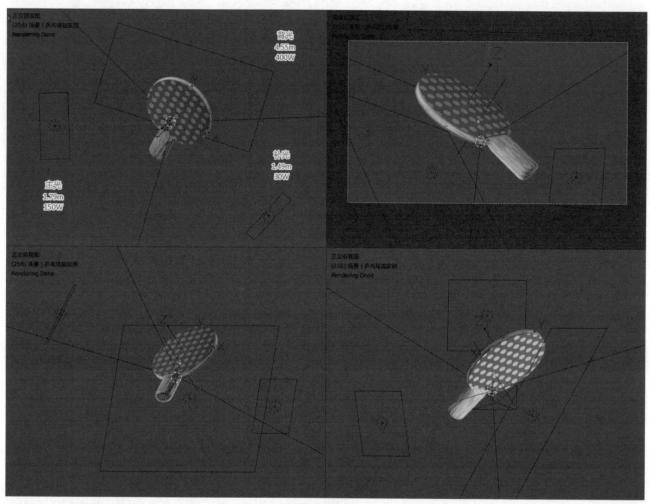

图 5-182 最终场景

步骤补充说明

Tri-lighting 插件在添加灯光时会给每盏灯都在物体约束属性中添加一个"标准跟随"，如图 5-183 所示。所以灯光会始终朝向约束的目标，这就是为什么在创建三点光的时候需要选中胶面模型。

图 5-183 标准跟随约束

⚠ 笔者场景中的乒乓球拍整体长度为 3m 左右。灯光的尺寸和功率都取决于物体的尺寸，所以不能只是复制笔者的参数，要根据场景中物体的大小来设置。

5.3.6 渲染

1. 添加乒乓球和背景：现在场景中只有乒乓球拍有点单调，可以添加一个球体，放到合适的位置作为乒乓球，并且新建一种材质，将基础色改为乒乓球常见的黄色（FFCF68），如图 5-184 所示。记得给球体添加一个表面细分修改器，再设置"平滑着色"和"自动光滑"。

接下来添加一个平面，将其旋转到竖起来并缩放到足够大后放置到球拍的后面，移动到不受灯光影响的位置；然后给背景新建一种材质，将基础色设置为蓝色（色值为 00BCE7。蓝色是红色的对比色，搭配在一起会比较突出），如图 5-185 所示。

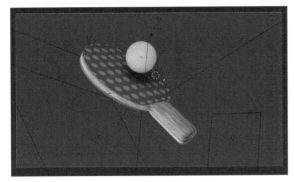

图 5-184 添加乒乓球

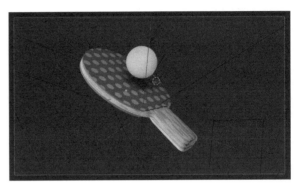

图 5-185 添加蓝色背景

2. 添加背景灯：因为背景离得比较远，所以非常暗。使用纯色背景摄影时，一般会单独给背景打光，在三维制作中也可以借鉴。首先添加一个聚光灯 ⊘，将其旋转放置到背景前面，位置和参数如图 5-186 所示。聚光灯的"半径"参数越大，光线就越柔和；"光斑尺寸"越大，照射范围就越大。现实摄影中也是常用聚光灯去打亮背景，因为聚光灯射出圆形的光，四周会形成自然的暗角，有中间亮、四周暗的感觉。

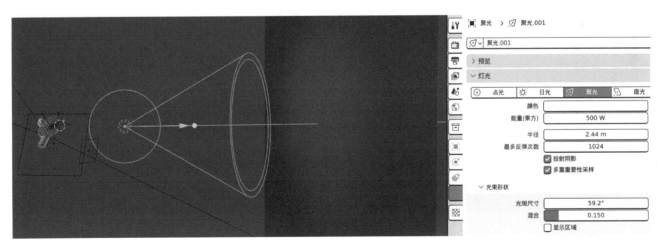

图 5-186 添加背景灯

3. 渲染参数设置：至此场景全部制作完成，接下来设置渲染属性，如图 5-187 所示，为了在短时间内获得更干净的画面，可以把"降噪"勾选上。为了获得更特别的视角，把摄像机的"焦距"改为 85mm，如图 5-188 所示。85mm 属于长焦，也就是能够拍到比较远的物体，畸变会减少，视角也会变窄（焦距越短，视角就越宽，畸变越大。这里也可以尝试设置为 15mm 的广角焦距，看看有什么特殊的效果）。改完焦距之后，还需要重新构图。渲染分辨率就保持默认的 1920 像素 × 1080 像素即可，调整好后直接渲染即可。

图 5-187 渲染属性　　　　　　　　图 5-188 调整摄像机焦距

　　最终渲染图如图 5-189 所示。渲染很难一次成功，第一次渲染后，笔者又增加了背景灯的亮度，让背景更亮。

图 5-189 最终渲染图

案例总结

　　本节案例涉及的知识点很多，读者在学习过程中可能会遇到很多问题，但学习的过程实际上就是解决问题的过程。阅读完本节后，可以尝试自己独立制作一遍。尤其是程序化纹理，要理解程序化纹理的概念，掌握用法。试着把程序化纹理赋予不同形状的模型，看看有什么不同的效果。

5.4 Low Poly 小房子——插件

图 5-190 本节目标成果

图 5-190 所示为本节的目标成果。本节案例以一个非常好用的内置插件为主，介绍一种非常好看且简单的三维风格 Low Poly，几乎没有手动建模的内容，非常友好。

难度	★★★☆☆☆☆☆☆☆
插件	Archimesh
知识点	Archimesh 插件使用、漫射 BSDF、布尔、减面修改器
新操作	吸附至、自动合并顶点
类型	静态渲染图
分辨率	1280 像素 ×1080 像素

5.4.1 布尔

什么是布尔

正式开始之前先介绍一下布尔（Boolean）。数学的集合中有几个概念很重要：交集、并集、差集、补集。三维建模中同样也有布尔逻辑的应用，三维中有交集、并集和差值（集），没有补集，如图 5-191 所示。交集就是取模型重合的部分，并集就是合并多个模型，差值就是从一个模型上减去与另一个模型重合的部分。

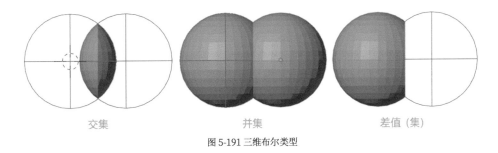

交集　　　　　　　　　　并集　　　　　　　　　　差值（集）

图 5-191 三维布尔类型

布尔修改器

在 Blender 中，布尔是以修改器的形式存在的，如图 5-192 所示。布尔修改器需要有被布尔的物体（也可以是集合），布尔修改器只需要添加在一个物体上即可，最终的结果会应用到布尔修改器所在的模型上。并集和交集时修改器添加在哪个物体都一样，而差值时修改器要添加在不需要被减掉的模型上。

Blender 的布尔修改器有一点很特殊，因为布尔需要多个物体，所以布尔之后原本的物体依然存在，这就会导致看不出布尔的效果，造成好像没有布尔成功的错觉。这一点很容易让新手疑惑，所以在布尔时建议把被布尔的物体隐藏，也可以把物体属性中视图显示的"显示为"改成"线框"，如图 5-193 所示。这样设置模型就会呈现线框的状态，不会遮挡住其他模型。但一定得把布尔模型的渲染显示关闭，不然就会被渲染出来。

图 5-192 布尔修改器　　　　　　　　　　图 5-193 修改视图显示

布尔的问题

　　布尔既然如此方便就能把多个物体进行组合，是不是就不用自己手动建模了呢？布尔确实方便，但会造成模型有非常多的 N-gon，让模型很不标准，也可能导致很多其他的问题。图 5-194 所示就是并集布尔之后导致模型的着色出现了问题。除此之外，面数多的模型布尔会造成计算机严重卡顿，所以布尔也并不是万能的。

　　布尔其实一般只是用作初步的模型搭建，快速制作出模型的形状，之后在布尔模型的基础之上再手动布线，让模型标准化，如图 5-195 所示。

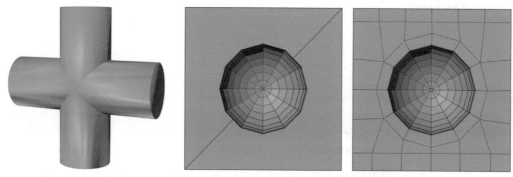

图 5-194 不正确的布尔　　　　　　　　　　图 5-195 布尔之后再布线

实际应用

　　接下来试着用布尔修改器来制作第 3 章的积木模型。首先添加一个立方体，进入编辑模式把高度降低，再回到物体模式添加一个柱体，顶点数量保持默认的 32，半径比立方体小一些即可，移动到合适的位置，如图 5-196 所示。然后选中立方体添加布尔修改器，选择柱体，把柱体的视图显示改为线框即可看到差值的结果，如图 5-197 所示，立方体被掏了个一个洞。移动柱体可以发现，布尔是实时更新的，这就是布尔的灵活性。接下来把布尔类型改为并集即可得到积木的基本形，如图 5-198 所示。再添加一个倒角修改器，如图 5-199 所示，看起来很完美。但是一旦平滑着色就可以看到柱体并不平滑，所以还需要单独选中原本的柱体模型，平滑着色才可以，如图 5-200 所示。

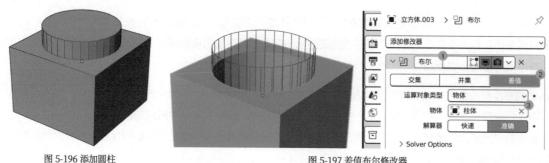

图 5-196 添加圆柱　　　　　　　　　　图 5-197 差值布尔修改器

至此，模型看起来还是很完美的，完全可用。但是再添加一个细分修改器，就可以看出模型衔接处是有问题的了。对比正常建模和布尔模型的布线可以看出，手动建模明显更干净利落，由此可见布尔并不是万能的，需要学习足够多的知识才能应对布尔带来的问题，所以不建议新手使用布尔。还有一个问题是，当移动立方体的时候柱体不会跟随移动，会导致模型错位，所以要么应用布尔修改器，要么同时移动布尔的所有相关物体。

综上所示，布尔在要求不高和追求速度时是可以使用的，但不建议新手频繁使用布尔，不然节省的时间都会花在解决问题上。

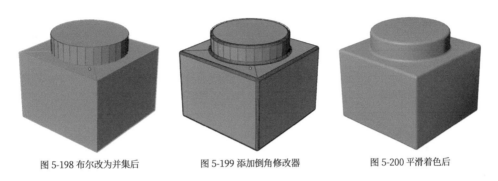

图 5-198 布尔改为并集后　　　　图 5-199 添加倒角修改器　　　　图 5-200 平滑着色后

5.4.2 什么是 Low Poly

要想知道什么是 Low Poly，首先要知道 Poly 是什么。Poly 是 Polygon 的缩写，也就是多边形面的意思，Low Poly 就是较少的多边形面。常见的三维模型是由很多个多边形面组成的，面数越多，模型越真实。以前计算机技术落后的时候，只能处理较少量的面，所以游戏都是 Low Poly 的，例如《超级马里奥 64》。而现在技术足够成熟，Low Poly 风格已经成为一种复古的艺术风格，非常流行的游戏《纪念碑谷》就属于 Low Poly 风格。

但不是面数少就是 Low Poly，一般来说 Low Poly 的风格多为三角面，这也跟游戏行业有关系。游戏开发中三维模型都必须是三角面的，这是为了节省资源和避免 Bug 等，另一方面三角面也有比较鲜明的风格。Low Poly 的模型要在低面数的情况下保有复杂的外形。如图 5-201 所示，左边是高模，也就是面数多的模型，有 8172 个面；右边的就是 Low Poly 模型，只有 300 个面，所有的面都是三角面，但还是能看出造型来，Low Poly 的风格也非常鲜明。

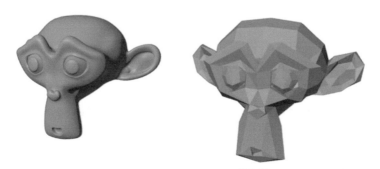

图 5-201 普通模型和 Low Poly 模型对比

一般建模都是制作四边面，而 Low Poly 却多是三角面，那么应该如何制作 Low Poly 模型呢？首先介绍一个非常快捷的方法，可以把复杂的模型变成 Low Poly。在修改器属性中先添加一个表面细分修改器，再添加一个精简修改器，如图 5-202 所示。把精简修改器中的“比率”不断降低，可以看到模型面数越来越少。千万不要给模型平滑着色，Low Poly 模型非常关键的一点就是一定要用平直着色，不需要开启“自动光滑”，这跟之前的案例都不同。笔者把精简修改器的“比率”降低到 0.1，可以看到下方显示了"面数: 1417",模型也呈现出了低面数的感觉,如图 5-203 所示。

精简修改器可以非常快速地把复杂模型变为 Low Poly 风格,所以正常建模后添加精简修改器是一种非常好的方法。此外,还可以直接用很少的面来建模,本节案例就使用一个内置插件来快速制作 Low Poly 模型。

图 5-202 精简修改器   图 5-203 修改"比率"为 0.1

5.4.3 小房子建模

1. 启用插件: 三维制作中的工种比较多,有专门的建模师、灯光师等职位,如果不是专业的建模师,则无须太深入地学习建模,使用插件建模就是很好的一种方式。Archimesh 是一个用于制作建筑模型的插件,由 Antonio Vazquez 开发。首先需要在偏好设置的"插件"中搜索并启用该插件,如图 5-204 所示。启用后就可以在"相加"菜单中找到,如图 5-205 所示。在侧边栏的 Create(创建)标签中也可以找到 Archimesh。

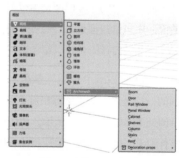

图 5-204 Archimesh 插件   图 5-205 添加 Archimesh

2. 房屋主体制作: 首先添加一个立方体来作为房屋的主体,如图 5-206 所示。然后进入编辑模式,按快捷键 Ctrl+R,使用环切工具在立方体中间切割一刀,再选中顶部中间的一条边,往上移动一点,如图 5-207 所示。为了使房屋更复杂,可以再横着环切一刀,如图 5-208 所示,勾选上"均匀",让环切线平齐。切换到面选择模式,选中一圈底面,如图 5-209 所示。再按快捷键 Alt+E(网格 > 挤出 > 沿法向挤出面命令),让底部有些厚度,记得勾选"均等偏移",如图 5-210 所示,房屋主体就制作好了。

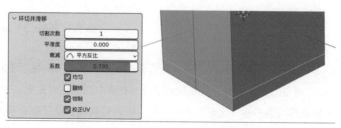

图 5-206 添加立方体   图 5-207 制作屋顶形状   图 5-208 环切底部

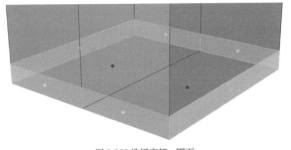

图 5-209 选择底部一圈面

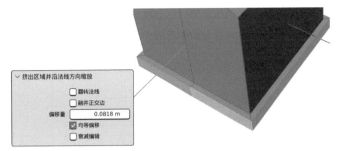

图 5-210 沿法向挤出面

3. 添加一扇门：先制作门，切换到物体模式，然后按 N 键打开侧边栏，切换到 Create（创建），展开 Archimesh，可以看到非常多的按钮，如图 5-211 所示，面板中的按钮都对应着相应的物体，例如 Door（门）、Room（房间）、Roof（屋顶）等。首先把 3D 游标放置到门应该在的地方，再单击 Archimesh 面板中的 Door 按钮，即可添加一个门，添加门后，所有的参数都在面板中修改，如图 5-212 所示。调整参数直到合适，通过 4 个 Frame 参数控制门的尺寸，将"旋转"改为 90°，把门旋转到正确的方向，将"控制柄"改为 Handle 02，不要勾选 Create default Cycles materials（勾选这个参数后会自动创建一种材质，这个材质比较复杂）。

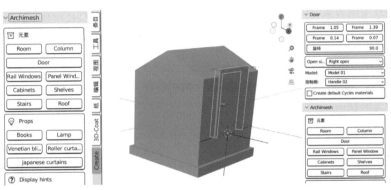

图 5-211 Archimesh 面板　　　　图 5-212 门的参数

此插件添加的模型都会用一个空物体作为父级，所以只用移动空物体（十字黑线）就可以移动整个模型了。现在门太高了，移动空物体把门放置到合适的位置，如图 5-213 所示。现在门是直接插入模型的，但这面墙应该是有个洞的，插件也非常贴心地提供了一个物体协助用户做布尔操作，叫作 CTRL_Hole。选中房屋主体，添加一个布尔修改器，"物体"选择 CTRL_Hole，方法是"差值"，这样就把房屋挖了个洞，如图 5-214 所示。

选中门框模型（DoorFrame）后，还能够实时修改门的尺寸，这就是插件的便利性。笔者又把门缩窄了一点，并且往外拉伸了一些，最终的门如图 5-215 所示。

图 5-213 移动门到正确的位置　　　图 5-214 对房屋做布尔操作后（局部视图）　　　图 5-215 最终的门

4. 添加窗户：门有了，窗户也不能少。将 3D 游标放置到另一面墙上，单击 Archimesh 面板中的 Panel Window 按钮，参数如图 5-216 所示，在预设中选择 WINDOW 50X50。把窗户移动到房屋中间偏上的位置，然后再给房屋主体添加一个布尔修改器，因为之前有 CTRL_Hole 了，所以以窗户的布尔模型是 CTRL_Hole.001，最后把两个布尔修改器改名，以免混淆，如图 5-217 所示。

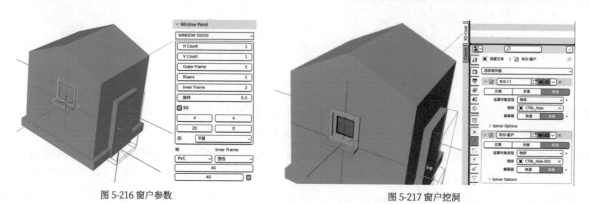

图 5-216 窗户参数　　　　　　　　　　　　图 5-217 窗户挖洞

5. 添加屋顶：单击 Roof 按钮添加一个屋顶，屋顶需要在左下角的小窗口更改参数。Model 选择 Model 02。Num tiles 是用来修改瓦片的数量的，但是在笔者的 Blender 3.0 中不起作用，估计是因为插件还没有适配 Blender 3.0，不过之后再手动去修改瓦片数即可。将 Tile thickness 改为 0.05，瓦片厚一点会更卡通。参数如图 5-218 所示。

选中瓦片的模型把表面细分修改器删除，再设置平直着色，这样才有 Low Poly 的感觉。瓦片的数量是通过阵列修改器控制的，展开阵列修改器，将"数量"改为 6，然后移动、旋转瓦片，直到正好对应屋顶的角度，再缩放到合适的大小。一层瓦片的最终效果如图 5-219 所示。

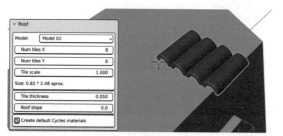
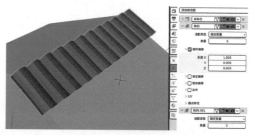

图 5-218 添加瓦片　　　　　　　　　　　　图 5-219 一层瓦片最终效果

现在只有一层瓦片，手动添加一个阵列修改器，笔者使用的参数如图 5-220 所示，对阵列的 z 轴也给一点数值，瓦片错落开来才更有感觉。接着复制瓦片，旋转 180°，放到另一边，再在中间添加一个顶点为 8 的横向的圆柱去填补空白，对圆柱也赋予瓦片的材质。屋顶的最终效果如图 5-221 所示。

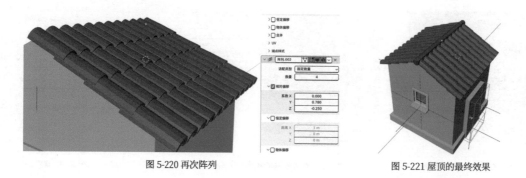

图 5-220 再次阵列　　　　　　　　　　　　图 5-221 屋顶的最终效果

6. 制作烟囱：房子就这样还单调了点，接下来手动制作一个简单的烟囱，丰富一下效果。在屋顶处添加一个立方体，并沿着 z 轴调高一点，如图 5-222 所示；然后环切一刀，接着选中一圈面，按快捷键 Alt+E 沿着法向挤出，如图 5-223 所示，还是一样记得勾选"均等偏移"；删除顶面，给烟囱添加一个实体化修改器，如图 5-224 所示，这样烟囱就是空心的了。

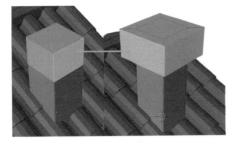

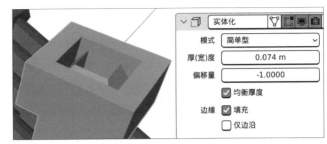

图 5-222 添加立方体 　　　　图 5-223 沿法向挤出厚度 　　　　图 5-224 添加实体化修改器

中间部分有些隆起，先应用实体化修改器，再选中隆起的 4 个点，如图 5-225 所示。如果直接移动下去是很难移动到跟周围平齐的，这里可以使用很常用的吸附功能 🧲，首先把"吸附至"改为"顶点"⠿，如图 5-226 所示。大多数情况下都会使用顶点吸附，所以创建一个新的文件后就可以把"吸附至"改为"顶点"。然后按 G、Z 键，沿着 z 轴移动鼠标，移动过程中**按住 Ctrl 键，移动鼠标指针到要吸附到的顶点即可吸附到指定的顶点的位置上**，如图 5-227 所示（如果不限定 z 轴，顶点就会重叠到要吸附的顶点那里）。至此烟囱就制作完成了。

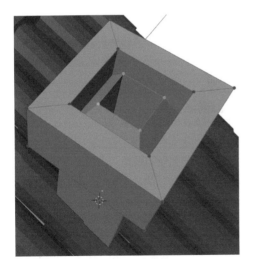

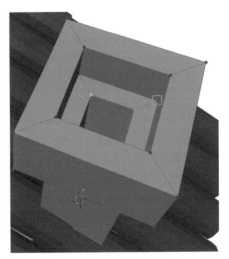

图 5-225 选中隆起的点 　　　　图 5-226 将"吸附至"改为"顶点" 　　　　图 5-227 吸附到指定位置

❓ 知识点：吸附功能

变换物体的时候，经常会穿模，如果仅靠肉眼很难精确移动到想要的地方，所以就需要吸附功能。吸附功能位于 3D 视图的顶部，如图 5-228 所示，图标是一块磁铁，默认处于关闭的状态，单击磁铁图标即可开启，快捷键是 Shift+Tab，开启状态如图 5-229 所示。磁铁图标右侧的下拉列表框是吸附的选项，默认是增量，也就是移动的时候会一格一格移动。多数情况都使用"顶点"吸附，顶点吸附时顶点会吸附到鼠标指针附近的点，直接吸附会重叠，一般是在某一个轴向上吸附。一直启用吸附功能会导致建模的时候一不小心就被吸附了，所以一般关闭吸附功能。在变换的时候，**按住 Ctrl 键即可临时启用吸附功能，放开 Ctrl 键就关闭了吸附功能**。

图 5-228 吸附功能

图 5-229 开启状态

吸附至顶点功能除了用于对齐，也可以用于合并顶点。首先要启用"自动合并顶点"，如图 5-230 所示，启用此功能后距离相近的点将会被自动合并，默认阈值是 0.001m，距离小于阈值的点会被自动合并成一个点。当使用吸附功能把点移动到和另一个点重叠时，重叠的顶点就会被自动合并。将这两个功能组合到一起即可实现快速合并顶点，同时也可避免顶点重叠。

吸附功能在物体模式下也可以使用，多用于把物体放置到有角度的面上，将"吸附至"改为"面"，勾选"旋转对齐目标"，如图 5-231 所示。这样移动物体时不仅可以吸附到鼠标指针所在的面，还会旋转到跟面相同的角度，非常实用。

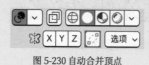

图 5-230 自动合并顶点

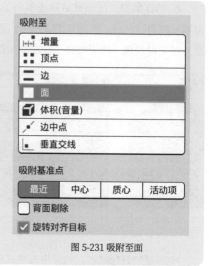

图 5-231 吸附至面

7. 制作烟雾：有了烟囱当然还需要烟雾。卡通的烟雾使用球体组合就可以实现，这里使用网格中的棱角球⊗，如图 5-232 所示。添加一个棱角球之后，按快捷键 Shift+D 复制多个出来，调整位置和缩放，最终效果如图 5-233 所示。可以参考笔者摆放的位置去摆放，也可以摆出任何有创意的形状。为了效果更好，笔者还把各个棱角球分别旋转了一下，避免看起来都一模一样。

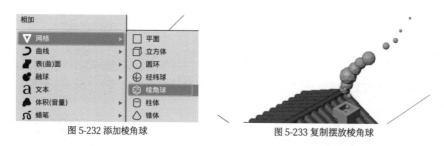

图 5-232 添加棱角球　　　　　　　　　图 5-233 复制摆放棱角球

8. 制作沙丘：光有房子还不够，有背景就更好了。有建模基础的读者可以自己尝试制作复杂的模型，或者使用其他人制作的模型，笔者这里使用另一个强大的内置插件制作一片沙漠。首先启用由 Jimmy Hazevoet 制作的 A.N.T.Landscape 插件，如图 5-234 所示。然后添加网格中的 Landscape，如图 5-235 所示，直接选择参数预设中的 dunes（沙丘）即可。接着对沙丘进行变换，笔者摆放的位置如图 5-236 所示。

图 5-234 启用插件

图 5-235 添加 Landscape

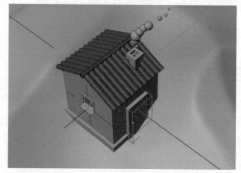

图 5-236 摆放沙丘

现在的沙丘面数太多，可以添加一个精简修改器，将"比率"改为 0.05，将着色方式改为平直着色，最终效果如图 5-237 所示。精简过后就有了 Low Poly 的感觉。

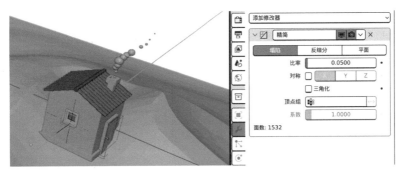

图 5-237 添加精简修改器

5.4.4 材质和灯光

1. 基础材质：Low Poly 风格可以使用最简单的纯色材质，所有物体都是一种材质，只是颜色不同，使用一个高级且简单的方法就可以做到，无须新建很多材质。首先选中房屋主体模型，新建一种材质，删除"原理化 BSDF"节点，添加一个着色器中的"漫射 BSDF"节点，连接到"材质输出"节点（"漫射 BSDF"节点可以用来制作最简单的材质，漫射也就是漫反射的意思）。然后还需要一个输入中的"物体信息"节点，"物体信息"节点的"颜色"输出连接到基础色。最终节点连接如图 5-238 所示。

图 5-238 基础材质节点的连接

2. 设置物体颜色：首先切换到材质预览模式，然后给所有模型都赋予这个材质，可以按 A 键选中全部的模型，房屋模型要确保处于激活（黄色外框）状态，按快捷键 Ctrl+L（物体 > 关联 / 传递数据），单击"关联材质"即可，如图 5-239 所示。

接着只需要设置物体的颜色即可。选中房屋主体，单击"物体属性"按钮，展开"视图显示"，修改"颜色"即可看到屋顶的颜色变了，如图 5-240 所示，"物体信息"节点中的颜色数据就来源于这里。然后给所有的模型都设置喜欢的颜色，如果觉得麻烦，也可以直接为每个模型新建材质。**窗户的材质要先全部移除再选择通用材质。**

最终材质颜色（Hex）：窗户和门为 67A8FF、屋顶和烟囱为 EC5F47、沙丘为 CBA67F、墙和门把手为白色、烟雾为 C2F2FF。

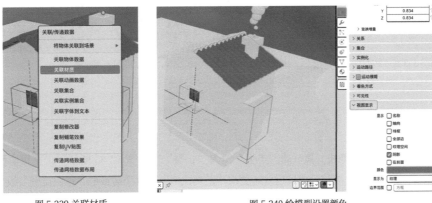

图 5-239 关联材质　　　　　　　　　图 5-240 给模型设置颜色

3. 优化材质：单独新建一种材质并赋予房屋底部，颜色跟门一样，因为在一个物体内，物体颜色只能是一个颜色。然后选中窗户模型的玻璃部分并删除，让窗户处空出来，最终效果如图 5-241 所示。

图 5-241 最终材质颜色

4. 主光：Low Poly 的灯光一般也比较简单，太复杂的灯光容易出现写实的效果。首先渲染引擎还是切换到 Cycles，然后添加一个日光即可，如图 5-242 所示，可以把日光的强度改为 2，让场景更亮。为了方便管理，新建一个集合📦，把日光拖进去，命名为"灯光"。集合操作比较简单，这里就不配图了。

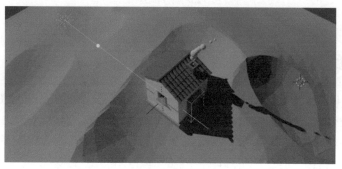

图 5-242 添加日光

5. 氛围光：为了让场景更加个性化，可以添加一些氛围光。首先把世界环境🌐中的背景断开连接或者删除，这样环境就全黑了，如图 5-243 所示。然后在窗户那里添加一个朝外的面光🔲（如果没有删除窗户模型的玻璃部分就看不见灯光），设置"能量"为 20W、"颜色"为 FF8500、"尺寸"为 0.5m。面光需要往外移动一点，否则会被布尔的物体挡住。门那里太暗，可以沿着瓦边添加一个面光，设置"能量"为 5W、"形状"为"长方形"、"颜色"为白色，"尺寸"调整到合适即可。因为烟囱是空的，所以也可以添加一个面光，光是从房间里射出来的，所以颜色跟窗户灯光保持一致即可。房间右侧太暗，可以添加一个点光，设置"能量"为 35W，模拟路灯照射的效果，从而打亮暗部。最终灯光布置如图 5-244 所示。

图 5-243 断开背景连接

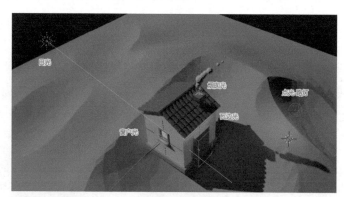

图 5-244 灯光布置

5.4.5 渲染

1. 正交摄像机：首先添加一个摄像机，然后将"类型"改为"正交"，如图 5-245 所示。正交摄像机使用锁定摄像机视图的方法时不能前后缩放，只能平移，要拉近或推远只能更改"正交比例"，这个场景把"正交比例"改为 8 较为合适，最终构图如图 5-246 所示。将输出属性的分辨率 X 和 Y 都改为 1280px，然后渲染图像即可。

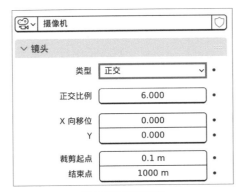

图 5-245 正交摄像机

图 5-246 最终构图

2. 优化渲染：大面积的沙漠看起来不是很舒服，在尝试过后，笔者还是决定删除沙漠。新建一个巨大的平面，并且赋予蓝色材质（创作的过程就是不断改变，觉得不好的东西，就算花了很多时间制作，该放弃时也不要犹豫）。最后把渲染的时间限制改为 120，并且把降噪打开，更长的渲染时间可以获得更细腻的效果，把色彩管理中的胶片效果改为 Hight Contrast。最终渲染图如图 5-247 所示。

图 5-247 最终渲染图

案例总结

其实三维创作不一定都要制作复杂的模型，本案例的 Low Poly 就是一个很好的例子，有些艺术家专门制作 Low Poly 风格的作品。艺术创作可根据自己的喜好来，如果不喜欢建模，可以把学习的精力放到灯光和材质上，在建模方面学一些快速建模的方法即可。

像 Archimesh 这类插件 Blender 还有很多，偏好设置的"插件"中"添加网格"分类里都是此类插件。第三方插件中较为知名的有 Building Tools，也是一个做建筑模型的插件。

5.5 孟菲斯风格场景——材质

图 5-248 本节目标成果

图 5-248 所示为本节的目标成果。本节案例介绍一种新的艺术风格——孟菲斯风格，建模以几何体为主，相对比较简单，操作主要集中于材质的制作。

难度	★★★☆☆☆☆☆☆☆
插件	Archimesh
知识点	使用贴图、多种材质、材质节点组
新操作	桥接面、沿法向缩放
类型	静态渲染图
分辨率	1280 像素 ×1280 像素

5.5.1 什么是孟菲斯风格

孟菲斯小组是由 Ettore Sottsass 创立的意大利设计组，诞生于 1980 年。当时一群年轻的设计师和建筑师一起讨论设计的未来，他们想改变现有的设计概念，孟菲斯风格由此诞生。

孟菲斯风格的识别性非常高，有鲜明的特征，用色大胆，使用高饱和度颜色、几何形状和重复的图案创作。当时孟菲斯小组设计了非常多奇特的家具，发展到现在，孟菲斯风格已经广泛地用于插画和三维制作了。

5.5.2 孟菲斯风格场景建模

孟菲斯风格使用的都是抽象的几何形状，所以建模也比较简单。笔者构思的场景是有一个主体在中间，并且用圆柱垫高，背景为一个镂空的门板以增加层次感，为了画面更加丰富，在空中添加一些几何体。有了大致的想法就可以画出草图，然后开始建模。

1. 主体建模：首先添加一个环体 ☺ 作为主体模型，参数保持默认即可。普通的环体有些单调，通过简单的操作让环体更有细节。首先选中环体一半的面，背后的面也要选中，按 P 键（菜单：网格 > 分离），然后单击"选中项"，把选中的面分离出来成为一个独立的物体，如图 5-249 所示，这样环体就分成两个物体了。

回到物体模式，选择并独立显示其中一个环体模型，可以看到两头是空心的洞。进入编辑模式，选择孔洞的一圈边线后按 F 键，即可填充孔洞，如图 5-250 所示；然后直接按快捷键 Ctrl+B 倒角，两头都一样，如图 5-251 所示；再添加表面细分修改器，设置"平滑着色"和"自动光滑"。对另一半环体也执行完全一样的操作，主体模型就制作好了。

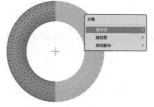

图 5-249 分离一半环体

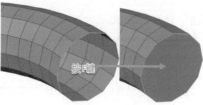

图 5-250 填充孔洞

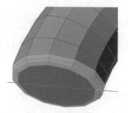

图 5-251 手动倒角

接下来添加一高一矮两个圆柱，将顶点数量改为 128，这样就不用添加表面细分修改器了。通过移动工具将两个圆柱叠在一起，并且添加倒角修改器，如图 5-252 所示。缩放高度需要进入编辑模式，不要在物体模式下缩放，以免出现问题。把主体圆环移动到圆柱底座上，摆放到合适的位置和角度即可，如图 5-253 所示。

2. 门框建模：首先新建一个大一点的平面，将其旋转后垂直放到主体背后，如图 5-254 所示。再新建一个立方体，保持默认尺寸即可，进入编辑模式，向上移动顶面直到符合门的比例。然后选中顶部两条边，倒角到最大为止，参数如图 5-255 所示，一定要勾选"钳制重叠"，不然会穿模。倒角过程中按 C 键即可开启"钳制重叠"，倒角段数需要足够大，这样之后就不用再细分了。

图 5-252 添加　　　图 5-253 摆放
两个柱体　　　　　主体模型

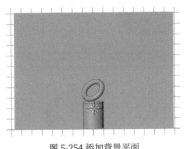

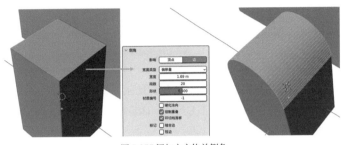

图 5-254 添加背景平面　　　　　　　　　图 5-255 添加立方体并倒角

给背景的平面添加布尔修改器，物体选择刚才倒角过后的立方体，确保门的大小比主体模型稍大即可。立方体需要移动到跟背景重叠时布尔才会有效果，原本的立方体还显示着，所以看不到布尔的效果，可以隐藏门的模型或者直接应用布尔修改器，如图 5-256 所示。删除门的模型，然后给门框添加一个实体化修改器，增加一定的厚度，如图 5-257 所示（"平滑着色"和"自动光滑"不能忘了）。最终模型如图 5-258 所示，把背景模型的名称改为"门框"。

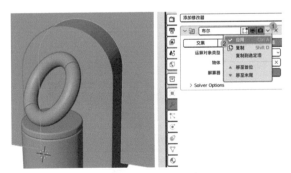

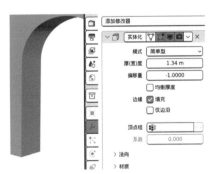

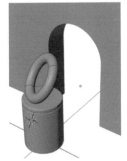

图 5-256 添加布尔修改器并应用　　　　图 5-257 添加实体化修改器　　　　图 5-258 门的最终模型

> **❓ 小技巧：快速布尔**
>
> 手动布尔需要很多操作，较为麻烦，为此 Blender 提供了一个内置插件 Bool Tool（布尔工具）来方便布尔操作。首先需要在偏好设置中启用该插件，然后选中两个物体，按快捷键 Ctrl+Shift+B 即可调出 Bool Tool 的主面板，可以快速地选择需要的布尔操作，也可以使用相应的快捷键。菜单分为两组：Auto Boolean 为直接彻底布尔，没有布尔修改器；Brush Boolean 为使用布尔修改器。推荐使用 Brush Boolean，快捷键也更简单。Bool Tool 除了可添加布尔修改器，还可设置布尔物体的视图显示，以及规范化命名修改器。

3. 楼梯建模：对于学过的知识点一定要反复练习，这里复习一下 Archimesh 插件，即使用 Archimesh 来制作楼梯。单击 Archimesh 面板中的 Stairs 按钮即可创建楼梯模型，参数如图 5-259 所示。调整楼梯的位置，然后创建一个经纬球（"段数"为 128，"环"为 64），缩放到合适的大小，放在楼梯上，制作出一种向下滚动的效果，如图 5-260 所示。在建模的过程中就要有构图的意识，要有意地去调整物体的位置和角度。

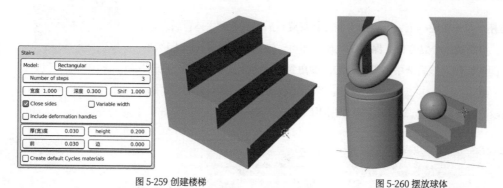

图 5-259 创建楼梯

图 5-260 摆放球体

4. 环境建模：孟菲斯风格的场景是有很多装饰的，例如纹理装饰、几何体装饰。这里可以添加一些不同的几何体装饰，但是纯几何体看起来又太简单，所以可以跟主体模型一样，稍微来一点变化。

创建一个柱体◱，将"顶点"改为 6，这样就是一个六棱柱了。再添加倒角，如图 5-261 所示。创建一个球体，删除一半，选中空洞的边线，按 F 键填充面，再添加倒角，如图 5-262 所示。

图 5-261 创建柱体　　图 5-262 制作半球体

再添加一个柱体，设置"深度"为 0.5m 左右，将"顶点"改为 128，在面选择模式下选中顶面和底面，先按 I 键，移动鼠标向内挤出，单击确定后再右击，选择"桥接面"命令，即可创建一个环状圆柱，如图 5-263 所示（选中内圈面按快捷键 Alt+S 可以沿着法向缩放调整环的粗细）。接着再删除一半的面，并填充孔洞，即可得到一个比默认的圆柱更特别的形状，如图 5-264 所示。这样就很轻松地做好了 3 个特别的几何体，由此可见建模不一定要非常复杂。

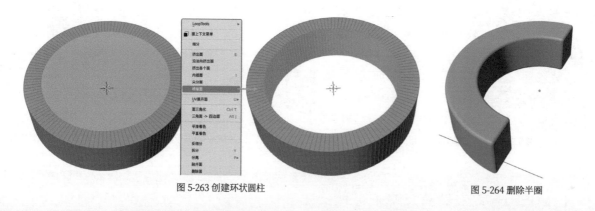

图 5-263 创建环状圆柱

图 5-264 删除半圈

⚠ 建模过程中出现奇怪的问题时，一般删除模型直接重新制作即可。如果还是出错就需要检查软件设置和操作的方式，可以尝试不使用快捷键制作。

5. 环境布置：添加一个平面作为地面，并挤出其中一条边当作墙面，如图 5-265 所示。接着用刚才制作的 3 个物体装饰场景，笔者摆放的效果如图 5-266 所示。不知道怎么摆放的话，可以先创建一个摄像机，构图之后再摆放。摆放要领是一定要前后错落，这样既有前景又有背景。不要都摆在同一平面上。

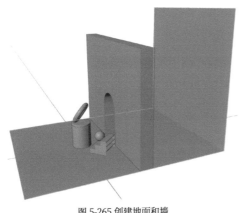

图 5-265 创建地面和墙

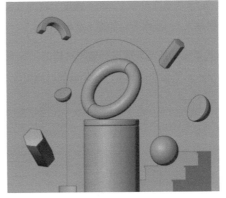

图 5-266 物体摆放构图

❓ 知识点：桥接循环边和面

　　边选择模式下有桥接循环边功能，面选择模式下有桥接面功能，两者都是桥接，功能非常相似。桥接在这里指的是连接多个循环边（一条边连接一条边就只能叫填充或者连接）。桥接的两边顶点数量必须是一样的，不然布线会有问题。

　　在边选择模式下，选中两组数量对应的循环边，执行"桥接循环边"命令即可在两个循环边之间创建桥接面，如图 5-267 所示。如果是两个相对应的面，在面选择模式下就可以使用"桥接面"命令，在两个面之间创建桥接面的效果，如图 5-268 所示。桥接面还经常用于挖洞，在需要快速填充缝隙和需要在模型上贯穿一个洞时经常用到桥接面功能，需要熟练掌握相关操作。

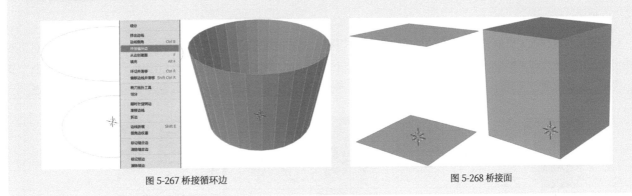

图 5-267 桥接循环边　　　　　　　　　　　　　　图 5-268 桥接面

5.5.3 孟菲斯风格材质制作

　　大胆运用不同的材质也是孟菲斯的风格，可以尝试使用金属、木头、大理石等多种不同的材质让场景更加丰富。

　　1. 主体材质：首先制作一种金属材质，金属材质关键的参数是"基础色"和"IOR 折射率"。先试着制作铝材质，选中一个半边环体模型，新建材质，命名为"铝"，把"原理化 BSDF"节点的"基础色"改为 F5F6F6（金属的基础色没有标准，这里使用的是在网络上查询到的资料），"金属度"改为 1（一般金属的金属度都是 1），"糙度"改为 0.3，"IOR 折射率"改为 1.44，最终参数如图 5-269 所示。

　　对另一半环体新建一种材质，命名为"玻璃"，首先把"原理化 BSDF"节点删除（除原理化 BSDF 之外，Blender 还有很多单独的着色器，可以独立使用或者混合到一起使用，创造出更复杂的材质）。添加一个着色器中的"玻璃 BSDF"节点。

"玻璃 BSDF"节点的参数就简单多了，将"糙度"改为 0.35（"糙度"不能为 0，否则会显得太假了），再将"IOR 折射率"改为一般玻璃的折射率 1.5，最终节点如图 5-270 所示。

在材质预览模式是无法预览玻璃这种透明材质的，**只有在渲染模式⊘下才能看到效果**，可以先把材质做完再切换到渲染模式观察调整玻璃材质。需要注意的是，渲染玻璃材质可能会造成计算机卡顿。

图 5-269 金属材质最终参数　　　　图 5-270 玻璃材质最终节点

步骤补充说明

三维创作属于艺术创作，不是物理研究，需要服务人的视觉，不可以死板地遵守参数。如果使用标准的 IOR 数值得不到好的效果，可以根据情况调整参数。在现实中，同样的材质使用不同的方法、不同的原材料制作，最终呈现的效果也不同，另外，物体使用时间的长短也会影响材质效果，所以要灵活调整参数。

2. 纯色材质：孟菲斯风格的颜色多为高饱和度的纯色，所以可以先制作一种纯色材质，然后给不同的模型设置不同的颜色。选中主体的圆柱，新建一种材质，命名为"纯色材质"，将"基础色"设置为红色（FF0007），"糙度"可以降低到 0.4，如图 5-271 所示。

但如果只是这样就太简单了，现实中的材质都是凹凸不平的，就算肉眼看起来光滑，其实表面也是坑坑洼洼的。在材质系统中可以使用噪波纹理来模拟凹凸不平的表面。首先添加一个纹理中的"噪波纹理"节点，然后添加一个矢量中的"凹凸"节点，先把"噪波纹理"节点的"系数"连接到"材质输出"节点看看，如图 5-272 所示，可以看到噪波纹理就是一堆噪点。

图 5-271 纯色材质参数　　　　　　　图 5-272 噪波纹理

把"噪波纹理"节点的"系数"输出连接到"凹凸"节点的"高度"，再把"原理化 BSDF"节点删除，添加一个"漫射BSDF"节点。可以看到表面上已经有凹凸不平的感觉了，但是噪波纹理还需要调整。设置"噪波纹理"节点的"缩放"为 300、"细节"为 1，将"凹凸"节点的"强度 / 力度"改为 0.5，最终节点连接如图 5-273 所示。

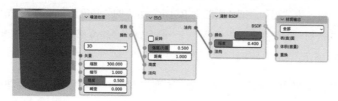

图 5-273 材质节点连接

3. 节点分组：如果多个材质都会用到同样的几个节点，重复制作效率就很低，而且如果只想修改其中一个参数，也要一个一个修改。这时就可以使用节点系统中的"节点组" 功能。

选中"噪波纹理""凹凸""漫射 BSDF"节点，按快捷键 Ctrl+G（节点 > 建立组）即可把这 3 个节点变成一个组，如图 5-274 所示。单击编辑器右上角的向上箭头按钮（父级节点树）或者按 Tab 键返回父级节点，把节点组的名称改为"孟菲斯纯色"，如图 5-275 所示。Blender 材质节点系统中的组可以重复利用，直接把组当作节点添加即可，不同的材质都可以被添加到同一个组，这个组内的节点有修改，所有材质都会自动更新。

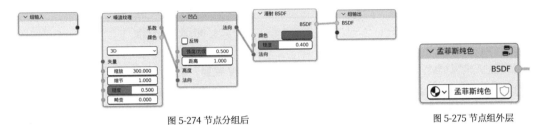

图 5-274 节点分组后　　　　　　　　　　　　　　图 5-275 节点组外层

组有输入和输出，"孟菲斯纯色"组只需要一个输入，就是基础色。把"组输入"节点输出的空点连接到"漫射 BSDF"节点的"颜色"，如图 5-276 所示，"组输入"会自动变为相应的颜色。返回到父级后，可以看到有了"颜色"这个参数，如图 5-277 所示，通过输入不同的颜色即可做到让不同的材质有不同的颜色。

图 5-276 添加"组输入"节点　　　图 5-277 "颜色"参数

给楼梯新建材质，添加一个"孟菲斯纯色"组节点，如图 5-278 所示。再添加一个输入中的"RGB"节点，设置"颜色"为 FFE600，连接到组节点的"颜色"，如图 5-279 所示，此时神奇的事情发生了，楼梯变成了黄色的，但是同样有凹凸的效果。其他的模型也都使用相同的方法添加材质，最终场景颜色如图 5-280 所示，其中粉色为 FFB1D6，蓝色为 158CFF。

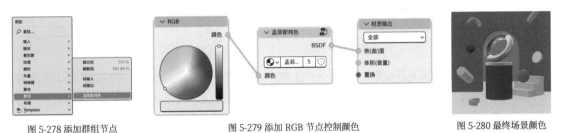

图 5-278 添加群组节点　　　　图 5-279 添加 RGB 节点控制颜色　　　　图 5-280 最终场景颜色

可以看到不同模型上噪波的大小不同，这是映射的问题。单击"孟菲斯纯色"组右上角的图标按钮进入组内，添加"映射"和"纹理坐标"节点，把"纹理坐标"节点的"物体"连接到"映射"节点的"矢量"，节点连接如图 5-281 所示。

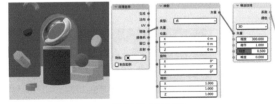

图 5-281 矢量连接

4. 使用贴图：在三维制作中经常会用到贴图文件，孟菲斯风格常用到平铺纹理，这就必须要使用图片了。虽然程序化纹理也可以制作平铺纹理，但能做到的图案是有限的。

首先选中地面模型，新建一种材质，把笔者提供的"孟菲斯图案 .jpg"直接拖进来，并连接到"原理化 BSDF"节点的"基础色"，纹理如图 5-282 所示（或者手动添加"图像纹理"节点，然后单击"打开"按钮，也可以加载图片）。添加必需的"纹理坐标"和"映射"节点，节点连接如图 5-283 所示，"纹理坐标"节点使用 UV 连接到"映射"节点的"矢量"。可以看到纹理有些拉伸，这是因为模型的 UV 没有处理好。

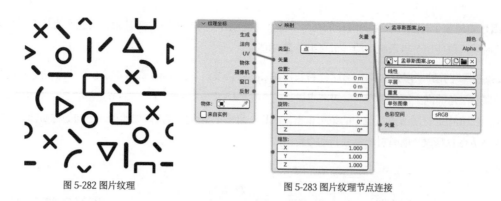

图 5-282 图片纹理　　　　　图 5-283 图片纹理节点连接

　　选中地面模型进入编辑模式，按 A 键全选面，再按 U 键打开"UV 映射"菜单，单击"展开"，如图 5-284 所示，即可简单地展开模型的 UV，此时贴图就正常了。模型十分简单，所以不需要标记缝合边。现在纹理还是太大，添加一个输入中的"值（明度）"节点，连接到"映射"节点的"缩放"，将数值改为 10，即可让纹理变得更密集，如图 5-285 所示。

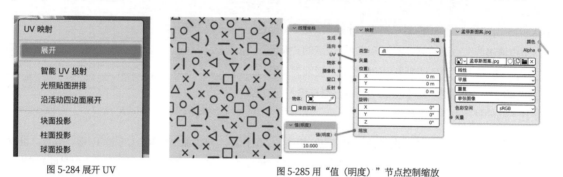

图 5-284 展开 UV　　　　　图 5-285 用"值（明度）"节点控制缩放

5.5.4 灯光和渲染

　　1. 布光和构图：笔者使用 3 个面光打亮整个场景。一个 1200W 的面光作为主光，光越小阴影越硬，所以主光只要 2m 就够了；再加一个 200W 的顶光打亮整个场景；最后在门框后面打一个背景光，把主体衬托出来。添加一个白色球体，放到门框后。所有布光如图 5-286 所示。

　　添加一个摄像机，将焦距设置为 85mm，将渲染分辨率改为 1280 像素 ×1280 像素，最终构图如图 5-287 所示。

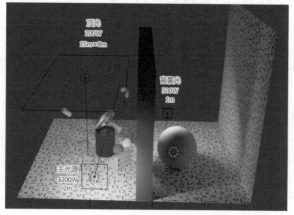

图 5-286 灯光设置　　　　　　　　图 5-287 最终构图

2. 构图优化：构图后看起来没有前景，可以再添加一些前景物体，最终场景如图 5-288 所示。在摄像头前面放一个模型，会有很强的冲击力，然后再单独给它打一个灯，红色柱体上的小圆柱可以直接使用与圆环相同的玻璃材质。至此场景就制作完成了。

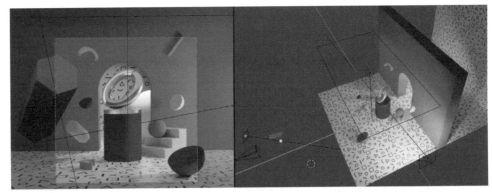

图 5-288 优化场景

步骤补充说明

　　灯光和构图都是很主观的，没有绝对的标准，根据想要的风格和效果布光和构图即可，本节孟菲斯风格场景的灯光就应该是明亮的风格。灯光需要有主次，不可都一样亮，否则会让场景显得很平、没有立体感。

3. 最终渲染：渲染引擎还是 Cycles，渲染时间限制 1min，开启降噪，然后渲染图像即可。最终渲染图如图 5-289 所示。如果想要景深的效果可以试试开启摄像机的景深，渲染完成后也可以使用修图软件进行修图，对渲染参数可以反复调整以优化场景。如果有很多白色噪点，需要检查灯光亮度是否过高。

图 5-289 最终渲染图

案例总结

　　好的设计风格是不会过时的，孟菲斯风格虽然已经有几十年历史，但现在看来依然非常时尚。本节案例只是尝试了一下简单的孟菲斯风格场景，笔者也加入了一些自己的想法。阅读完本节内容后，读者可以搜索相关的资料尝试自己制作一个孟菲斯风格的小场景。

5.6 三渲二场景——材质

图 5-290 本节目标成果

图 5-290 所示为本节的目标成果。本节案例展示如何使用 Blender 制作三渲二的效果，最终会渲染出一张正常的图像和像素化后的图像。

难度	★★★☆☆☆☆☆☆☆
插件	无
知识点	三渲二材质、混合着色器、Eevee 渲染引擎、"颜色渐变"节点、物体线条画
新操作	导入模型文件
类型	静态渲染图
分辨率	1280 像素 ×1280 像素

5.6.1 什么是三渲二

三维作品给人的印象一般都是真实且光影的质感很强，但其实三维渲染还有一种类型叫作"非真实感渲染"（Non-Photorealistic Rendering），英文简称 NPR。渲染出卡通、素描、油画的感觉都属于非真实感渲染，非真实感渲染俗称三渲二，也就是用三维的技术渲染出二维的风格。主流的渲染引擎都有名为 Toon shader 之类的着色器，意思就是卡通着色器，Blender 也不例外。市面上的三维软件中 Blender 应该是三渲二功能最多的软件了，所以网上能看到很多使用 Blender 制作的三渲二作品。

有人可能会问了，为什么需要用三维软件来渲染二维？直接做二维不好吗？三维的好处是可以随时切换到不同的角度，因为模型是立体的，但是二维画哪一个角度就是哪一个角度。另外，三维制作动画的成本低，尤其是角色动画，所以近些年有些二维风格的动画已经开始使用三维技术制作。例如日本的《拳愿阿修罗》和美国的《蜘蛛侠：平行宇宙》，都使用了三维渲染二维的技术。

那么如何实现三渲二呢？一般都是通过渲染引擎完成。模型还是正常的模型，但 Blender 给用户提供了更多的功能，例如 Grease Pencil 工具和 Freestyle 工具。所以 Blender 是非常适合制作三渲二作品的，本节案例会介绍一些基本的三渲二制作方法。

5.6.2 导入模型文件

首先笔者准备了一个小狗模型，文件名为"小狗 .obj"。该作品 *Shiba* 由 zixisun02 制作并发布在 Sketchfab 网站上，是一个免费的模型。网络上有非常多免费且好看的模型，所以一定要学会在网上寻找资源。

Blender 中导入和导出模型文件的操作都在"文件"菜单中，Blender 中导入和导出文件都需要指定格式。笔者提供的是 OBJ 格式，并且是导入文件，所以需要单击"导入"子菜单中的 Wavefront(.obj)，如图 5-291 所示（Wavefront 是 OBJ 格式开发企业的名称）。然后找到模型文件并单击"导入 OBJ"按钮即可，如图 5-292 所示。导入的模型如图 5-293 所示。导入的模型在 3D 游标处，所以如果找不到模型可能是之前移动了 3D 游标。导入的模型太大或者太小也可能会找不到，需要缩放视图去寻找，或者使用"视图"菜单中的"框显所选"功能。

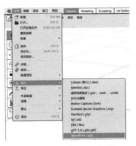

图 5-291 导入 OBJ 文件　　　　　　　　图 5-292 导入文件视图　　　　　　　　图 5-293 导入的模型

5.6.3 基础三渲二材质

1. 准备工作：切换到 Shading 布局，导入的模型带有默认的材质，先把"原理化 BSDF"节点删除，然后重新添加一个"原理化 BSDF"节点，因为导入的模型的材质往往参数都是不正确的；接着把渲染引擎切换到 Eevee，如图 5-294 所示，三渲二因为不需要真实的物理特性，所以使用速度快的实时渲染引擎 Eevee 是最好的，Eevee 本身也不是基于物理渲染的；然后直接切换到渲染模式，因为 Eevee 速度足够快，所以没有必要在材质预览模式制作。

图 5-294 Eevee 渲染引擎

三渲二中灯光非常重要，接下来添加一个点光，将"能量"设置为100W，灯光效果如图 5-295 所示。使用点光主要是因为点光是没有方向性的，四处发散，且光的衰减非常柔和，适合三渲二的场景。在摆放灯光时要注意小狗的高光和阴影的效果，要保证光影对比大，这样看起来才立体，后面也随时需要根据情况调整灯光。

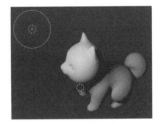

图 5-295 添加点光

2. 基础节点：三渲二需要使用到一个 Eevee 独有的节点——"Shader--> RGB"节点，如图 5-296 所示。只有切换到 Eevee 渲染引擎时材质节点中才有这个节点，添加这个节点后放到"原理化 BSDF"节点后面，如图 5-297 所示。可以看到没有任何的变化，但其实节点已经产生效果了。

"Shader--> RGB"节点的功能是把着色器转换成颜色或者说是图片，这就像把一个立体的场景转换成图片一样，是不符合物理原理的，只有 Eevee 才支持。把着色器转换成图片之后就可以使用调色的节点进行调色了，就像是对渲染完的图片调色一样，区别是这里是直接对三维场景进行调色，本质上是一种后期处理。接下来就利用这个节点来制作出卡通效果。

图 5-296 添加 Shader-->RGB 节点

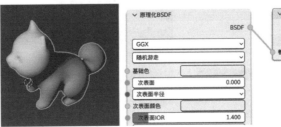

图 5-297 节点连接

3. 卡通材质实现：其实使用"Shader--> RGB"节点之后，三维已经转换成了二维，但是还没有制作成二维的风格。在"Shader--> RGB"节点之后还需要添加一个"颜色渐变"节点，如图 5-298 所示。"颜色渐变"节点可以把输入的图像用渐变重新上色，决定了卡通的效果。首先需要把**插值类型改成"常值"**，然后向左拖动白色的颜色断点，可以看到小狗立马就有卡通的感觉了，如图 5-299 所示。

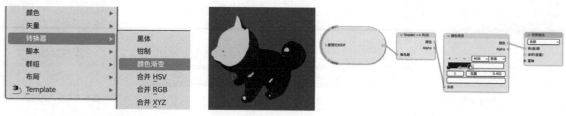

图 5-298 添加"颜色渐变"节点　　　　　　　　　图 5-299 修改颜色渐变

卡通材质的关键点就在于阴影到高光颜色的过渡是非常清晰的，颜色是完全断层的，而真实的三维作品的过渡是自然的、模糊的，对比如图 5-300 所示。插值指的就是颜色之间过渡的方式，"常值"是完全没有过渡，"常值"和"线性"插值对比如图 5-301 所示。颜色渐变条中的颜色断点位置决定了明暗颜色断层的位置，反复拖动白色或黑色的颜色断点查看效果即可理解这一概念。

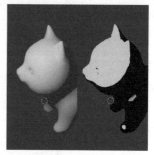
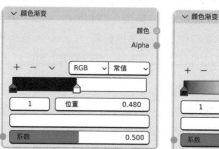
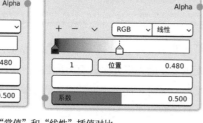

图 5-300 材质对比　　　　　　　　图 5-301 "常值"和"线性"插值对比

虽然卡通也有黑白的，但还是有颜色更好看。单击黑色的颜色断点，然后单击下方的黑色条，即可修改颜色，如图 5-302 所示，把黑色修改为 AB2A00，小狗的阴影部分就变成了暗红色。尝试随意移动点光，就可以更好地理解颜色渐变的意思，灯光直接照射到的高光处就是颜色渐变条最右侧的白色，照不到的最暗的地方就是颜色渐变条最左侧的颜色，颜色渐变条从左到右对应的就是模型从暗到亮的部分。

只有两种颜色过渡太单调，按住 Ctrl 键，单击暗红色和白色的中间位置即可添加一个颜色断点，设置颜色为 E78800。单击加号按钮也可以添加颜色断点。拖动新添加的颜色断点，让暗红色少一点，如图 5-303 所示，最基本的卡通材质就完成了。

图 5-302 修改颜色渐变的颜色　　　　　　　图 5-303 添加颜色断点

灯光对卡通材质的影响非常大，如果灯光太远或者不够亮，小狗身上没有比较亮的高光，就会导致颜色渐变条最右侧的颜色并不会出现。反之，如果小狗被光线打得太亮，颜色渐变条最左侧的颜色也不会出现。理想状态是颜色渐变条上的所有颜色都能在小狗模型上体现。

❓ 知识点："颜色渐变"节点

　　颜色渐变本质上是对输入的图像重新上色，不论颜色渐变的颜色是什么样，始终从左到右对应图像的由暗到亮的部分，如图 5-304 所示。"颜色渐变"节点不仅可以重新上色，还可以用来调色。例如对于黑白渐变的纹理，颜色渐变即默认的黑白渐变，如果把黑色颜色断点向右移动，渐变纹理的黑色部分也会相应增多。通过调整颜色断点的位置即可调整图像的黑白灰的对比度，如图 5-305 所示，此方法常用于调整纹理黑白部分的占比。

　　"颜色渐变"节点很常用，还有更多的用处可以发掘。在其他的软件中也有类似的节点。在二维图像处理软件中，此功能类似于色阶和渐变映射的结合，由此可见学习二维软件也是有助于学习 Blender 等三维软件的。

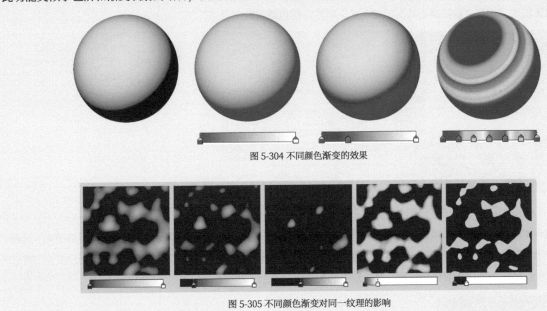

图 5-304 不同颜色渐变的效果

图 5-305 不同颜色渐变对同一纹理的影响

　　4. 灯光调整：灯光决定了材质高光和阴影的位置，所以灯光位置一定要调整好。现在只有狗头上才有高光，为了效果更好，笔者又添加了一个点光放在靠近尾巴的地方，布光如图 5-306 所示。灯光是需要随时根据情况调整的，当前的灯光布局只适用于当前的情况。

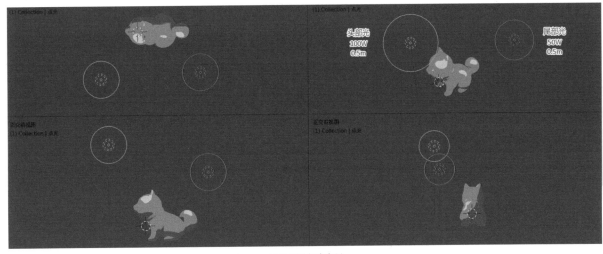

图 5-306 灯光布局

5.6.4 进阶三渲二材质

1. 圆点过渡： 漫画中经常能看到一些网点，目前的卡通材质过渡有些单调，可以试着把网点的效果添加进来。首先添加一个平面作为地面（之后会做成水面材质）。圆点材质还是要用到熟悉的"沃罗诺伊纹理"节点，设置"沃罗诺伊纹理"节点的规格尺寸为 2D、"缩放"为 45、"随机性"为 0，"映射"和"纹理坐标"节点也要添加进来，使用摄像机作为纹理坐标可以让纹理不变形，很适合当前三渲二材质纹理的需求。

添加一个运算节点，使用默认的"相加"功能即可，把"Shader--> RGB"节点连接到第一个端口，把"沃罗诺伊纹理"节点连接到第二个端口，节点连接如图 5-307 所示。可以看到有些圆点的效果了，但是颜色很亮，这是因为"沃罗诺伊纹理"节点输出的数值比较大，相加之后就接近甚至超过 1 了，所以自然也就是偏白色了。

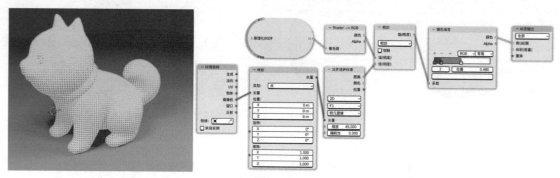

图 5-307 制作圆点效果

2. 完善圆点： 完善圆点的方法非常简单，只需要把"沃罗诺伊纹理"节点的数值变小即可。再添加一个运算节点，选择"正片叠底（相乘 A*B）"功能，也就是乘法，数值改为 0.1 即可，如图 5-308 所示。可以看到小狗的颜色变得正常了，圆点的效果也很好，这其实就是因为把"沃罗诺伊纹理"节点输出的数值乘了 0.1。

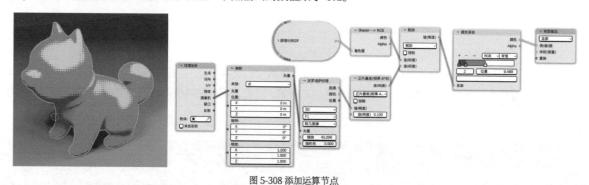

图 5-308 添加运算节点

3. 添加描边： 现在小狗有点糊成一团的感觉，因为眼睛和项圈都使用了跟身体一样的卡通材质。选中项圈移除材质，再新建一种材质，制作一个简单的卡通材质即可，眼睛也使用这个材质，如图 5-309 所示。"原理化 BSDF"节点只需要更改基础色，其他参数不会影响材质的效果。

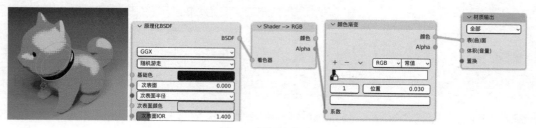

图 5-309 制作黑色材质

此时虽然已经能看出是小狗了，但是还不够。一般的漫画中物体都有描边，Blender 从 2.93 版本开始提供了一个非常方便的添加描边的方法。选中小狗模型，在"相加"菜单中找到"蜡笔"，再单击"物体线条画"，如图 5-310 所示，此时会自动把选中的小狗模型设置为线条画修改器中的物体，也就是给小狗模型添加了线条画。注意必须添加一个摄像机，从摄像机的视角看出去才能看到效果，如图 5-311 所示。

图 5-310 添加物体线条画   图 5-311 从摄像机视角观察

默认添加的线条画太粗了，在大纲视图中选中 Line Art 物体，也就是刚才添加的线条画，在修改器属性中把"样式"的"厚（宽）度"改为 10，如图 5-312 所示，这样就好多了。如果想要修改颜色，可以在材质属性中修改"笔画"的"基础色"，如图 5-313 所示。小狗的最终状态如图 5-314 所示（根据当前效果微调过灯光）。

图 5-312 调整线条宽度   图 5-313 修改"基础色"   图 5-314 小狗最终状态

进阶挑战 4   目的：制作卡通水面材质。

制作卡通水面材质虽然是进阶挑战，但其实只是用到的节点数量较多，操作难度并不高。水面材质的核心依然是"万能的沃罗诺伊纹理"。

首先添加两个"沃罗诺伊纹理"节点，将规格尺寸都设置为 2D，将"缩放"改为 10，唯一不同的是将第二个节点的特性输出改为"平滑 F1"。然后"映射"和"纹理坐标"节点都是必须要有的，使用一个"映射"节点即可连接两个"沃罗诺伊纹理"节点，如图 5-315 所示。F1 和平滑 F1 纹理对比如图 5-316 所示。

可以看到 F1 纹理的白色部分很像水面的白色部分，这就是卡通水面材质的关键部分。为了提取出这一部分纹理，添加一个运算节点，选择"相减"功能，用 F1 的节点减去平滑 F1 的节点，效果如图 5-317 所示。水面的效果已经初具，但是白色部分太平直了，水面应该有弯曲的感觉。接下来添加一个"马氏分形纹理"节点和运算"相加"节点，将"相加"节点连接到"映射"节点的"旋转"，参数和连接如图 5-318 所示。可以看到水面有了波光激潋的效果，这是因为"马氏分形纹理"节点对应地将"沃罗诺伊纹理"节点的"矢量"进行了旋转。

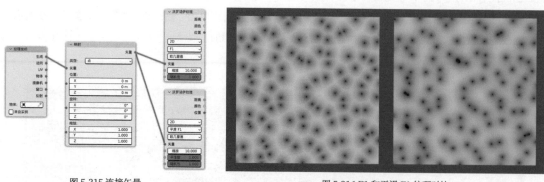

图 5-315 连接矢量　　　　　　　　　　　　图 5-316 F1 和平滑 F1 纹理对比

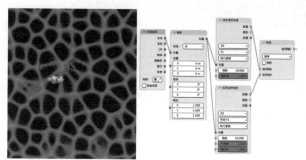

图 5-317 沃罗诺伊纹理相减后

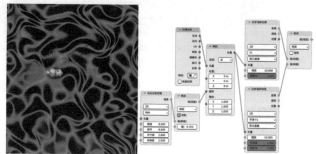

图 5-318 添加"马氏分形纹理"和"相加"节点

　　使用"颜色渐变"节点来制造卡通效果，插值类型选择"常值"，把水面往上移动一点，让小狗浸在水里，节点连接和效果如图 5-319 所示。

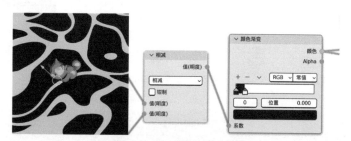

图 5-319 使用"颜色渐变"节点调整纹理

　　重点来了，水面现在分为黑白两个部分，黑色代表水面的蓝色部分，白色代表水面的白色泡沫。这两种东西是不同的材质，所以需要混合两种材质，如果只用一种材质就很普通。首先添加"原理化 BSDF"节点和"自发光（发射）"节点，这两个节点都是着色器，混合两种材质的方法也是使用着色器。添加一个"混合着色器"节点，把"原理化 BSDF"节点和"自发光（发射）"节点连接到"混合着色器"节点，再把"颜色渐变"节点连接到"混合着色器"节点的"系数"，将"自发光（发射）"节点的基础色改为 0090FF，将"强度 / 力度"改为 1.5，如图 5-320 所示。

　　"自发光（发射）"着色器就只是发光，可以用来制作灯之类的发光物体。发光物体的特点是没有阴影，所以很有卡通的效果，经常被用于制作三渲二材质。"混合着色器"节点可以把两种着色器混合在一起，而"系数"决定了哪个着色器用在哪个部分。系数这个概念经常用到，一定要弄明白，这里用"颜色渐变"节点作为系数，颜色渐变输出黑色的部分就赋予第一个着色器也就是"原理化 BSDF"节点，白色就是"自发光（发射）"节点，通过这样一张黑白的纹理，就确定了两种着色器混合的方式。至此水面材质就制作完成了，最终全部节点的连接如图 5-321 所示。

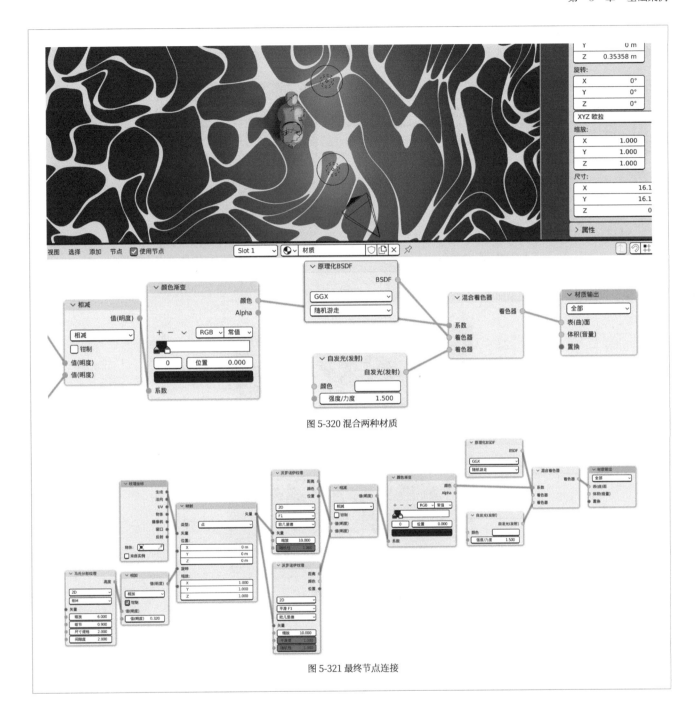

图 5-320 混合两种材质

图 5-321 最终节点连接

5.6.5 Eevee 渲染输出

1. 渲染属性：Eevee 默认的阴影参数设置得比较低，要想获得更好的阴影就需要手动修改。在渲染属性中展开"阴影"，把"矩形尺寸"和"级联大小"改为 2048px，并且取消勾选"柔和阴影"，如图 5-322 所示，这样阴影边缘会更硬，质量更高。然后启用"辉光"，如图 5-323 所示，辉光会给画面中颜色比较明亮的地方添加发光的效果，给人梦幻的感觉。

图 5-322 阴影参数　　图 5-323 启用"辉光"

2. 场景优化: 选中 Line Art, 打开修改器属性, 启用"链形"中的"与轮廓的交集", 这样小狗与水面的交集就会出现线条, 如图 5-324 所示。把输出分辨率 X 和 Y 都改为 1280px, 再把摄像机的"焦距"改为 85mm 并调整构图, 如图 5-325 所示。

图 5-324 修改链形参数   图 5-325 调整摄像机焦距和构图

渲染设置完成后, 直接渲染即可, 最终渲染图如图 5-326 所示。

图 5-326 最终渲染图

5.6.6 像素风格

卡通风格是一个大的分类, 其中还有很多细分的类别。例如美漫、日漫和中国漫画风格都不同, 美漫偏写实, 日漫给人"小清新"的感觉。当然这只是大的倾向, 实际上日漫还有很多不同的风格。有的卡通风格有描边, 有的没有描边; 有的是有阴影的, 有立体感; 有的只有单色。除了漫画这种形式, 游戏中也有许多不同的卡通风格, 如像素风, 受限于多年前的技术, 游戏都只能做成像素风格, 结果反而造就了一种经典的艺术风格。本节案例将介绍制作像素风格图像。

1. 准备工作: 最简单的方法是直接把分辨率改到很低的数值, 如图 5-327 所示, 这样渲染出来的图像就会非常小。虽然是像素风格, 但现在的像素风格实际上是在高分辨率的屏幕上显示的, 所以还是需要保持高分辨率。这时候就需要用到合成功能了, 切换到 Compositing 布局, 勾选"使用节点", 如图 5-328 所示。

图 5-327 降低分辨率

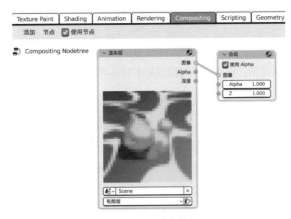

图 5-328 启用合成节点

2. 合成节点：首先把渲染的分辨率改回 1280px，然后添加一个畸变中的"变换"节点，再按快捷键 Shift+D 复制一个出来，在两个"变换"节点中添加一个滤镜（过滤）中的"像素化"节点，具体的连接和参数如图 5-329 所示。第一个"变换"节点的"缩放"为 0.1，即把图像缩小到原来的十分之一，"像素化"节点对图像进行像素化处理；第二个"变换"节点把图像放大 10 倍，也就是放大到原本的大小；然后再渲染，就可以得到像素风格的图像了。

为什么缩小再放大就可以出现像素风格呢？像素化本质上就是分辨率低，像素格子少，128 像素就是 128 个格子，渲染图像是 1280 像素，缩小 10 倍就是 128 像素，再放大 10 倍就回到了 1280 像素，如果直接缩小再放大图像不会有变化，所以需要"像素化"节点。"像素化"节点可以让图像在缩放时不平滑图像，也就是缩放的算法不同，无论放大多少倍都能够保持缩小后的状态。

图 5-329 节点连接

3. 描边像素化：当前场景中的描边，也就是 Line Art 物体是二维的，所以可以制作成像素风。只需在视效属性❖中添加一个像素化修改器，如图 5-330 所示。一定要关闭"抗锯齿"，不然像素过渡会比较平滑。X、Y 尺寸越大，像素块就越大。此功能和合成的像素化方法不可同时用，使用像素化修改器，就不要启用"合成"节点。

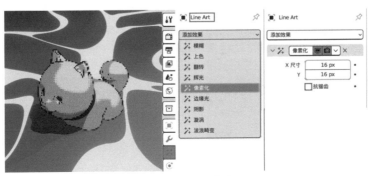

图 5-330 添加像素化修改器

197

案例总结

像素风格本质上是 2D 的，但是也有 3D 的像素风格，例如游戏《我的世界》中，三维的色块组成三维模型，形成了非常独特的风格，深受欢迎。由此可见，就算是三维艺术也可以创造多种多样的新风格，不一定只能做出写实的风格。

5.7 写实做旧物体——材质

图 5-331 本节目标成果

图 5-331 所示为本节的目标成果。本节案例展示如何使用 Blender 制作做旧物体材质的方法，主要涉及材质节点的使用，首先会介绍 PBR 材质的制作，无建模内容。

难度	★★★★★★★☆☆☆
插件	无
知识点	PBR 纹理、HDRI、置换、法线
新操作	无
类型	静态渲染图
分辨率	1920 像素 ×1280 像素

5.7.1 PBR 纹理

在游戏和影视的三维制作中 PBR 是很常见的，其全称是 Physically Based Rendering，直译过来是"基于物理的渲染"，是一种计算机图形学技术，旨在模拟现实世界中光线流动的方式，以实现照片级别的真实感。现实中有的东西很粗糙，有的很光滑。用布料来举例子，牛仔裤的布料很粗糙，是看不到明确的高光的，如图 5-332 所示；丝绸则是很光滑的，如图 5-333 所示，相较之下丝绸的光影就明显多了。这是由于这两种材质对光线的反射不同。为了在计算机中模拟出物体对光线的反射，就有了 PBR 技术。之前的案例中曾使用到"原理化 BSDF"着色器，其中包含"糙度""金属度""高光"等参数，通过这些参数就可以模拟出各式各样的材质，BSDF 就是 PBR 材质的一种实现模型（方式）。

图 5-332 牛仔裤布料

图 5-333 丝绸

单靠一个"原理化 BSDF"节点显然是不够的，真实的材质是很复杂的。同一个物体有的地方可能粗糙，有的地方可能光滑，就算是同一种材质也是有区别的，所以就需要用到 PBR 纹理，用图片去控制"糙度"之类的参数，从而制作出更复杂的材质。图 5-334 所示是一个平面模型，整个平面除了图形部分都具有金属的质感，这就是使用一张图片做到的，这类用于材质的图片叫作纹理贴图，本书后文多会称之为贴图。这里用到的贴图如图 5-335 所示，可以看到是黑白的，黑色 =0、白色 =1，这张贴图连接到金属度之后，就代表黑色的地方是没有金属度的，白色的地方金属度是 1，也就是纯金属。将两种材质赋予不同的模型面是不是也可以做到相同的事呢？从理论上来讲可以，但是需要把模型布线做出来，这样花费的时间和精力是非常大的，使用贴图就简单多了。

贴图来源一般有两种，第一种是拍照制作，第二种是计算机软件模拟制作。第一种贴图真实感更强，所以一般都会使用拍照制作的贴图，本节案例也是如此。贴图一般从网络上下载即可，有专门制作、售卖贴图的个人或者组织。术业有专攻，我们只需要学会如何使用贴图即可。

一组 PBR 贴图一般包含多张纹理贴图，例如基础色贴图、糙度贴图、置换贴图、法线贴图等，如图 5-336 所示。基础色贴图一般是彩色的，除非材质本身是黑白的；糙度、高光、金属度、凹凸、置换之类的贴图一般是黑白灰的；法线贴图比较特别，一般是蓝紫色的。使用这些贴图即可制作出非常写实的材质。接下来试着制作一种 PBR 材质。

图 5-334 具有金属质感的平面模型

图 5-335 一张黑白贴图

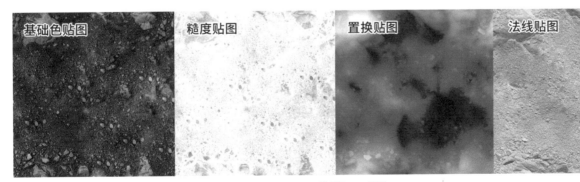

图 5-336 常见的 PBR 贴图

1. 准备工作： 首先准备好笔者提供的贴图文件（rocks_ground），然后在 Blender 中新建一个平面作为地面，给地面新建一种材质。加载贴图文件最简单的方式就是直接拖进来，如图 5-337 所示，Blender 会自动添加一个"图像纹理"节点并加载图像。手动添加"图像纹理"节点再打开图像也是一样的，拖入图像只能一个一个拖入，不能一次拖入多个。

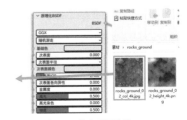

图 5-337 拖入贴图文件

2. 基础色贴图和糙度贴图：拖入所有的贴图之后，先连接基础色贴图（col）和糙度贴图（rough）到"原理化 BSDF"节点，如图 5-338 所示。除了基础色贴图，**其他的贴图一定要把颜色空间设置为 Non-Color**（无颜色数据），因为除了基础色贴图，其他的都被当作数据处理。

连接基础色贴图和糙度贴图之后的效果如图 5-339 所示，就像是拍了一张石头地面的照片放到了 3D 模型上，因为贴图就是实拍的。"基础色"连接的是彩色的照片，"糙度"连接的是黑白的图片，不同的地方有不同的糙度，不然整个平面都是光滑的会显得很假。但石头地面应该是凹凸不平的，所以接下来添加置换贴图和法线贴图。

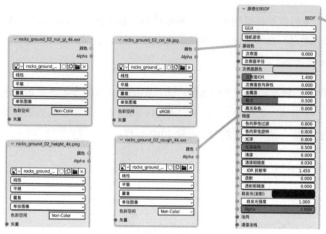

图 5-338 连接贴图到"原理化 BSDF"节点　　　　　　图 5-339 基础色贴图和糙度贴图效果

3. 置换贴图：置换贴图可以让模型的面根据贴图变得高低不平，制造出立体感。**置换贴图是会实际改变模型的形状的**，但是只在渲染时才会产生效果。图 5-340 是一张置换贴图（任何图片都可以当作置换贴图），置换效果如图 5-341 所示。置换中以 50% 灰为 0，黑色是 –1，白色是 1，所以黑色是凹下去的，白色的部分会凸出来。但可以看到圆环周围有拉伸感，这是因为模型的面数是有限的，模型面数越多，拉伸就越平滑，置换只是让模型的面对应贴图的位置有高低变化。置换贴图对比模型如图 5-342 所示。

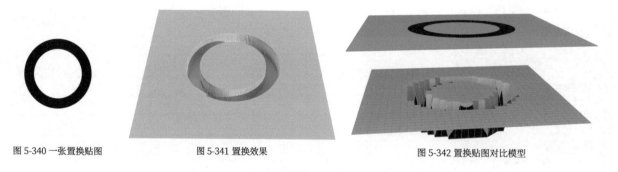

图 5-340 一张置换贴图　　　　　　图 5-341 置换效果　　　　　　图 5-342 置换贴图对比模型

接下来实际操作。首先把渲染引擎切换到 Cycles，只有 Cycles 支持置换贴图，**渲染引擎下方的"特性集"一定要选择"试验特性"**，如图 5-343 所示。置换贴图有两点比较特殊，第一点是直接连接到"材质输出"节点，而不是"原理化 BSDF"节点；第二点是要先连接到"置换"节点上，置换连接方式如图 5-344 所示，看颜色可以得知"置换"节点属于矢量分组，置换贴图连接到"置换"节点的"高度"。此时模型还没有任何变化，因为 Blender 材质默认不启用置换，需要到材质属性中最下方的"设置"中找到"置换"，把置换方法改为"置换与凹凸"，如图 5-345 所示。预览置换效果需要切换到渲染模式并且添加一个日光用来观察模型，如图 5-346 所示，此时还是没有变化，因为平面只有一个面，还需要更多的面置换才有效果。给平面添加一个表面细分修改器，**勾选"自适应细分"**，将类型改为"简单型"，如图 5-347 所示，即可看到置换效果，置换明显过度了点。

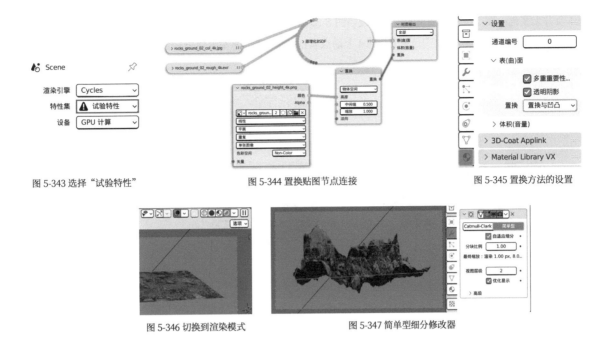

图 5-343 选择"试验特性"　　　　图 5-344 置换贴图节点连接　　　　图 5-345 置换方法的设置

图 5-346 切换到渲染模式　　　　　　图 5-347 简单型细分修改器

在"置换"节点中把"缩放"改为 0.2，即可看到比较正常的效果，如图 5-348 所示。需要注意的是置换会比较考验计算机性能，置换时可能会有些卡顿。

总结一下置换的流程：先切换到 Cycles 渲染引擎，然后连接置换贴图，接着确保模型细分足够，最后在材质设置中开启"置换与凹凸"。

图 5-348 最终置换效果

步骤补充说明

添加置换之后，一个平面的模型瞬间变得立体，更加真实了。其实想要得到最真实的效果，还是要通过建模，置换这类技术的诞生都是为了更加简单快捷地制作出好的效果来，因为如果建模制作这样复杂的地面，是需要大量时间和精力的。置换虽好，但也只有高低的变化，还是容易"露馅"，一般仅适合给中远景模型使用，中远景看不出问题，如果是近景就容易看出瑕疵。置换贴图的分辨率也很关键，分辨率越高，置换越细致，效果越好，模型细分也需要足够多，并且材质节点中的置换效果只有在渲染时才看得到。

4. 法线贴图：比起置换，法线贴图的效果更加神奇。法线贴图一般是蓝紫色的，模型本身的点、线、面就有法线。法线简单来说就是一根有方向的线，就像经纬线一样，并不存在。法线只是储存的数据，需要更改设置才能显示。笔者在每个案例中几乎都用到了平滑着色，其实平滑着色改变的就是模型的法线方向，而不是模型本身。同一个模型，平直着色和平滑着色对比如图 5-349 所示。可以看到，只是法线不同，外观就完全变了，但其实仔细看右边的球体边缘，还是可以看出转折的，由此可见模型本身并无变化。图 5-349 中模型的顶点法线如图 5-350 所示，可以看到平直着色下，同一个位置的顶点的法线朝向各不相同，这是因为看似是一个顶点，其实是 4 个面的 4 个顶点重合在了一起；平滑着色下，这 4 个顶点的法线都指向同一个方向。

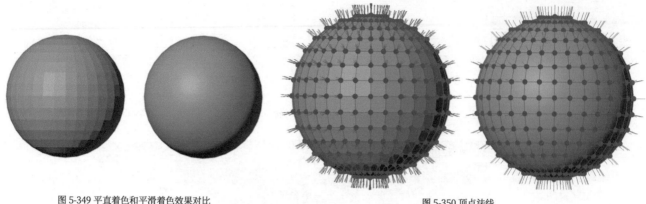

图 5-349 平直着色和平滑着色效果对比　　　　　　　　　　　图 5-350 顶点法线

法线不是一个容易理解的概念，这是因为法线完全是虚构的。简单来说法线能够改变材质对光线的反射，可以说是改变了反射光线的角度。在同一光线下，不同的法线可以有着完全不同的表现，而法线贴图则是利用贴图技术让模型表现得更复杂。图 5-351 所示是一张法线贴图，应用到模型的材质上如图 5-352 所示，模型明明是一个平面，但是却仿佛有种凸起来的感觉，这就是因为改变了法线。**但法线贴图并没有改变模型本身的形状和法线**，法线贴图只是会影响渲染的效果，调整光线角度，法线的表现也会随之改变。

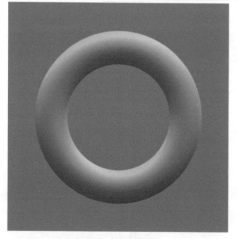　　　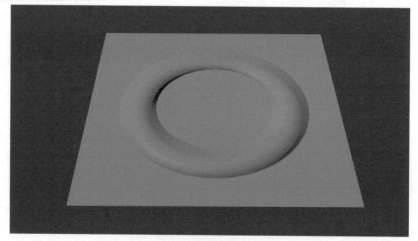

图 5-351 一张法线贴图　　　　　　　　　　　　　　图 5-352 添加法线贴图后

那么为什么会有或者需要法线贴图呢？同样还是为了省事、省时间。法线贴图多用来添加细节，如果通过建模增加细节就非常麻烦，会增加很多面，面数多了就会占用计算机内存，就会卡顿。而使用法线贴图技术可以让很简单、模型面数很少的模型看起来非常复杂，细节很多，而这正好是三维游戏所需要的。

图 5-353 所示是一个模型本身和为其添加法线贴图之后的效果对比，模型本身面数很少、没有细节，但是添加法线贴图后，模型上出现了看似凹凸不平的字。但是假的毕竟是假的，场景看起来很假就是因为细节都是用法线贴图和凹凸贴图、置换贴图等贴图去实现的。模型看起来凹凸不平但实际上是平的，从某些角度是能看出问题的。所以很多三维游戏看起来怪怪的，但又说不出来哪里有问题，这就是其中一个重要原因。但是不得不说，游戏行业的发展催生出了很多三维技术。

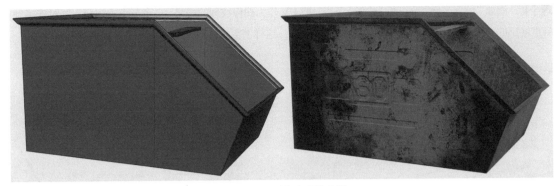

图 5-353 使用法线贴图增加细节

❓ 知识点：置换和法线贴图

置换（Displacement）：置换技术不只是运用在材质系统中，修改器中也有置换修改器，同样是使用贴图置换模型。置换是根据贴图沿着法向移动模型对应位置的顶点，移动方向由法线方向决定，移动距离取决于贴图对应位置的数据。置换一般用于自然物体制作（例如石头、山体等），也可以做有科技感的物体。贴图可以由软件生成，也可以通过处理照片生成，只要是图片就都能当作置换贴图。不过为了更好的置换效果，需要高质量的贴图。

法线贴图（Normal Map）：法线贴图只用在材质系统中，不改变模型本身的形状，只是改变模型的外表。就像特殊材质的衣服一样，一般所有材质都会使用法线贴图，尤其是真实感的材质。法线贴图一般是紫色的，这是因为 RGB 色值和法线数值都是 3 个矢量，例如 (1,0,1) 代表常见的法线方向，同时也是洋红色的色值，在贴图中就会呈现出洋红色。法线贴图只能通过计算机生成，无法通过摄影得到。

置换和法线贴图都用于丰富模型的细节，法线贴图使用得更多。由此可见，想要制作出具有真实感的模型，并不是只靠建模就能完成，学会使用贴图技术也很重要。

接下来实际操作。法线贴图是最好分辨的，通过颜色即可分辨。除了颜色，文件名中一般带有 Normal、Nor 字样的就是法线贴图。法线贴图需要一个"法线贴图"节点转换一下，才能够输出法向。节点连接如图 5-354 所示，将"法线贴图"节点连接到"原理化 BSDF"节点的"法向"即可。至此，整个地面的 PBR 材质就制作完成了。

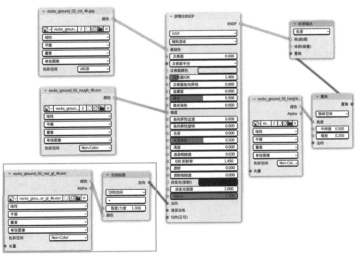

图 5-354 添加法线贴图

5. 纹理坐标: 添加"纹理坐标"节点和"映射"节点,把 UV 作为图像纹理的矢量。一个节点输出可以同时连接到多个输入,"映射"节点输出的"矢量"可以同时连接到所有的图像纹理,这样节点连接更加清晰,如图 5-355 所示。

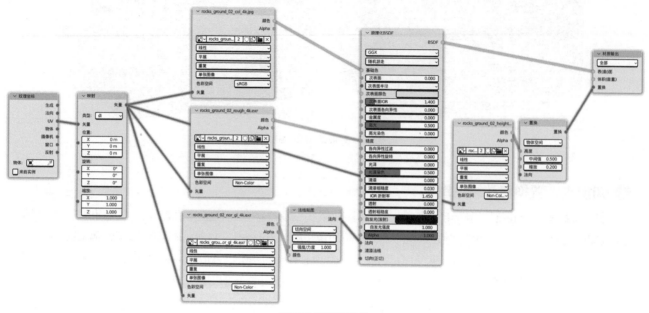

图 5-355 连接纹理坐标

连接之后材质不会有任何变化,但是有了"纹理坐标"节点和"映射"节点就能非常方便地修改贴图的映射方式,通过"映射"节点可以把纹理坐标移动、旋转和缩放。目前地面跟贴图的比例是 1:1,也就是说地面跟贴图是一样大的,如图 5-356 所示。如果想要让场景显得更大该如何做呢?只需要把**"映射"节点的"缩放"都改为 2**,即可在平面上重复贴 4 次,如图 5-357 所示,一次性就更改了所有贴图的缩放,这就是使用同一个"纹理坐标"和"映射"节点的好处。因为缩放过多,所以也能够看出来纹理是重复的,如何解决贴图重复问题属于进阶内容,这里就不做讲解了。将"映射"节点的"缩放"都改回 1,地面材质就完成了。

图 5-356 地面和贴图一样大

图 5-357 将贴图缩放改为 2

步骤补充说明

分别使用"生成""法向""UV"将同一个网格的纹理图连接到球体模型,如图 5-358 所示,可以看到对同一张贴图用不同的纹理坐标会呈现完全不同的效果。这有点像是地球仪的制作,一张平面地图却能包裹在地球仪这样的球体上,非常神奇。球体的 UV 比较特殊,一般使用球体自带的 UV 即可。

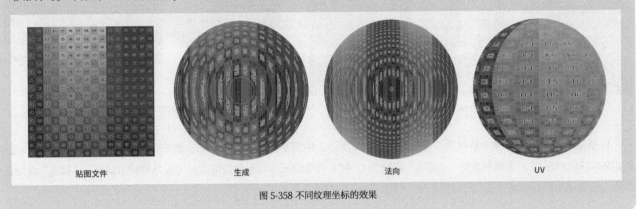

贴图文件　　　　　　　生成　　　　　　　　法向　　　　　　　　UV

图 5-358 不同纹理坐标的效果

❓ 小技巧:快速加载贴图

使用一张贴图需要 3 个节点——纹理坐标、映射、图像纹理,手动添加非常麻烦,使用 Node Wrangler 插件可以一键添加这 3 个节点并连接。首先选中一个有颜色输入的节点,然后按快捷键 Ctrl+T 即可自动添加这 3 个节点,并自动把"图像纹理"节点连接到节点的第一个颜色输入端口。

如果已经把图像拖入进来,也就是"图像纹理"节点已经加载了图像,就可以选中"图像纹理"节点按快捷键 Ctrl+T,给"图像纹理"节点添加"纹理坐标"和"映射"这两个节点。在新手阶段,建议尽量手动添加贴图,快速加载贴图是提高效率的技巧,一开始就使用技巧容易忘记原本的操作。

5.7.2 做旧材质

地面只是背景,接下来开始制作核心的物体。首先导入笔者提供的 OBJ 格式的模型文件 Dragon_1.obj,计算机性能不够高的,可以使用 Dragon_1_low.obj 替代(面数更少、速度更快)。导入模型后将其缩放、旋转,放到地面上,有一定的穿插效果更好,可以先新建一个摄像机去构图。笔者构图如图 5-359 所示,本小节将为这个龙的模型做一种真实的做旧材质。

在三维制作中做新比做旧难,因为三维毕竟是假的,全新的物体很容易看起来假。毫无瑕疵全新的一个金属方块,看起来就有点假,但如果加入瑕疵、使用痕迹,就会让人觉得真实了很多,对比如图 5-360 所示。这是因为现实中的物体都有人为的使用痕迹,所以在三维制作中把物体做旧后更符合一般人的认知。

做旧主要是通过材质完成,模型作为辅助。因为在模型上加细节是比较难的,而通过材质就会简单很多,一般只需要在边缘和转折处添加不同的材质就会有做旧的效果。转折处容易藏污纳垢,边缘处容易有磨损,所以本小节案例做旧的重点就在这些地方。

图 5-359 导入模型并摆放

图 5-360 有无划痕对比

1. 基础材质：给龙新建一种材质，参数如图 5-361 所示。用黄铜的材质作为基础，黄铜的折射率大概是 1.1，颜色使用 B98B66（Hex 格式）。金属材质的"金属度"都设为 1，除非特殊情况否则不会使用 0.4、0.6 这样的金属度。"糙度"设为 0.4 即可。接着就是想办法选中模型凹槽的部分，添加"脏"的材质。

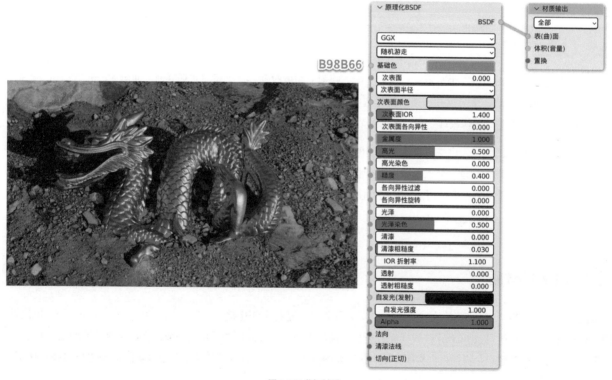

图 5-361 黄铜材质

2. 选择凹槽：制作复杂材质最重要的就是选中想要添加材质的地方，做旧需要选中的一般就是凹槽部分，在 Blender 中有多种方法可以做到。笔者这里介绍一种最通用的方法，首先添加一个输入中的"几何数据"节点和转换器中的"映射范围"节点，如图 5-362 所示，把"几何数据"节点中的"尖锐度"连接到"映射范围"节点的"值（明度）"，再连接到"材质输出"节点。模型不同位置的尖锐度是不同的，但是看起来并不明显，所以需要使用"映射范围"节点让尖锐度的效果更明显，把"映射范围"节点的"到最小值"改为 -2，把"到最大值"改为 2，可以看到黑白对比就很明显了。黑色的地方就是做旧材质要赋予的地方，白色的就是黄铜材质。选中的区域后面还需要调整，暂时先这样。

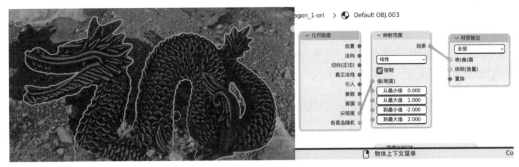

图 5-362 选中凹槽部分

3. 凹槽材质：添加一个"原理化 BSDF"节点，设置"基础色"为 1E1610、"糙度"为 0.69，其他的不变。然后添加一个着色器中的"混合着色器"节点，用"映射范围"节点当作"系数"，如图 5-363 所示。混合着色器输入的着色器是有顺序的，要保证凹槽处是深色材质，外面边缘是黄铜材质，如果连接反了可以重新连接。

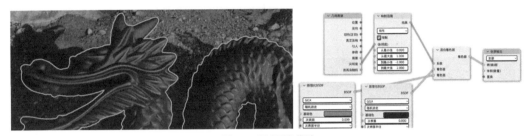

图 5-363 混合两种材质

4. 混合着色器：混合着色器后，效果看起来并不明显，这是因为映射范围还不那么准确。接下来通过一个"颜色渐变"节点来调整，"颜色渐变"节点调整起来更加直观、更方便，如图 5-364 所示。可以看到调整后效果好了很多，凹槽处已经有了"脏兮兮"的感觉。至此，龙模型的做旧材质就制作完成了。

图 5-364 通过颜色渐变调整系数

步骤补充说明

做旧可以通过建模或者材质体现，但通过建模做旧需要把模型做得非常细致，会增加很多面数，不利于修改模型，所以一般依靠材质做旧。做旧材质的核心有两部分，即基础材质和细节材质。基础材质由多种材质混合而成，是用各种方式选择出做旧的部分，例如边缘磨损（Edge Worn），然后混合多种材质，把新与旧的质感的材质同时放在一个模型上，这样就会有旧的质感；细节材质则是通过法线贴图、置换贴图等技术给模型在基础材质上添加更多的细节，本节案例的龙实际上就是给模型的凹槽处赋予了一种深色的、类似泥土的材质，其他部分则是黄铜材质，这样符合埋在土里的陈旧质感，跟环境比较搭配。

做旧不宜太过，新手很容易拼命做旧，什么痕迹都往上加，这是不对的。做旧要根据物体的使用情况制作，例如，手机做旧就可以添加指纹的痕迹，但如果是一个巨大的物体，则它的上面可能就不会有指纹。

学习第 7.2 节的雕刻知识后，可以使用雕刻功能把模型雕刻出一些划痕或者损坏的细节，这样可以让做旧显得更真实。

5.7.3 使用 HDRI

现实中没有完全虚无和黑暗的地方，任何地方都有光。如图 5-365 所示，座机会反射周围的植物、地面和天空等环境的光，太阳光并不是直射过来的，光线会穿过树木再打到座机上。而在三维制作中，如果场景中只有一个模型，就真的只有一个模型，就算加上了材质、打上了灯光，依然会有点假。Blender 中世界环境默认是灰色的，在材质节点模块左上角可以切换到世界环境 ⊙，如图 5-366 所示。这代表整个世界都是灰色的，所有的材质反射出来的都是纯灰色，就像是在一个纯灰色的空房间里一样。

图 5-365 真实的座机照片

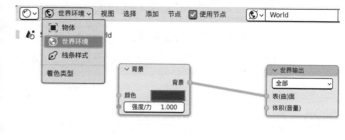

图 5-366 世界环境

可以看到"背景"节点有一个"颜色"输入，这代表可以把图片当作背景环境，这类环境贴图就是 HDRI，图 5-367 所示就是一张 HDRI。HDRI 一般都是 360°全景的视野，但并不只能是这样的视野。HDR（高动态范围）的意思是保留更多的细节，更多的数据，使用 HDRI 作为世界环境，能让场景更加真实，这是无论怎么打灯光都实现不了的。

⚠ 操作完世界环境后一定要返回到"物体"着色类型，要不然选中模型会显示不出材质节点！

图 5-367 一张 HDRI

加载 HDRI：加载 HDRI 需要用"环境纹理"节点，如图 5-368 所示。加载笔者提供的 outdoor_workshop_4k.exr，然后再连接到"背景"节点，HDRI 就加载好了，如图 5-369 所示。

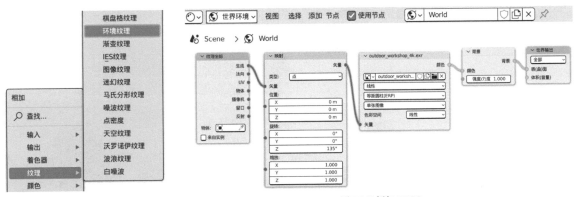

图 5-368 添加"环境纹理"节点　　　　　　　　　　　　图 5-369 添加 HDRI

加载完成后在渲染模式下可以看到整个环境就变成了贴图的样子，如图 5-370 所示。现在所有的模型都会反射 HDRI 环境，但 HDRI 并不只是作为反射的图片存在，HDRI 本身属于一种光源，可以照亮整个场景，就跟把物体真的放到了这样一个有阳光和草地的环境里一模一样。普通的图片无法当作光源，当前场景直接使用 HDRI 照亮即可，无须再手动打光。

图 5-370 预览 HDRI

❓ 知识点：HDRI

HDRI（High-Dynamic-Range Imaging），直译过来就是高动态范围图像，最重要的是前面的 HDR，也就是高动态范围。HDR 在显示器宣传页上经常可以见到，代表可以显示更丰富的细节，更大范围的亮度。HDRI 指的就是高动态范围的图像，一般是由专业摄像机在同一个地方，拍摄几十甚至上百张照片堆栈合成而来，拍摄时会把所有角度的整个环境都拍下来，类似于用手机拍摄全景图。

普通的一张图片一般几百 KB，而一张 HDRI 图片一般在 20MB 以上，甚至上百 MB。为什么会有这么大的区别呢？通俗来说，普通的图片只有一层，就像一层薄饼一样，而 HDRI 则有很多层，就像千层饼一样，是有厚度的，如图 5-371 所示。肉眼看到的是表面的结果，其实里面还有更多的数据。就像油画为什么真实感更强，是因为油画有非常多层，油画颜料会叠加在一起，而用铅笔、水彩之类的就无法做到。油画就像是 HDRI，层次更多，细节更多。

图 5-371 HDRI 结构示意图

　　HDRI 亮度范围广主要体现在亮的地方也有层次过渡，而不是一片白色；暗部也不是一片黑色，而是有不同明度的暗。要想更好地理解 HDRI，最好的方法是用 Photoshop 之类的专业图像处理软件调整一张 HDRI 的曝光，如图 5-372 所示。一张看似过曝的 HDRI，降低曝光度即可恢复到正常的状态，细节层次也更多，而普通的图片降低曝光度只会变成一团黑。

图 5-372 不同曝光度对比

　　得益于 HDRI 的特性，在三维制作中可以把 HDRI 作为整个三维世界的环境，这样就能快速获得真实的光照和环境。HDRI 一般使用 EXR 格式，EXR 格式能保存更多的数据。普通手机拍摄的全景图也可以导入 Blender 的世界环境中作为环境，只是无法获得更真实的光照效果，可以尝试一下，对比专业的 HDRI 看看有何不同。

5.7.4 渲染输出　　⚠ 源文件中如果本来应该有贴图的地方显示粉色，则代表贴图文件丢失，需要手动加载贴图。

　　1. 摄像机设置：新建一个摄像机，因为地面比较小，所以摄像机只能凑近模型构图。将焦距设置为 100mm，制造出长焦拍摄的感觉，从更低、更近的角度构图，真实感会更强。背景是 HDRI 环境，有点不和谐，可以用"映射"节点旋转 HDRI，只旋转 z 轴即可，如图 5-373 所示。

图 5-373 旋转 HDRI

　　2. 景深设置：背景还是有些不和谐，可以启用摄像机中的"景深"，"焦点物体"选择龙模型，如图 5-374 所示。"光圈级数"根据场景的大小调整，光圈级数越小，景深效果越明显（一般焦距越长，景深效果也越明显），背景虚化后场景显得更加真实了。

图 5-374 景深设置

3. 渲染设置：渲染真实场景往往需要更高的采样，因为场景中光线更复杂、细节更多，尤其是有 HDRI 的情况下。所以可以把渲染的"时间限制"设置为 2min，并且为了减少噪点，可以启用"降噪"。渲染参数如图 5-375 所示，最终渲染图如图5-376所示。

图 5-375 渲染参数

图 5-376 最终渲染图

案例总结

三维技术并没有人们想象中的那么先进。由本案例可以得知，想要制作出写实的场景，还是要依靠一些从现实中取材的贴图，通过 HDRI、纹理贴图、瑕疵贴图等各种贴图才能够实现真实的场景，无论是游戏大作还是特效电影都是如此。基于一个 50 分的模型，通过好的材质可以达到 80 分的效果。好在网络上可以找到大量的贴图素材。同时制作写实场景也需要更好的计算机性能，模型也需要更多的细节，所以想要制作好写实的场景，成本是较高的，需要学习掌握更多的知识。

本章总结

本章从建模、材质、灯光、渲染这些常见的基础内容入手，涵盖了 Blender 大部分的基础功能和部分新功能，整体来说难度不高。学习完本章后读者应该具备独立制作一些简单三维场景的能力，建议读者在能够独立制作本章案例后再继续阅读本书。

第 6 章

动态案例

静态作品有时候能表现的内容有限，通过动画可以表达更多内容。本章通过几个案例讲解通过 Blender 制作动态作品的几种基本方法，涉及关键帧动画等不同类型的动画制作。

6.1 金币动画——关键帧动画

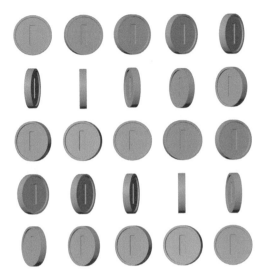

图 6-1 所示为本节的目标成果。 本节案例使用之前制作的金币模型来制作一个简单的动画，主要是展示如何通过手动添加关键帧的方式制作动画。学习本节案例前可以复习一下 5.2 节的内容。

难度	★★★★★★☆☆☆☆
插件	无
知识点	关键帧动画
新操作	插入关键帧、渲染动画
类型	动画制作
帧	共 75 帧，25 帧 / 秒

图 6-1 本节目标成果

6.1.1 动画设计

在上一章中制作过金币模型。金币在游戏中一般作为奖励出现，玩家触碰即可获得金币，因此金币需要比较显眼，让玩家能够注意到。首先是金币的颜色和材质比较闪亮，其次是金币会有旋转的动画，这样更有趣、更有游戏性。使用 Blender 完全可以制作出游戏金币的动画。

制作动画之前首先要设计动画，参考现有游戏，游戏金币动画可以分为两个部分，即旋转动画和上下移动动画，也就是金币一边旋转一边上下移动，如图 6-2 所示。有了想法之后可以画分镜图，但本节动画比较简单，想好了就可以直接开始制作了。

图 6-2 动画设计草稿

6.1.2 旋转动画

1. 模型准备：制作金币的旋转动画，可以打开之前保存的 Blender 文件，也可以新建一个文件导入之前导出的 OBJ 格式的模型 (金币模型的简易形变修改器一定要删除)。将模型旋转成竖起来的状态，按 R 键（旋转）、X 键（x 轴）并输入 90（角度）后按 Enter 键确定，或者在侧边栏的"条目"中的 X 处输入 90°，如图 6-3 所示。金币竖起来之后可以选中金币并按快捷键 Ctrl+A，单击"旋转"，即可应用旋转（"物体"菜单 > 应用 > 旋转），应用之后侧边栏的"条目"中旋转 X 就归零了，如图 6-4 所示。这样就代表模型永久旋转了，即使清除了保存的旋转信息，其他变换参数也同样可以应用。

213

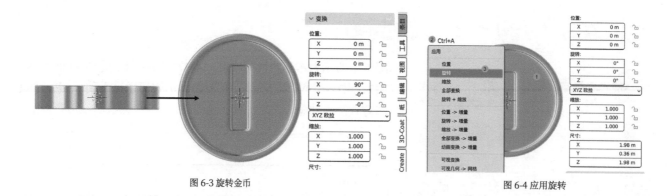

图 6-3 旋转金币

图 6-4 应用旋转

2. 动画准备：首先建议切换到 Animation（动画）布局，如图 6-5 所示。底部的动画摄影表 用于处理关键帧，是制作动画最关键的地方。两个 3D 视图，左侧的用于预览动画，右侧的用于制作动画。切换布局后视图着色方式会恢复默认的状态，也就是灰色的材质。制作动画之前要想好模型应该如何动，本小节动画金币只需要围绕 z 轴旋转即可，如图 6-6 所示。

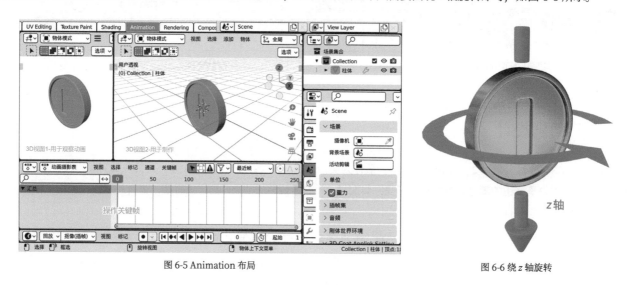

图 6-5 Animation 布局

图 6-6 绕 z 轴旋转

3. 关键帧分析：开始制作之前需要想好要用几个关键帧，金币旋转一周是 360°，笔者预计 25 帧转一圈，预计的关键帧如图 6-7 所示。如果想要金币转得慢，可以把第二个关键帧设置到更后面。

第一个关键帧
位置：第1帧
金币旋转（Z）：0°

中间的帧由Blender自动补全

第二个关键帧
位置：第25帧
金币旋转（Z）：360°

图 6-7 关键帧设定

4. 插入第一个关键帧：首先确保播放头在第一帧，然后选中金币，打开侧边栏 > 条目，将鼠标指针移入"旋转"参数处，按 I 键或者右击并在快捷菜单中单击"插入关键帧" ，即可给旋转参数在第一帧插入关键帧，如图 6-8 所示。注意观察插入关键帧后不仅参数会变色，动画摄影表中的关键帧处也会出现黄色圆点，如图 6-9 所示。

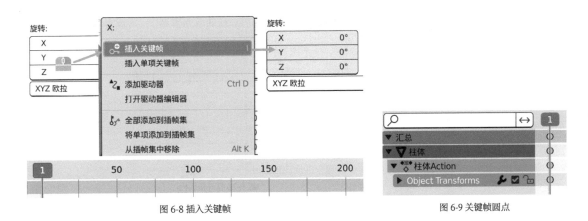

图 6-8 插入关键帧　　　　　　　　　　　　　　　　　　　图 6-9 关键帧圆点

5. 插入第二个关键帧： 把播放头拖动到第 25 帧处，绕 *z* 轴旋转 360°，再插入一次关键帧（I），如图 6-10 所示，然后跳转到起始帧◀◀，单击播放按钮▶即可看到金币旋转的动画，如图 6-11 所示。Blender 会根据关键帧自动补全关键帧之间的参数，让金币的旋转可以自然地从 0°过渡到 360°。动画会自动循环播放，需要手动暂停和回到第一帧。

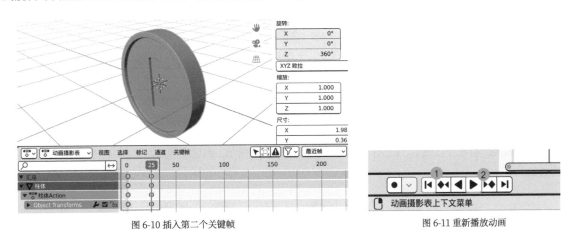

图 6-10 插入第二个关键帧　　　　　　　　　　　　　　　图 6-11 重新播放动画

6. 设置动画场景： 默认的场景总共有 250 帧，本节动画只需要 75 帧即可。在输出属性中找到"帧范围"，把"结束点"改为 75，如图 6-12 所示。默认渲染的动画帧率是 24 帧 / 秒，动画的常用帧率是 25 帧 / 秒，同样需要修改，如图 6-13 所示。这样输出的动画就是 3 秒，一秒 25 幅连续图像，一共 75 幅图像。设定好帧范围后，播放到第 75 帧动画就会回到第一帧重新播放了，如图 6-14 所示。现在的时间轴上 0 ～ 75 帧之外的地方都是灰色的状态。

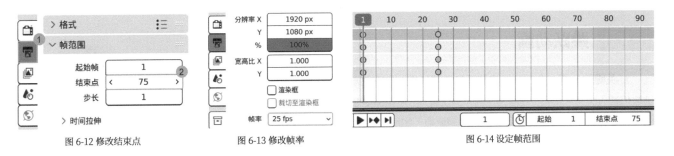

图 6-12 修改结束点　　　　　图 6-13 修改帧率　　　　　　　　图 6-14 设定帧范围

7. 循环关键帧： 现在金币只在 0 ～ 25 帧内旋转了 360°，但场景总共有 75 帧，如果到第 50 帧时插入一个 720°的关键帧，到第 75 帧时插入一个 1080°的关键帧，金币就会一直旋转。但如果有 10000 帧呢？其实只需让关键帧循环即可。首先需要把"动画摄影表"切换到"曲线编辑器"，如图 6-15 所示。曲线编辑器通过曲线来控制关键帧之间过渡的方式，然后选中金币模型后打开曲线编辑器中的侧边栏,单击曲线编辑器内任意区域,以保证焦点在曲线编辑器中,再按N键打开侧边栏,如图6-16所示。

图6-15 切换到"曲线编辑器"

图6-16 打开侧边栏

在选中金币模型的状态下即可看到关键帧之间的曲线,如果看不到曲线可以用鼠标滚轮缩放视图,或者按 Home 键框显全部,然后选中第二个关键帧,在侧边栏中打开修改器,添加一个循环修改器就可以让关键帧永远循环下去,如图6-17所示。现在不论场景有多少帧,金币都会一直循环关键帧。这里对关键帧添加循环修改器后曲线会变直,是正常现象。

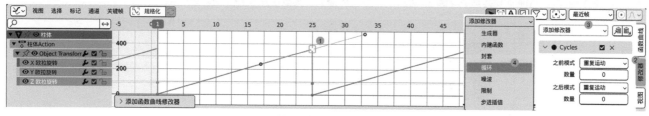

图6-17 添加循环修改器

金币的旋转动画到此就制作完成了。前25帧摆放到一起如图6-18所示,眼睛快速从左到右浏览图片即可利用视觉残留看到动画般的效果。

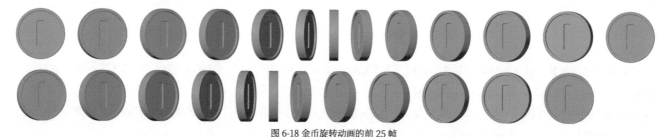

图6-18 金币旋转动画的前25帧

6.1.3 跳跃动画

1. 关键帧分析:金币只是旋转还是单调了点,上下跳动会更生动,只需要给金币的 z 轴数值插入关键帧即可。笔者预想的是向上跳动,所以需要3个关键帧,关键帧1是在原地,关键帧2是跳上去后,关键帧3则是回到原地,如图6-19所示。如果只有前两个关键帧,金币是不会回到原位的,所以需要3个关键帧。

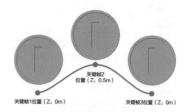

图6-19 跳跃关键帧设定

2. 首尾关键帧:回到第一帧,选中金币,可以跟之前一样在侧边栏"条目"的位置处右击以插入关键帧,但是使用快捷键会更加方便。直接在3D视图中按I键即可打开插入关键帧的菜单,单击"位置"即可给位置参数插入关键帧,如图6-20所示。第一个关键帧金币在世界原点,第三个关键帧同样也是在原点,所以直接复制第一个关键帧即可。首先切换回"动画摄影表"，然后选中"Z 位置"的关键帧（按住鼠标中键即可拖动视图），按快捷键 Shift+D，然后移动鼠标指针到第 25 帧处单击确定即可，如图 6-21 所示［也可以使用 Ctrl+C（复制）和 Ctrl+V（粘贴）快捷键去复制关键帧］。这样首尾关键帧就完成了。

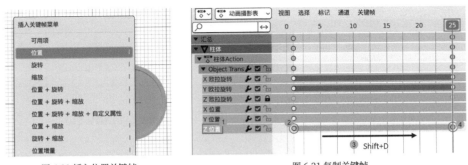

图 6-20 插入位置关键帧　　　　　　　　　　图 6-21 复制关键帧

3. 中间关键帧：中间的关键帧用于决定金币向上移动的高度和时机，如果把关键帧放在第 10 帧就代表 0 ～ 10 帧向上移动，10 ～ 25 帧降回去，也就是向上移动时间短、速度快，下降时间长、速度慢。这是一种常见的动画运动模式——先快后慢，也是笔者想要的效果。

首先把播放头拖动到第 10 帧，然后把金币向上移动 0.5m 再插入位置关键帧，如图 6-22 所示。如果移动后不插入关键帧，拖动播放头，金币会回到原位，此时再播放动画即可看到金币上下移动的动画。

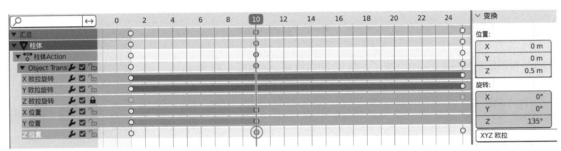

图 6-22 在第 10 帧插入关键帧

4. 弹跳效果：现在的金币移动动画基本是匀速的，直上直下，现实中东西掉到地上是会弹起来的，在动画制作中也可以参考并实现这一效果。首先切换到"曲线编辑器"模块，可以看到左侧的数值最高有 400，如图 6-23 所示，这是因为金币旋转 360°，数值很大，而 Z 位置只移动了 0.5m，是非常小的数值，所以现在视图里看不到 Z 位置的关键帧曲线。选中"Z 位置"，按数字小键盘的 . 键即可把视图缩放到 Z 位置的关键帧处，然后缩放视图直到关键帧曲线比较明显，如图 6-24 所示。

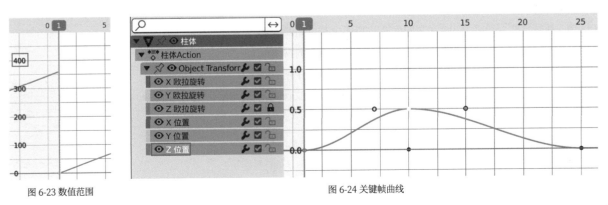

图 6-23 数值范围　　　　　　　　　　图 6-24 关键帧曲线

选择中间的关键帧，按 T 键（"关键帧"菜单 > 插值模式），单击"动态效果"中的"弹跳"，如图 6-25 所示。给关键帧添加弹跳效果后曲线如图 6-26 所示。插值模式是两个关键帧之间过渡的方式，可以手动调节也可以使用内置的效果。设置弹跳插值模式后，金币落下的时候就会有弹跳的效果了。

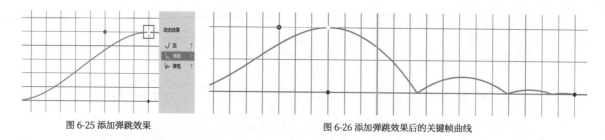

图 6-25 添加弹跳效果　　　　　　　　　　　图 6-26 添加弹跳效果后的关键帧曲线

下面给"Z 位置"添加循环修改器。首先可以在左侧把其他关键帧都隐藏，否则会选择到重叠在一起的关键帧，然后再选择"Z 位置"的第三个关键帧，添加一个循环修改器即可，如图 6-27 所示。

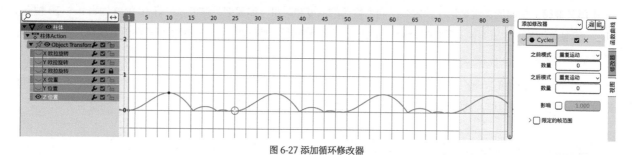

图 6-27 添加循环修改器

金币的旋转和跳跃动画到此就制作完成了，前 25 帧摆放到一起如图 6-28 所示。

图 6-28 动画前 25 帧

6.1.4　输出动画

1. 导出动画：动画制作好后可以导出成文件，文件可以被导入其他软件中进行其他操作，例如导入游戏引擎中使用。常见的支持动画的文件格式有 FBX、Alembic 等，这两个格式 Blender 都支持。以 FBX 为例，执行文件 > 导出 >FBX 命令即可导出 FBX 文件，如图 6-29 所示。右侧有一些选项，场景中有多个物体时，需要勾选"选定的物体"，如图 6-30 所示。这样就只会导出选中的物体，否则会把场景中所有物体都导出。默认的 FBX 导出选项就是包含动画的，找到合适的文件夹，单击"导出 FBX"按钮即可导出带有动画的 FBX 文件。

使用 Windows 10（及以后）系统自带的 3D 查看器打开刚才导出的 FBX 文件就可以看到动画了，3D 查看器用来预览动画非常方便，如图 6-31 所示。

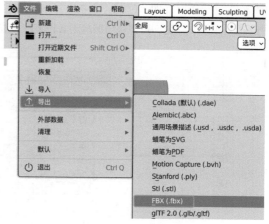

图 6-29 导出为 FBX 文件

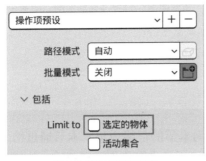

图 6-30 只导出选定的物体

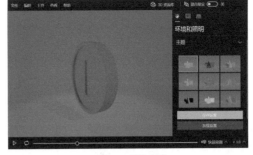

图 6-31 预览动画

2. 渲染动画：渲染动画分为直接输出视频和输出图片序列。视频是 MP4 等格式的经过编码的视频文件；图片序列跟渲染图像一样，只是把每一帧都渲染出来，例如当前的金币场景就会渲染出 75 幅图像。大部分情况是渲染出图像序列的，这样更方便放到调色、剪辑等后期软件中使用。因为视频文件是经过压缩的，而输出的图像保留了最原始的数据。

本节案例不包含材质和灯光内容，在输出之前，可以根据喜好自行添加材质和灯光。输出图像序列同样也需要用摄像机构图，设置好分辨率，确定帧范围和帧率，如图 6-32 所示。然后在输出属性中找到"输出"，设置输出的路径和文件名，文件格式默认是 PNG，大部分情况都够用了。输出设置如图 6-33 所示，只有在此处设置好输出路径才能保存渲染出来的动画。

一切设置完成后，执行渲染 > 渲染动画命令即可。渲染动画等于一张一张渲染图像，所以需要花费更多的时间，在此期间最好不要使用计算机，直到渲染完毕。渲染完毕后就得到了 75 个连续文件名的图片文件，如图 6-34 所示。

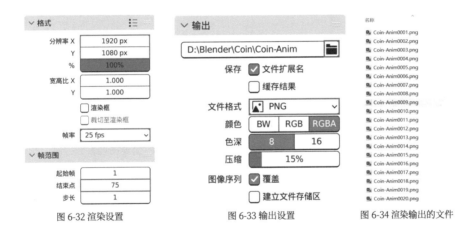

图 6-32 渲染设置　　　　图 6-33 输出设置　　　　图 6-34 渲染输出的文件

3. 重复利用动画：在 Blender 中，动画同样也属于"数据块"，在"动画摄影表"模块中还有多个子模块。切换到动作编辑器，如图 6-35 所示，可以看到金币当前的动画叫作"柱体 Action"，这叫作"一个动作"，一个动作就是一个数据块。当前这个动作包含旋转和移动，因为所有物体都有这两个属性，所以也可以直接给其他的物体使用。添加一个立方体（任意物体都可以），选中立方体，在动作编辑器中浏览并单击"柱体 Action"，即可把"柱体 Action"赋予立方体，如图 6-36 所示。此时播放动画可以看到球体也在旋转并跳跃了。可以重复利用数据是数据块的一大优势，可避免重复操作。

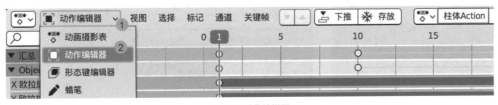

图 6-35 动作编辑器

图 6-36 赋予立方体动作

本节案例只是简单介绍了入门的动画知识。动画可分为角色动画、动态图形、特效等多种类型，需要用到的技术也不同。制作动画需要学习的知识点太多，要长年累月不断地学习和积累。

6.2 粒子效果

图 6-37 本节目标成果

图 6-37 所示为本节的目标成果。本节通过给之前的案例添加两种类型的粒子系统来制作烟雾和草地，让场景更加丰富。

难度	★★★★★★★★☆☆
插件	无
知识点	粒子系统、顶点权重、力场
新操作	衰减编辑、绘制权重
类型	动画制作
帧	无

6.2.1 什么是粒子

粒子（Particle）的本意是微小的粒子，是局部的对象。小到原子、粉尘，大到天体都可以说是粒子。通俗点说，粒子就是大量的物体。在图形制作中，粒子一般都是非常密集的颗粒状，如图 6-38 所示。粒子常用于制作炫丽的效果，在特效电影中也很常见。除了粉尘状，粒子还可以做成线条状，如图 6-39 所示。三维特效中的液体、烟雾、火焰等也都由粒子组成，由此可见粒子是很常用的技术。但粒子跟建模完全不同，粒子需要用重力、风力、湍流等物理参数控制，有着比较随机的特性。粒子只是点，并没有实体存在。

粒子大致分为两种类型，即发射型和毛发型。发射型也就是由一个点或者一个区域，像发射导弹一样发射出很多粒子，然后根据物理参数去运动。每个粒子都是有寿命的，寿命结束就会消失，就像微生物一样。毛发型粒子用于制作毛发和大量附着在物体上的东西，毛发型粒子不会发射，只是待在原地。赋予粒子长度，粒子也就变成了毛发状态。毛发虽然是点，但可以渲染成其他物体，所以也可以用来制作草地等物体。将每一个粒子变成一根草的样子，那么一大片粒子也就变成一大片草了。这两类粒子都很常用，本节会分别用两个案例来制作这两类粒子。

图 6-38 粒子效果

图 6-39 线条状粒子

6.2.2 发射型粒子

1. 文件准备：我们在 5.4 节中使用复制的方法制作了烟囱上的烟雾，烟雾本身是从烟囱内发射出来的，所以如果要制作动态的烟雾，使用粒子最合适不过了。首先打开 5.4 节制作的源文件，只需要保留一个棱角球，因为之前设置过物体颜色，所以棱角球的物体颜色是相同的。选中一个棱角球，按快捷键 Shift+G，单击"颜色"即可选中所有的棱角球，如图 6-40 所示。再按住 Ctrl 键取消框选任意一个棱角球，然后按 X 键删除其余的棱角球，将剩下的这个棱角球作为粒子发射的物体。或者全部删除再新建一个棱角球也是可以的。

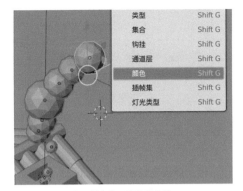

图 6-40 选择相同颜色的物体

2. 添加粒子系统：发射型粒子需要有发射源。添加一个平面作为烟雾粒子的发射源，如图 6-41 所示，尺寸比烟囱小即可。选中发射源平面，然后在属性栏切换到粒子属性 ，单击加号按钮即可添加一个粒子系统，如图 6-42 所示。粒子系统也属于数据块，对一个物体可以添加多个粒子系统，所有粒子相关的参数设置都在粒子系统中。

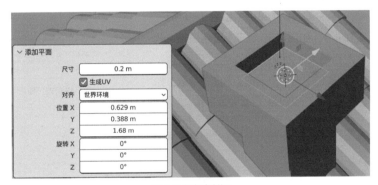

图 6-41 添加发射源

图 6-42 添加粒子系统

3. 粒子系统设置：需要修改"自发光（发射）"参数，默认的粒子太多了，显得杂乱，可以把*Number（数量）改为 500。粒子默认的生命周期（寿命）是 50 帧，也就是粒子从发射开始算，存活 50 帧后就会消失。突然消失看起来会很奇怪，可以把"生命周期随机性"改为 0.75，让每个粒子都有不同的寿命，这样消失的时间会错开，参数如图 6-43 所示。

现在粒子是从"起始帧"（第一帧）开始发射到"结束点"（第 200 帧）结束发射。粒子是不停被发射的，在此期间总共会发射 500 个粒子，每个粒子的寿命是 50 帧左右（根据 0.75 的随机性获得随机寿命）。

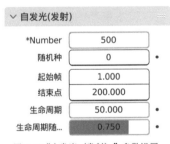

图 6-43 "自发光（发射）"参数设置

4. 优化粒子系统：现在如果回到第一帧，播放动画就可以看到大量的粒子发射出来了，不过粒子会立马往下坠落，如图 6-44 所示，这是因为有重力。可以先关闭重力，在粒子属性中滑动到下面，找到"力场权重"，把"重力"改为 0，现在粒子就会向上发射了，如图 6-45 所示。

粒子本质是点，但是能够渲染成其他的物体。接下来修改粒子的"渲染"参数，"渲染为"默认是"光晕"，尺寸比较大，可以把"渲染为"改为"物体"，然后"实例物体"选取"棱角球 .003"，再把"缩放"改为 0.2（否则棱角球太小），把"缩放随机性"改为 0.25（让粒子获得随机大小），参数设置和动画状态如图 6-46 所示。

图 6-44 粒子坠落

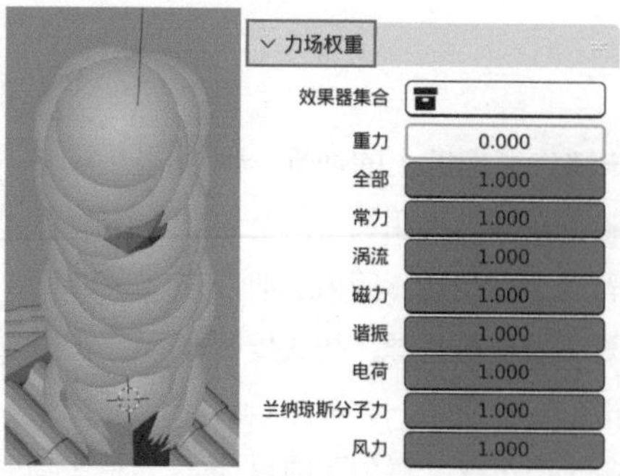

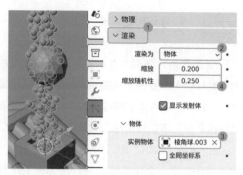
图 6-45 修改"重力"

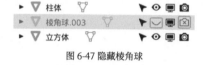
图 6-46 粒子渲染参数设置

棱角球需要隐藏起来，如图 6-47 所示，以免干扰视线，渲染的时候也不需要渲染出来。真实的烟雾向上升起后是会散开的，而现在的粒子是垂直向上发射的，因为发射法向默认是发射源的法向，也就是平面的法向，正好是垂直向上的。所以需要在粒子属性的"速度"设置中提高"随机"参数，这样粒子运动会显得更加自然，具体参数如图 6-48 所示。粒子看起来有点小，可以把渲染的"缩放"参数改为 0.5。

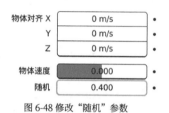
图 6-47 隐藏棱角球

5. 添加风力：现实中是有风的，烟雾会被风吹弯曲。在 Blender 中也可以模拟风把粒子"吹"向一边。在"添加"菜单单击 力场 > 风力 即可添加风力，如图 6-49 所示。添加风力之后，将其移动、旋转到合适的位置和角度，如图 6-50 所示。黄色的箭头代表风的方向，黄色的圆圈代表风力强度，圆圈间距越大风力越强，拖动黄色箭头调整风力强度，调整到较强的风力即可。也可以在物理属性中调整"强度 / 力度"参数，如图 6-51 所示，风力强度需要根据实际情况调整，能让粒子弯曲的形状较好即可。

图 6-48 修改"随机"参数

图 6-49 添加风力

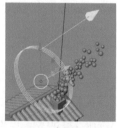
图 6-50 调整风力

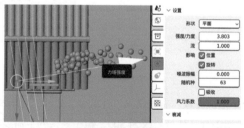
图 6-51 增加风力强度

6. 粒子尺寸变化：烟雾粒子应该在刚发射出来时很小，然后逐渐变大，最后在寿命结束的时候变得越来越小，直到消散。在 Blender 粒子系统中需要使用纹理控制粒子的尺寸变化，首先滑动到粒子属性最下面，找到"纹理"，选中一个空的纹理槽，单击"新建"按钮，如图 6-52 所示。新建纹理后单击右侧的 ▤ 按钮切换到"纹理"选项，把"类型"改为"混合"，如图 6-53 所示，在预览图中可以看到纹理的效果。

图 6-52 新建纹理

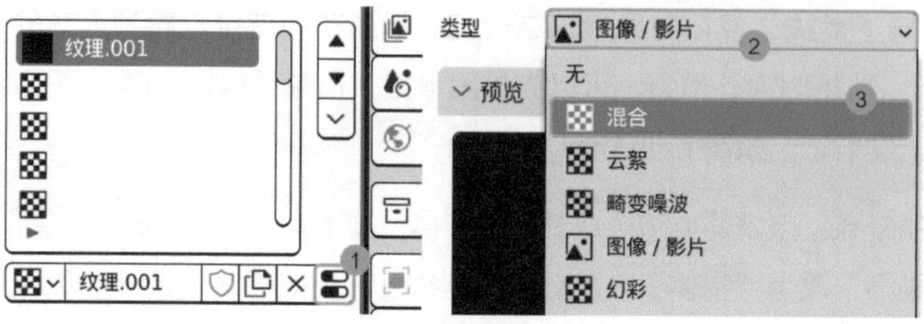

图 6-53 修改纹理类型

勾选"影响"中的"尺寸"，取消勾选 General Time，如图 6-54 所示。再把"映射"的"坐标"改为"发股/粒子"，此时播放动画就可以看到粒子从发射出来到结束是由小变大的，如图 6-55 所示。

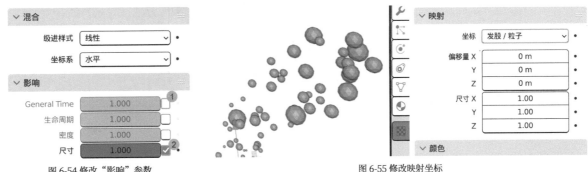

图 6-54 修改"影响"参数　　　　　　　　　　　图 6-55 修改映射坐标

当前纹理是从黑到白的，所以是从小到大。接下来需要想办法让纹理图变成黑＞白＞黑，这样就能让粒子从小＞大＞小了。滑动到最下方，勾选"颜色渐变"，把最右侧的断点改为黑色，再在中间添加一个白色断点并滑动到左边 0.3 左右的位置，如图 6-56 所示。此时的纹理如图 6-57 所示，也就是粒子很快会从小变大，但是从大变小会比较慢。

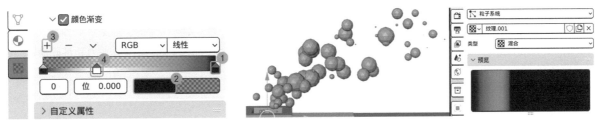

图 6-56 修改颜色渐变　　　　　　　　　　　图 6-57 纹理完成后

7. 粒子材质：**粒子的材质不是赋予发射物体上，而是赋予渲染为的物体**，也就是棱角球。切换到 Shading 布局，选中棱角球并为其新建一种材质，命名为"烟雾粒子"。删除多余的节点，添加一个"自发光（发射）"节点，如图 6-58 所示。然后添加一个"粒子信息"节点（Eevee 渲染引擎中不可用），如图 6-59 所示，"粒子信息"节点可以提供每个粒子各自的信息。

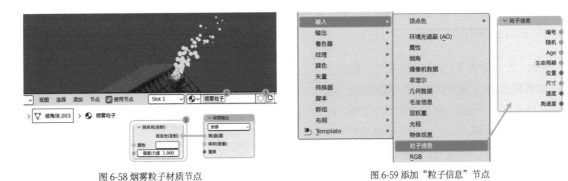

图 6-58 烟雾粒子材质节点　　　　　　　　　　　图 6-59 添加"粒子信息"节点

这里主要用到"Age"（年龄）和"生命周期"这两个信息。添加一个运算节点，将计算方法改为相除，连入"Age"和"生命周期"，如图 6-60 所示。这样就可以算出粒子当前的生命进度了，例如粒子存活了 30 帧，寿命是 50 帧，计算的结果就是 0.6，这个数值随着时间一直在变化。这样变化的数值就可以用来给粒子上色，这个过程就像渐变一样。接下来添加一个"颜色渐变"节点，根据喜好设置一个渐变色，然后把"相除"节点连入"系数"，再连入"颜色"，将"自发光（发射）"节点的"强度/力度"改为 3，如图 6-61 所示。此时就用"颜色渐变"节点给粒子上了颜色，随着 Age 的不断增长，粒子的颜色逐渐从颜色渐变条的左到右，这样的材质更加生动。粒子材质到此就制作完成了。

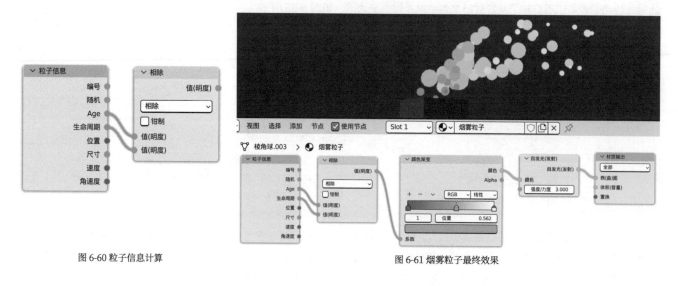

图 6-60 粒子信息计算

图 6-61 烟雾粒子最终效果

因为篇幅有限，所以本小节只是介绍了基本的粒子知识。发射型粒子有很多种玩法，通过各种力场和插件等可以制作出各种各样的粒子，例如通过 BTracer 插件可以把粒子运动的路径连接起来形成线条。

粒子系统的限制：粒子本身是点，由于 Blender 粒子系统的限制，Blender 的粒子之间是无法相互精准碰撞的，也就是说粒子会穿插到一起，所以不适合用于制作大量物体碰撞的效果。

6.2.3 毛发型粒子

本小节不包含动画内容，只讲解粒子系统的另一种用法。毛发型粒子显然是用来制作毛发的。毛发型粒子不会发射，没有寿命，其实只是在发射源上分布的点，毛发就是这些点延长成曲线形成的。毛发属于进阶内容，本小节介绍毛发型粒子的另一种用法：分布式排列物体，即在物体上自然地摆放很多重复的物体。

首先还是打开 5.4 节制作的源文件并确保在第一帧。地面光秃秃的，如果添加些草就更好了。制作思路是先制作一个草的模型，然后用粒子让这一物体重复排列。

1. 基础平面：首先需要 3 个面的平面模型。添加一个平面，进入编辑模式，将平面竖起来，进入局部视图（可选），**方法一**：任意选中一条边，按 E 键挤出一个面，再挤出一个面，如图 6-62 所示。**方法二**：把平面缩放变长，然后环切（切割次数：2），如图 6-63 所示。

无论采用哪种方法，都可以得到 3 个面组成的长方形，每个面的大小不用完全相同。

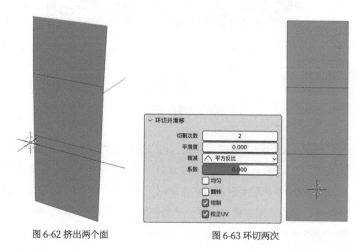

图 6-62 挤出两个面

图 6-63 环切两次

2. 衰减编辑：总体上看一根草是上细下粗的，可以在边选择模式下一条边一条边地缩放到不同的长短，但如果一个模型面数较多就不能这样做了，这时候就需要用到 Blender 的衰减工具。衰减工具◎位于 3D 视图顶部吸附工具旁，在物体模式和编辑模式下都可用，单击即可开启，右侧的下拉列表框里是衰减工具的选项，如图 6-64 所示。衰减工具在移动、旋转和缩放等编辑操作时可以影响一定范围内的内容，利用衰减编辑可以非常快地大范围编辑模型。

首先**启用衰减编辑**（快捷键为 O 键），然后在边选择模式下选中平面最上面的边（或者在点选择模式下选择点），按 S 键缩放。在缩放的过程中可以看到一个圆圈，如图 6-65 所示，这个圆圈就是衰减编辑的范围，如果看不到圆圈，可以滚动鼠标滚轮（向前滚动缩小，向后滚动放大）调整衰减范围，直到能看到圆圈。在缩放过程中凡是圆圈范围内的点都会受到影响跟着缩放，调整范围到能够影响几乎整个模型后，缩放到上小下大，单击确定即可，如图 6-66 所示。

衰减编辑圈内受的力度是不同的，例如石头掉在地上砸出一个坑，这个坑一定是中间最深，越外圈越浅，这就是衰减。当然衰减编辑有多种类型，"常值"类型就不会有衰减，默认的"平滑"类型过渡自然，可以胜任多数情况。**使用完衰减编辑后，一定要再次单击◎按钮关闭衰减编辑！**

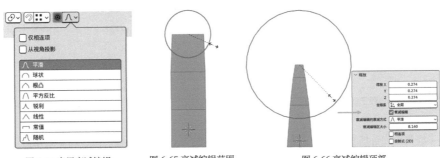

图 6-64 启用衰减编辑　　　　图 6-65 衰减编辑范围　　　　图 6-66 衰减编辑顶部

3. 复制组合：首先一定要**关闭衰减编辑**！衰减编辑在不需要使用时一定要关闭，否则会不小心移动到其他的点。在编辑模式下选中全部的面旋转到竖起来，然后再复制（Shift+D）两个出来，旋转摆放成一圈，如图 6-67 所示。所有操作都在编辑模式下完成。

草还需要弯曲，才显得更加自然。还是用到衰减编辑，先启用衰减编辑，然后勾选**"仅相连项"**，这样就能够在使用衰减编辑时不影响没有连接在一起的内容。选中其中一根草的顶边，通过移动和**旋转**把草变弯曲，如图 6-68 所示。接下来使用衰减编辑移动、旋转、缩放每一根草，让每根草看起来都不同，如图 6-69 所示。然后添加实体化修改器和表面细分修改器，如图 6-70 所示，让草有厚度。实体化的厚度根据物体大小灵活设置，"平滑着色"和"自动光滑"也需要设置。

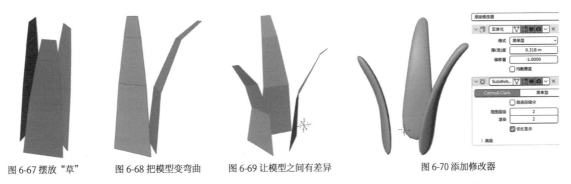

图 6-67 摆放"草"　　　图 6-68 把模型变弯曲　　　图 6-69 让模型之间有差异　　　图 6-70 添加修改器

4. 添加粒子：退出局部视图，把物体名称改为"草"，再新建一个集合"草 - 粒子"并移入，放到单独的集合中以方便制作粒子。可以直接把整个集合的**视图隐藏**，如图 6-71 所示。然后给地面添加粒子系统，粒子类型选择"毛发"，将名称修改为"草地粒子"，如图 6-72 所示。

图 6-71 隐藏集合　　　　　　　　图 6-72 添加毛发型粒子

把"渲染为"改为"集合"，选择"草 - 粒子"集合，如图 6-73 所示。为了让草地更自然，把"缩放随机性"改到 0.8，如果改到 1 可能会出现缩放到 0 的物体，所以最好不要设置到 1 这么大的数值。粒子系统默认是有旋转方向的，所以拉伸粒子形成的草跟原本的物体旋转是不同的，需要手动设置旋转。毛发粒子系统默认是不显示旋转的，需要勾选"高级"选项，然后勾选"旋转"，将"坐标系轴向"改为"全局 Y"，将"随机"改为 0.2 即可，如图 6-74 所示。如果草没有竖起来可以尝试其他的轴向，直到草竖起来。

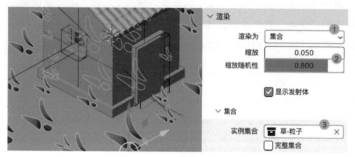

图 6-73 修改粒子系统参数

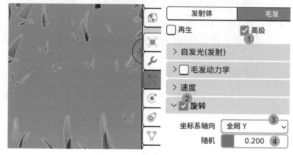

图 6-74 修改旋转参数

毛发型粒子中粒子经常出现奇怪的情况，这是因为粒子还是会受到原本物体的原点位置和旋转角度的影响。草的模型原点位于中间位置，草有一半是在原点以下的，如图 6-75 所示。粒子是随机分布在发射源也就是地面上的，草作为渲染物体时，随机分布在地面上，原点作为模型的位置，也就会让草有一部分在地面下。所以想要草全部高于地面，需要在编辑模式下选中整个模型，移动到原点附近，大致跟原点平齐即可，如图 6-76 所示。编辑模式下原点是不会动的，把模型移过去就是一种变相移动原点的方法。此时的草就在地面上了，并且垂直向上，如图 6-77 所示。

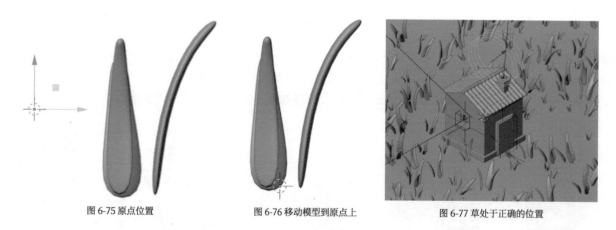

图 6-75 原点位置　　　　　　　图 6-76 移动模型到原点上　　　　　　图 6-77 草处于正确的位置

5. 粒子分布：现在的草是在整个地面胡乱生长的。从理论上来说门口是不需要有草的，否则无法"走路"；房子边缘也可以没有草，否则会跟房子穿插在一起。粒子系统可以通过顶点组控制粒子的分布和密度等参数，顶点组就是把顶点根据需求分组。选中地面进入编辑模式，全选面，执行"细分"命令，设置"切割次数"为 2，然后多次按快捷键 Shift+R 反复细分，直到细分到面够小，这样模型才有足够多的顶点，如图 6-78 所示。切换到物体数据属性▽即可在顶部看到"顶点组"，单击加号按钮⊞可以新建一个顶点组，选择了顶点后，单击"指定"按钮即可把选择的顶点添加到新建的群组里，如图 6-79 所示。

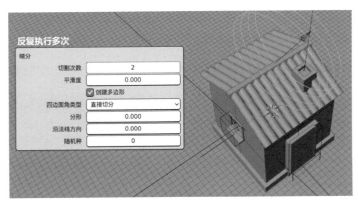

图 6-78 细分地面

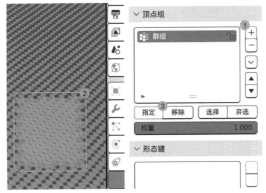

图 6-79 新建顶点组并添加顶点

每一个顶点都有一个权重的数值，顶点权重有很多用途。除了物体模式和编辑模式，Blender 还有很多其他的物体交互模式，手动选择效率太低，要快速地给顶点设置权重可以使用权重绘制模式。首先单击减号按钮□删除刚才新建的群组，然后切换到权重绘制模式，如图 6-80 所示。默认的顶点权重是 0（蓝色），现在使用鼠标即可绘制权重，默认的笔刷权重为 1（红色）。笔刷设置在 3D 视图的顶部，把"半径"调整到合适的数值后，用鼠标在门口和房子周围刷上权重，然后把顶点组命名为"密度"，如图 6-81 所示。画错了可以按快捷键 Ctrl+Z 撤销，或者把笔刷权重设置为 0 重新绘制。

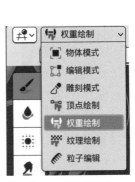

图 6-80 权重绘制模式

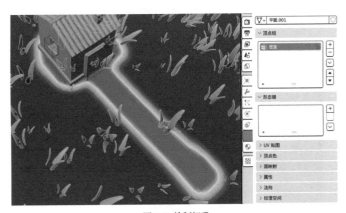

图 6-81 绘制权重

绘制顶点权重时，Blender 会自动创建一个顶点组来保存绘制的权重。绘制完成后，在粒子系统的"顶点组"的"密度"中选择刚才绘制的顶点组，如图 6-82 所示。此时只有有权重的地方才有草，只需要单击"密度"右侧的⟷按钮即可反转顶点组，如图 6-83 所示。因为粒子数量并不多，所以分布不明显，但只要保证不需要的区域没有草即可。

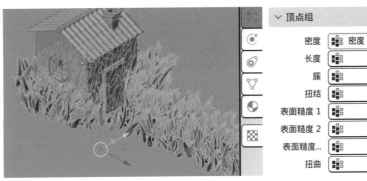

图 6-82 设置密度顶点组

图 6-83 反转密度顶点组

227

6. 地面优化：自然的地面应该是坑坑洼洼的。选中地面进入编辑模式，在点选择模式下选择全部的点，执行**网格 > 变换 > 随机**命令，如图 6-84 所示，即可让顶点随机起伏，如图 6-85 所示。至此毛发型粒子就完成了。

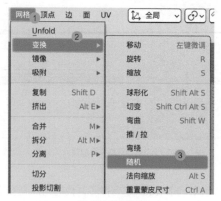

图 6-84 随机变换

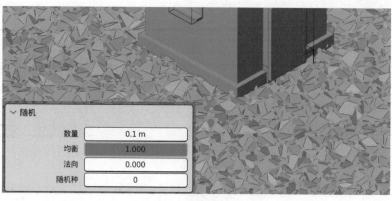

图 6-85 随机变换后

7. 渲染输出：因为文件中材质和灯光都制作好了，所以直接渲染静态图或者动画都可以。最终渲染图如图 6-86 所示。本例没有对草添加材质，有时候没有材质反而别有一番风味。

图 6-86 最终渲染图

6.3 膨胀字体——布料模拟

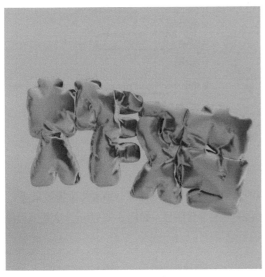

图 6-87 本节目标成果

图 6-87 所示为本节的目标成果。本节案例使用 Blender 的布料模拟功能制作一个字体膨胀的小动画，该功能对计算机性能有一定的要求。

难度	★★★★★★★☆☆☆
插件	无
知识点	布料模拟、视频编辑
新操作	添加图像序列和声音
类型	物理模拟、动画制作
分辨率	无

6.3.1 布料模拟基础　⚠ 布料模拟使用默认的布局即可。

布料模拟是非常有意思的功能，可以用于制作窗帘、衣服、毛巾等生活中常见的布料物体，甚至可以根据想象力制作出生活中不存在的特殊效果。布料模拟的主要特征是能够让物体产生褶皱，属于特效制作，在广告、电影制作中很常见。Blender 提供了强大的布料模拟功能，可以轻松快速地制作出布料效果。接下来试着做一个简单的布料效果。

1. 场景搭建：添加两个平面，一个比较小的作为布料，另一个比较大的作为地面，然后添加一个球体放在地面上，将布料放在球体上方的位置，场景就搭建好了，如图 6-88 所示。

图 6-88 添加 3 个物体

2. 添加布料效果：把布料平面细分多次，如图 6-89 所示。任何模拟功能都是在每一帧计算所有顶点应该处在的位置，平面只有 4 个顶点时也就没有多少东西可以计算，顶点越多计算量越大，也越准确，同时计算机也会越"累"；然后到物理属性 ⊙ 中给布料平面添加布料效果 ▽，所有的参数都保持默认即可，如图 6-90 所示。在**物体模式**下单击播放按钮，布料会直接往下坠，因为还没为球体和地面设置碰撞。

⚠ 编辑模式下无法预览动画。

229

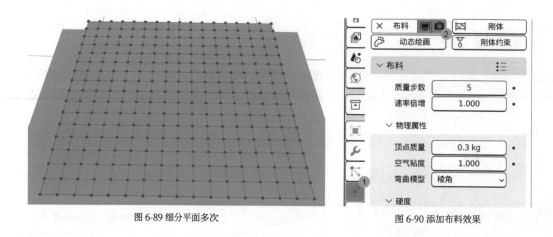

图 6-89 细分平面多次

图 6-90 添加布料效果

3. 添加碰撞： 有动态模拟的物体就一定有碰撞物体，否则无法体现模拟的效果。为球体和地面都分别添加碰撞效果，如图 6-91 所示，再播放动画就可以看到布料坠落到球体和地面上了。但是布料的网格非常明显，如图 6-92 所示，这是因为模型的点数量还是不够多。

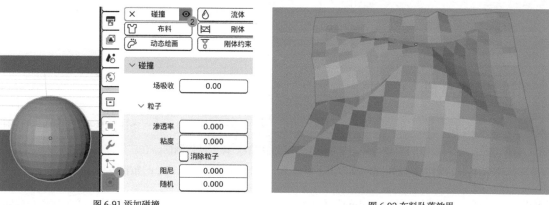

图 6-91 添加碰撞

图 6-92 布料坠落效果

4. 布料细分： 布料模拟是以修改器的形式添加在物体中的。如果在布料修改器之后添加一个表面细分修改器，就是对模拟完成的布料细分，可以获得更加细致的模型，但是细分后的模型没有参与布料模拟，所以还需要在布料修改器之前添加一个表面细分修改器，并且设置为"简单型"，此时的修改器顺序如图 6-93 所示。模型先经过细分再模拟布料，然后再细分，这样参与布料模拟的顶点更多，结果会更加准确、更细致。至此，这个简单的布料案例就完成了。

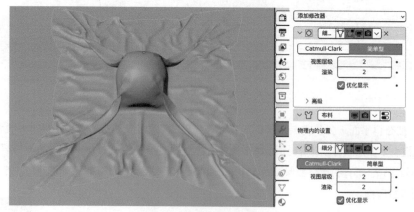

图 6-93 添加表面细分修改器

6.3.2 字体制作

1. 中文字体设置：添加一个"文本"物体 **a**，如图 6-94 所示。默认的文本内容是"Text"，Blender 当前的版本对中文支持不是很好，需要更多的步骤，如果输入的是英文可以直接阅读下一个步骤。首先需要在物体数据属性中找到"字体"，打开"常规" 📁 字体，找到喜欢的中文字体，如图 6-95 所示。最好选择比较饱满、圆润的字体，这样效果会更好。

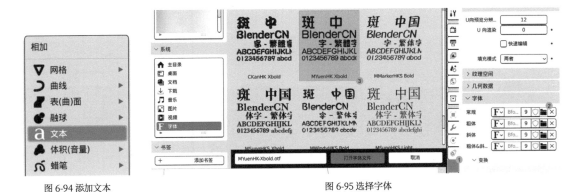

图 6-94 添加文本　　　　　　　　　　　　图 6-95 选择字体

2. 输入文字：切换到编辑模式就可以编辑文字了，中文需要通过粘贴的方式输入，在其他软件中输入想要的文字后粘贴（Ctrl+V）过来即可，如图 6-96 所示。把"几何数据"的"挤出"设置到合适的数值，让字体有一定的厚度，"倒角"的"深度"也适当设置一点，如图 6-97 所示。

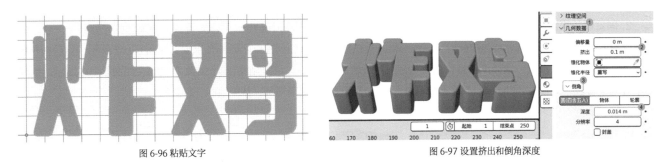

图 6-96 粘贴文字　　　　　　　　　　　　图 6-97 设置挤出和倒角深度

3. 重构网格：文本物体不是普通的三维模型，无法进行模拟，需要先选中文本并右击，然后在快捷菜单中单击转换到 > 网格，把文本转换成普通的模型，如图 6-98 所示。转换之前可以备份一个文本物体，之后可能会用得上。转换成网格后模型布线很乱，是无法进行正确的布料模拟的，还需要添加一个重构网格修改器 🔧，参数如图 6-99 所示，应用重构网格修改器即可把文字重构成规范化的网格。

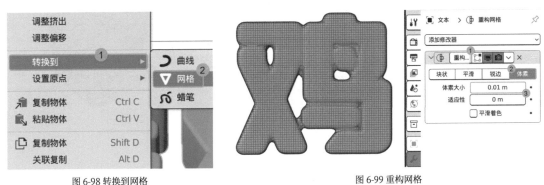

图 6-98 转换到网格　　　　　　　　　　　图 6-99 重构网格

6.3.3 膨胀效果制作

1. 布料设置: 首先把文字竖起来,然后在物理属性中添加布料效果,接着设置布料效果的参数,勾选"物理属性"中的"压力",将"压力"设置为5,再播放动画字体就会膨胀起来。但是字体会往下坠,所以需要把"力场权重"中的"重力"改为0,这样字体就不会受到重力的影响了。布料设置如图 6-100 所示。

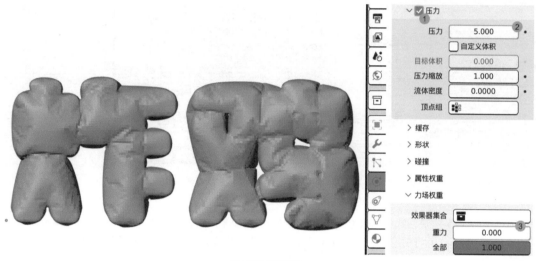

图 6-100 布料设置

2. 固定线: 真实的气球一般都有缝合线,如图 6-101 所示,在 Blender 中也可以实现这一效果。首先回到第一帧,进入编辑模式,把模型所有部分侧边中间的一圈线选中,按快捷键 Ctrl+G 创建一个新的顶点组,如图 6-102 所示;然后在布料设置中找到"形状"设置,选择"钉固顶点组"为刚才新建的"群组",将"缩放因子"改为 -0.3,如图 6-103 所示。这样这个群组中的顶点就会固定和收缩,其余部分就会膨胀,从而在中间出现褶皱,像缝合线一样。

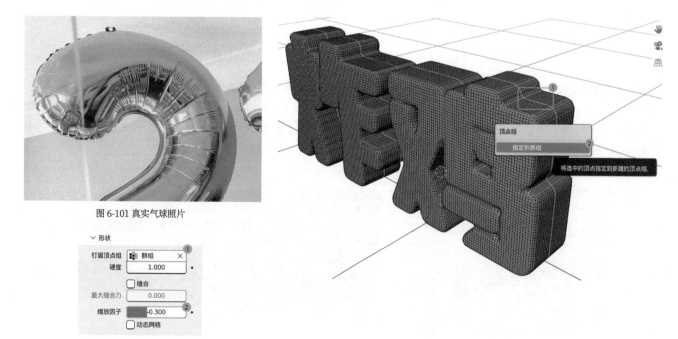

图 6-101 真实气球照片

图 6-103 添加钉固顶点组

图 6-102 指定到新组

3. 优化模型：因为重构网格后文字模型的顶点数量已经足够多了，所以就不需要在布料之前添加表面细分修改器了，在布料之后添加一个表面细分修改器即可。然后设置"平滑着色"和"自动光滑"，再播放动画文字就细致了许多，如图 6-104 所示。把文字旋转摆放得随意些，如图 6-105 所示。

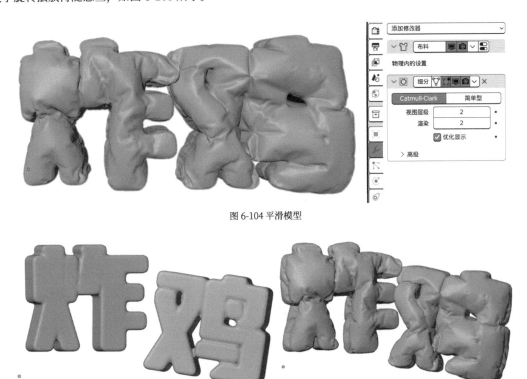

图 6-104 平滑模型

图 6-105 字体摆放后的动画效果

6.3.4 渲染动画

1. 缓存动画：只通过播放按钮播放动画不够稳定，当内存不够用时就只能预览一部分动画，例如播放到第 50 帧时，第 10 帧可能就没有缓存的动画了。所以当动画比较复杂时，需要在计算后把动画保存到硬盘里，当播放动画时直接从硬盘里读取。首先把"结束点"改为 50，勾选"磁盘缓存"（需要先保存文件，路径不可以有中文），烘焙有崩溃的可能，所以一定要先保存文件。然后单击"烘焙"按钮，如图 6-106 所示。等待进度条达到 100% 后就烘焙完了，如图 6-107 所示。此时无论跳到哪一帧都会直接读取硬盘里的缓存，如图 6-108 所示。

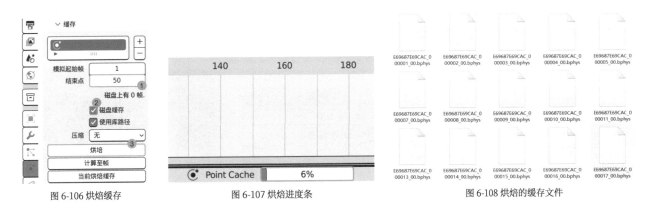

图 6-106 烘焙缓存　　　　　　　　图 6-107 烘焙进度条　　　　　　　　图 6-108 烘焙的缓存文件

233

2. 导出动画：缓存动画是按帧保存，也就是一共有 50 个缓存文件。文件太多有时候并不方便，并且 Blender 缓存文件的格式不能被其他软件读取，所以可以把动画保存为通用格式，以方便使用。执行**文件 > 导出 >Alembic(.abc)** 命令，如图 6-109 所示，用英文命名保存即可。

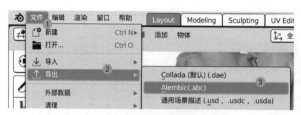

图 6-109 导出 ABC 文件

3. 导入动画：导出动画后可以单独新建一个文件用于渲染，这样可以把动画制作和渲染分开，以更加方便制作。新建文件后再把刚才导出的 ABC 文件导入进来，导出 ABC 文件默认不应用表面细分修改器，所以导入后还需要添加一次，然后添加一个加权法向修改器，这样可以修复一些法向问题，如图 6-110 所示，这样再播放动画会非常快。

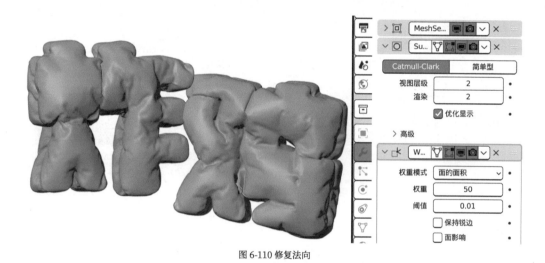

图 6-110 修复法向

4. 布料材质：布料材质比较特殊，布料的褶皱转折处一般会有高光，尤其是丝绸一类的材质。普通的"原理化 BSDF"节点难以实现这一效果，要实现这一效果需要使用"丝绒 BSDF"节点。

首先切换到 Cycles 渲染引擎，在世界环境中添加一个 HDRI，如图 6-111 所示。然后给字体添加材质并添加一个"丝绒 BSDF"节点，将"颜色"设置为 FFB500，如图 6-112 所示。字体立马就有了丝绸般的布料效果，如图 6-113 所示。只有使用 Cycles 渲染引擎才有"丝绒 BSDF"节点！"丝绒 BSDF"节点除了"颜色"就只有一个"西格玛"参数，该参数用来控制褶皱转折处的高光的锐利度（可以理解为糙度）。至此布料材质就完成了。

图 6-111 添加 HDRI

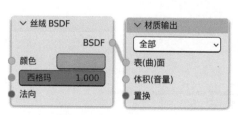

图 6-112 添加"丝绒 BSDF"节点

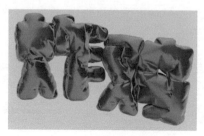

图 6-113 丝绸般的布料效果

5. 渲染序列：在字体后面添加一个平面当作背景，为其新建一种材质，将基础色改为蓝色。然后新建摄像机正对着字体，如图 6-114 所示。将"分辨率 X"和"Y"都设置为 1080px，再将"帧范围"的"结束点"设置为 50，如图 6-115 所示。在"输出"中设置一个路径，"文件格式"保持默认的 PNG 即可，如图 6-116 所示。

⚠ 文件名中避免出现"."之类的
特殊符号，也不可以以数字结
尾，否则容易导致编号混乱。

图 6-114 添加背景和摄像机　　　　图 6-115 输出参数设置　　　　图 6-116 输出路径设置

因为要渲染动画，所以要尽量减少单帧渲染时间，时间限制到 30s 即可，并且勾选"降噪"，以获得更细致的图像，如图 6-117 所示。为了减少后期工作量，勾选"使用曲线"，调节曲线把画面调亮一些，如图 6-118 所示。最后保存文件并渲染动画即可。

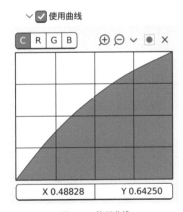

图 6-117 渲染设置　　　　　　　图 6-118 使用曲线

6. 序列转视频：新建一个 Video Editing 文件，如图 6-119 所示。Video Editing 布局用于视频剪辑，在原来的文件中把渲染的图片序列转换成视频容易让文件混乱和臃肿，所以另外新建一个文件更好。首先在序列编辑器中添加图像序列🖼，找到渲染好的序列文件，全部选中并导入，如图 6-120 所示。

图 6-119 新建 Video Editing 文件

235

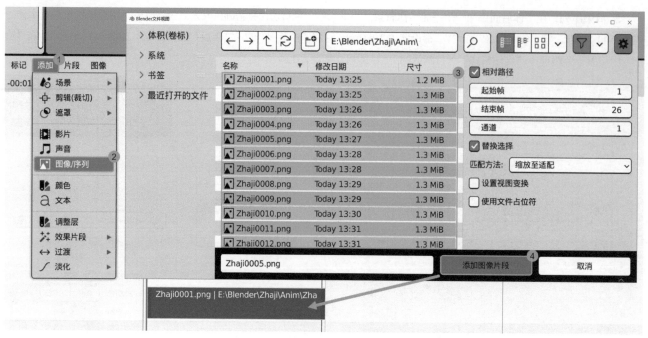

图 6-120 添加图像序列

7. 添加音频：光有动画还不够，字体膨胀时是会发出声音的。接下来添加笔者提供的音频文件♫，如图 6-121 所示。音频需要被拖动到跟动画对齐，因为音频是一个很短的膨胀的声音，适合放在动画的开始。至此视频编辑就完成了。

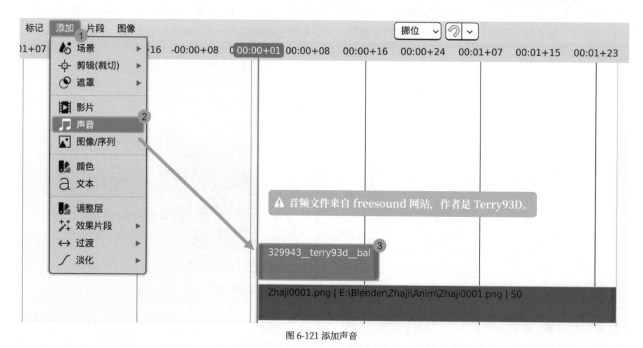

图 6-121 添加声音

8. 视频输出：设置视频输出的属性，首先设置分辨率、帧率和结束点，如图 6-122 所示；然后设置输出路径，如图 6-123 所示，Video Editing 文件默认的输出文件格式是"▶ FFmpeg 视频"，容器是 MPEG-4，也就是 MP4，这些设置适合于大多数情况，所以保持默认即可；最后渲染动画，即可得到一个 MP4 格式的视频。膨胀动画关键帧如图 6-124 所示。

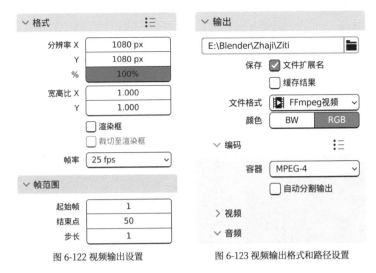

图 6-122 视频输出设置　　　图 6-123 视频输出格式和路径设置

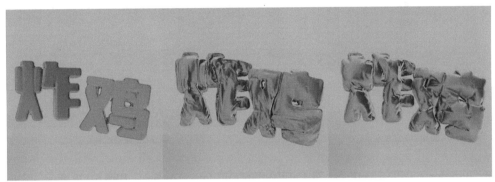

图 6-124 膨胀动画关键帧

6.4 破碎的鸡蛋——Cell Fracture

图 6-125 本节目标成果

图 6-125 所示为本节的目标成果。本节案例使用 Blender 内置的 Cell Fracture 插件制作一个简单的破碎效果动画。

难度	★★★★★★★★★☆
插件	Cell Fracture（内置）
知识点	刚体破碎
新操作	添加活动项、连接刚体
类型	特效制作
分辨率	1080 像素 ×1080 像素

237

6.4.1 破碎基础

Blender 三维建模中的物体可以被打碎，这类把物体打碎的操作叫作"破碎"（Fracture），破碎一般用于制作特效，例如电影中的大楼爆破、子弹打碎物体等效果，都需要使用到破碎。与现实世界不同的是，三维建模中物体是提前破碎好，如图 6-126 所示，然后再伪装出受到碰撞才分裂开来的假象，如图 6-127 所示。因为三维建模中不存在真正的力，目前还无法实现真的受到撞击自然地破碎开，只能提前根据设定好的撞击情况破碎。接下来试着用 Blender 制作一个简单的破碎效果。

图 6-126 破碎的立方体

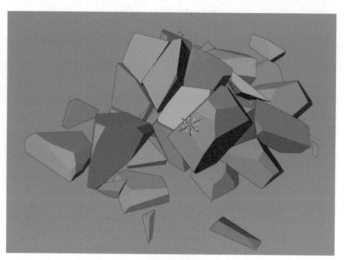

图 6-127 碰撞到地面后

1. 球体破碎：Blender 本身没有破碎功能，需要启用内置的 Cell Fracture 插件，如图 6-128 所示；添加一个球体，执行**物体 > 快速效果 >Cell Fracture** 命令，如图 6-129 所示，会弹出 Cell Fracture 的面板，所有参数保持默认设置，单击"确定"按钮即可，如图 6-130 所示。

图 6-128 启用插件

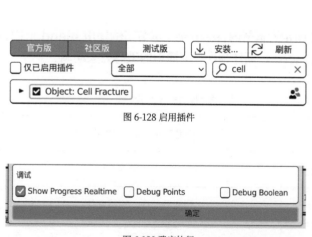

图 6-130 确定执行

图 6-129 添加快速效果

2. 添加刚体：经过一段时间后，Cell Fracture 就会把一个球体破碎成非常多的碎块，每一个碎块是一个单独的物体。由于原本的球体也在，所以完整的球体和破碎的球体是重叠在一起的，可以把原本的球体隐藏，如图 6-131 所示（目前插件还无法做到无缝破碎，所以破碎后的物体之间会有缝隙）。此时播放动画碎块没有任何反应，还需要选中所有的碎块并添加刚体活动项，如图 6-132 所示。然后在球体下方添加一个平面作为地面，并将其作为被动刚体，再播放动画，球体碎块就会坠落到地面上了，如图 6-133 所示。

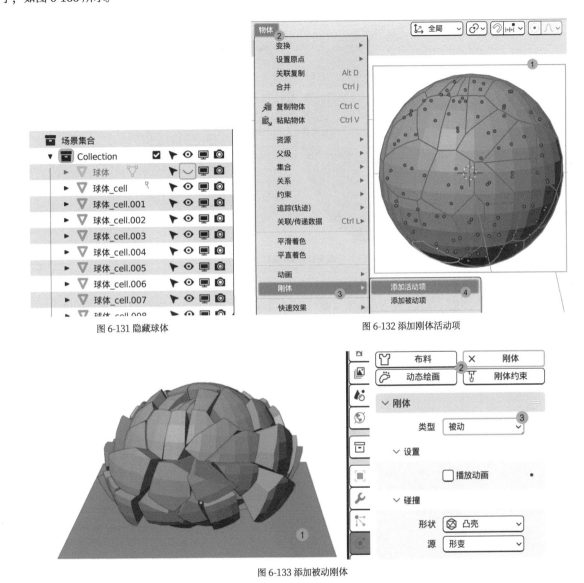

图 6-131 隐藏球体

图 6-132 添加刚体活动项

图 6-133 添加被动刚体

至此一个非常简单的破碎特效就制作好了。接下来制作一个更加完整的动画，笔者构想的主题是：与现实相反的物理现象。首先想到的就是把一个摔碎的物体表现成另一个物体，由此想到了易碎的鸡蛋，最终想到的是让鸡蛋像水泥一样摔碎，将里面的蛋黄做成一个金属的球体。想法有了，接下来正式开始制作。

6.4.2 个性化破碎

破碎一般是在物体表面随机确定一些点，根据这些点进行破碎。现实中不同材料会有不同的破碎效果，所以有时候需要手动定义物体的破碎方式，可以根据物体材料的特性进行破碎，也可以根据动画需求进行破碎。本节案例需要根据鸡蛋的撞击角度和接触面进行个性化破碎。

1. 鸡蛋模型: 可以导入笔者提供的"鸡蛋模型"文件夹中的 OBJ 文件, 或者直接使用导入了模型的 Egg-model.blend 文件。鸡蛋模型本身是实心的, 笔者把中间用布尔挖空, 并且放了一个蛋黄, 如图 6-134 所示。设定是鸡蛋破碎后, 中间的球体就会掉出来。

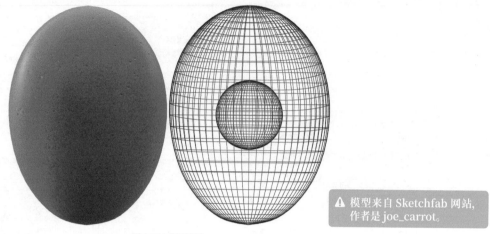

▲ 模型来自 Sketchfab 网站, 作者是 joe_carrot。

图 6-134 鸡蛋模型

2. 标注工具: 鸡蛋坠落时底部会接触地面, 然后破碎, 所以破碎点在底部。首先把视角切换到鸡蛋底部, 选择标注工具 ✐, 在侧边栏的"工具"中把"放置"改为"▣ 表(曲)面", 然后就可以在模型上画线了。以鸡蛋的撞击点为中心, 按照想要破碎的形状绘制一些线, 如图 6-135 所示。

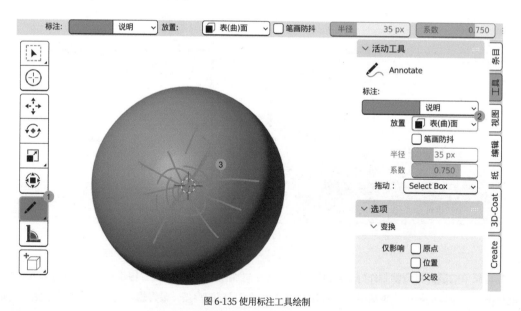

图 6-135 使用标注工具绘制

❓ 知识点: 标注工具 (Annotation Tool)

标注的作用相当于做笔记时画的下画线之类的记号。在大部分情况下按住 D 键即可直接使用标注工具, 按住 D 键后按住鼠标左键绘制, 单击鼠标右键擦除。标注工具在 Blender 中本来用于打草稿和画注释, 但在其他的功能中有时候也会用于辅助, 例如可以用来绘制 Cell Fracture 破碎的参考线。在 Blender 中, 标注工具经常能起到意想不到的作用, 是 Blender 的特色工具之一。

3. Cell Fracture：破碎之前先给鸡蛋再添加一种材质，**确保鸡蛋有两种材质**，如图 6-136 所示。然后执行 Cell Fracture 命令，参数如图 6-137 所示，最重要的是"点源"选择 Annotation Pencil，即标注工具。最后单击"确定"按钮，鸡蛋就会根据绘制的标注破碎，如图 6-138 所示。

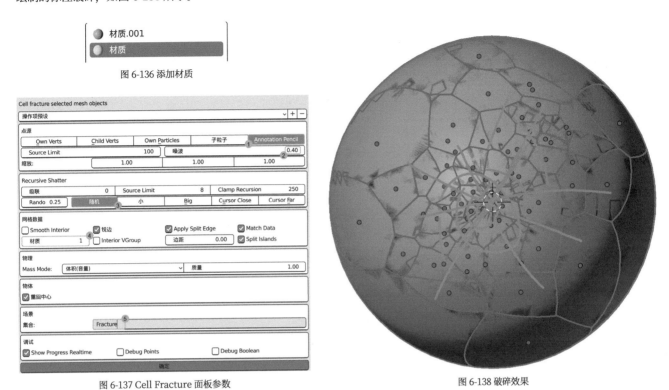

图 6-136 添加材质

图 6-137 Cell Fracture 面板参数

图 6-138 破碎效果

4. 添加刚体：把绘制的标注擦除，隐藏原本的鸡蛋模型，把所有的碎块选中（确保有活动物体），执行**物体 > 刚体 > 添加活动项**命令，将所有碎块添加为刚体，如图 6-139 所示；添加一个地面，把鸡蛋移动到高处或者将地面往下移动，拉开距离，然后将地面添加为刚体被动项，如图 6-140 所示。

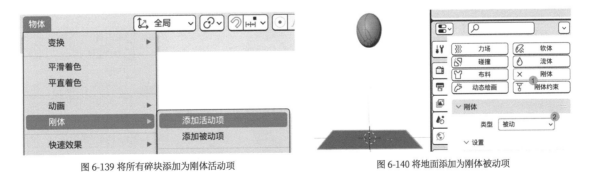

图 6-139 将所有碎块添加为刚体活动项

图 6-140 将地面添加为刚体被动项

6.4.3 连接刚体

当前播放动画鸡蛋会"粉身碎骨"，但实际上，根据撞击的力度和角度的不同，破碎的状况也不同，有时候只是破碎成一些小碎块，不会整个都粉碎。在三维软件中物体已经提前粉碎好了，所以要靠"连接"把粉碎的物体连接起来，对需要破碎的物体单独设置。

1. 分组管理: 把碎块分为大、小两组，手动选择大块的碎块，按 M 键，新建一个 Big 集合，把大碎块添加进去，如图 6-141 所示；选择其余的小碎块，新建 Small 集合并添加进去，集合整理后如图 6-142 所示，把碎块分组方便让破碎时不同大小的碎块有不同的表现；选中所有的碎块，在"刚体"菜单中单击"计算质量"，选择"混凝土"，即可根据碎块大小计算并设置质量，如图 6-143 所示。不同质量在刚体模拟时会有不同的表现，效果会显得更加真实。

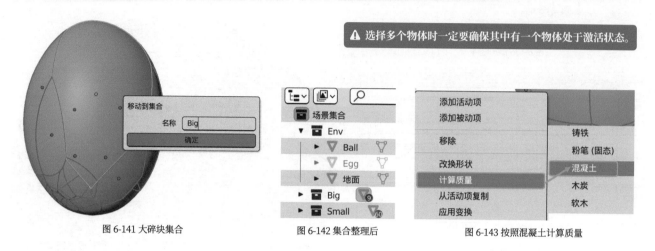

⚠ 选择多个物体时一定要确保其中有一个物体处于激活状态。

| 图 6-141 大碎块集合 | 图 6-142 集合整理后 | 图 6-143 按照混凝土计算质量 |

2. 连接碎块: 隐藏 Small 集合，单独处理 Big 集合，选中所有大碎块，在"刚体"菜单中单击"连接"，即可在每两个碎块之间创建一个空物体进行连接，如图 6-144 所示；给 Small 集合中的所有小碎块同样添加连接，此时所有碎块就像被胶水粘住一样，坠落时也不会分开。实际上空物体是添加了固定类型的刚体约束，用于把物体参数中的两个物体连接起来，如图 6-145 所示。

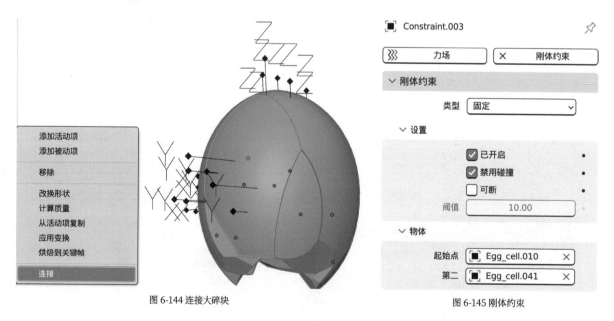

| 图 6-144 连接大碎块 | 图 6-145 刚体约束 |

3. 断开连接: 把碎块连接起来的目的是希望碎块撞击到地面之后才裂开，而不是在空中就分开，只需要设置连接用的空物体即可做到。选中所有的空物体，在刚体约束设置中，按住 Alt 键，然后勾选"可断"，再放开 Alt 键，即可给所有的空物体同时设置参数，如图 6-146 所示。确保所有的空物体都勾选了"可断"，可断的默认"阈值"是"10"，代表打破连接所需要的力量，阈值越高，连接越紧密。

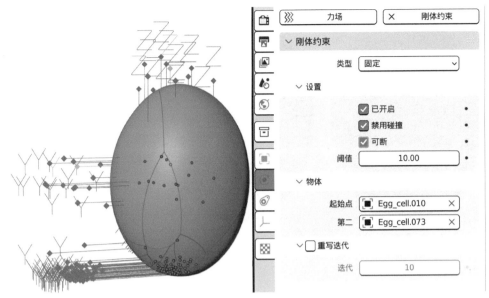

图 6-146 勾选 "可断" 参数

4. 设置阈值：大碎块由于质量大，自然是需要大阈值去打破连接的，小碎块则相反。首先可以把连接大碎块的空物体分成一组，小碎块的分成一组，然后选择大碎块的空物体，按住 Alt 键，设置 "阈值" 为 500，再按 Enter 键，即可同时给所有的空物体设置阈值，如图 6-147 所示。小碎块的空物体的阈值保持默认的 10 即可。此时再播放动画，部分特别大的碎块就不会碎裂了，如图 6-148 所示。比起一落地就全都碎了，现在的破碎动画更加自然。

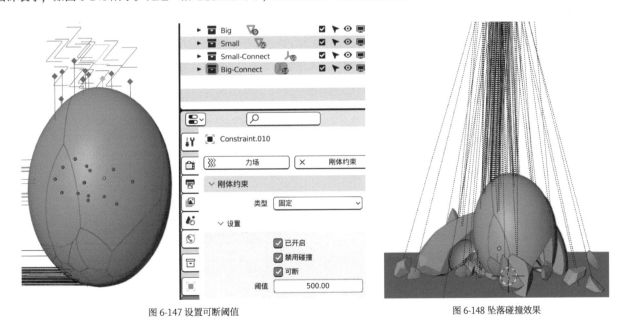

图 6-147 设置可断阈值　　　　　　　　　　　　　　　　图 6-148 坠落碰撞效果

5. 遮盖缝隙：因为模型是提前破碎好的，所以碎块之间有缝隙，解决这一问题最简单的方法是使用原本的模型覆盖碎块。首先恢复原本鸡蛋模型的显示，切换到材质预览模式即可看到差别，如图 6-149 所示，如果还不能覆盖住缝隙可以把原本的模型略微放大一点。然后给鸡蛋模型设置刚体，鸡蛋会跟碎块发生碰撞，由于重叠在一起，会爆炸开，所以需要给鸡蛋单独设置碰撞集合，如图 6-150 所示。一个方块代表一个集合，此集合并非大纲视图中的场景集合，而是专门给碰撞用的集合。碎块在第一个碰撞集合中，鸡蛋在第二个中。再播放动画，它们之间就不会相互碰撞了，且不会影响刚体效果。

图 6-149 鸡蛋碎块裂缝

图 6-150 设置碰撞集合

6.4.4 动画完善

1. 隐藏完整鸡蛋：因为鸡蛋模型在第二个碰撞集合中，播放动画时会穿过地面，所以需要让鸡蛋在碰到地面的一瞬间消失，只需要给"可见性"参数打上关键帧即可。首先播放动画，得知第 26 帧的时候鸡蛋碰到地面；然后选中鸡蛋模型，在物体属性中给视图和渲染都打上关键帧，第 25 帧时全都显示打一个关键帧，第 26 帧时全都隐藏再打一个关键帧，即可让鸡蛋在第 26 帧瞬间隐藏，如图 6-151 所示。

2. 蛋黄动画：蛋黄模型在鸡蛋内部，加上刚体后容易出现爆开的现象，一播放动画就飞走，其中一个原因是碎块的刚体形状是"凸壳"，所以容易触碰到蛋黄，把蛋黄弹开。最简单的解决办法是让鸡蛋不跟碎块碰撞，直到落地，所以需要给碰撞集合打上关键帧，在碰撞集合的格子上右击即可打上关键帧。关键帧如图 6-152 所示，第 27 帧蛋黄在第三个碰撞集合，不与任何物体碰撞；第 28 帧蛋黄在第一个碰撞集合，就可以与碎块碰撞了。

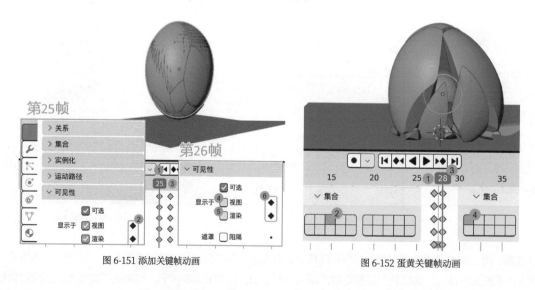

图 6-151 添加关键帧动画

图 6-152 蛋黄关键帧动画

3. 碗和烘焙：鸡蛋落在碗里会显得更自然。接下来制作一个简单的碗，或者使用本节提供的模型"碗 .obj"。导入模型后，将其摆放在地面上，并且添加刚体被动项，地面可以放大一些，碗的碰撞形状一定要设置为网格，然后回到第一帧播放动画即可让鸡蛋摔在碗里，如图 6-153 所示。如果鸡蛋还是摔在地上，可能是因为有缓存，可以尝试重启 Blender。

确定动画没问题后就可以缓存动画了。首先到场景属性中找到刚体世界环境，设置"模拟起始帧"和"结束点"，把"每帧子步数"和"解算器迭代次数"均改为 30（可选，这两个参数值越高解算越精确，时间也越久），然后单击"烘焙所有动力学解算结果"按钮即可，如图 6-154 所示，这样就一键烘焙了整个场景中的所有刚体动画。

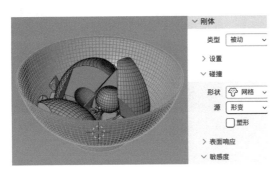

图 6-153 添加碗模型

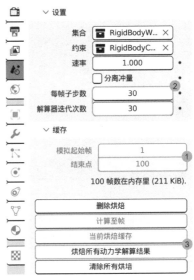

图 6-154 烘焙所有动力学解算结果

6.4.5 材质和渲染

1. 基础材质：地面使用本节提供的 concrete_floor_worn_001_4k 文件夹中的水泥材质即可，如图 6-155 所示。可以直接从其中的 .blend 文件中把球体复制过来，如图 6-156 所示，以获得制作好的水泥材质。鸡蛋外壳使用本节案例提供的贴图即可，鸡蛋内部和蛋黄（对蛋黄可以添加表面细分修改器）可以设置成基础的金属材质，基础色为 959595，如图 6-157 所示。金属材质坚硬，跟脆弱的鸡蛋壳形成对比，反差更强。为碗新建一种白色（Hex：FFFFFF）材质即可，"糙度"设置为 0.1，让碗看起来光滑一点。

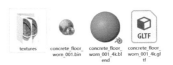

图 6-155 水泥 PBR 贴图

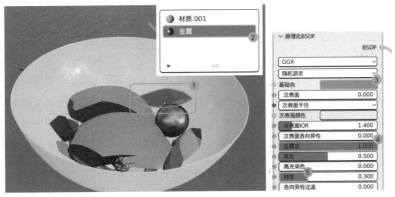

图 6-156 鸡蛋内部材质设置

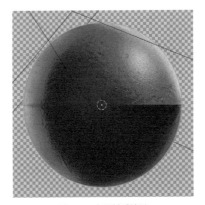

图 6-157 金属材质效果

2. 灯光和构图：将渲染引擎改为 Cycles，然后切换到渲染模式。至于灯光，使用本节提供的 brown_photostudio_02_4k.exr.001 贴图作为世界环境即可，如图 6-158 所示，这是一张室内的环境贴图，非常贴合有鸡蛋和碗的场景。新建一个摄像机，将"焦距"设置为 200mm（长焦距），找一个尽量能看到整个动画破碎过程的角度，尽可能避免画面中全是大碎块。然后勾选"景深"，"距离"调整到中间清晰即可。接着将"光圈级数"改为 0.1，有了景深真实感更强。最终构图和摄像机参数如图 6-159 所示。

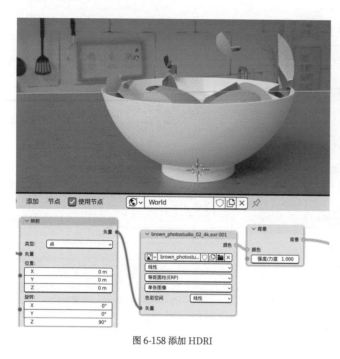

图 6-158 添加 HDRI

图 6-159 构图和摄像机参数设置

3. 渲染设置：把输出"分辨率 X""Y"均改为 1080px，修改"结束点"到 100，设置输出路径，如图 6-160 所示；然后到渲染设置中把渲染时间限制改为 1min，勾选"降噪"，再勾选"运动模糊"，将"位置"改为"此帧结束"，如图 6-161 所示。这样模型在运动时就会有拖影的效果出现，就跟现实中用设备拍摄运动物体时一样，更加真实。因为运动模糊容易出现噪点，所以勾选"降噪"效果会更好。最后渲染 PNG 序列即可。

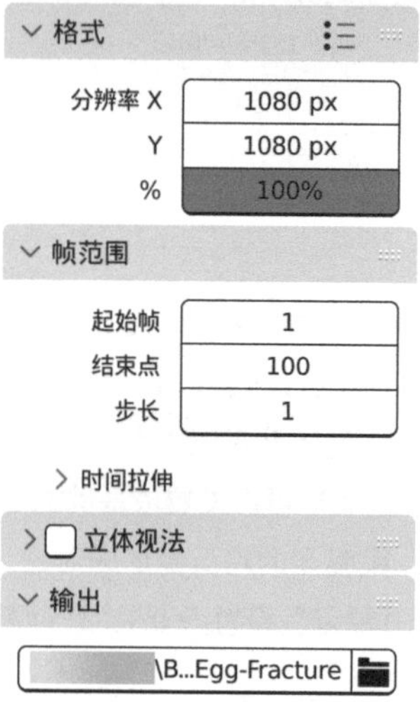

图 6-160 输出参数设置

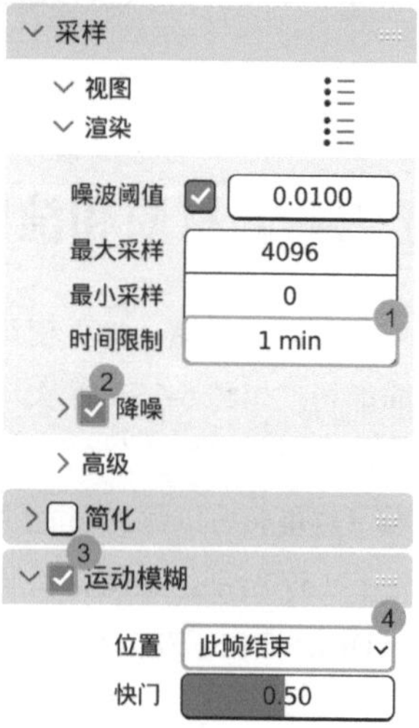

图 6-161 渲染参数设置

> **❓ 知识点：动态模糊（Motion Blur）**
>
> Blender 默认渲染的动画其实就是一张一张的图片，每张图片都是清晰的，这是很奇怪的，因为现实中拍摄视频，如果逐帧看会发现物体在运动过程中一定是模糊的，这就叫作运动模糊，也叫作动态模糊。有的三维动画看起来很假的一大原因就是没添加运动模糊。游戏也是如此，多数游戏没有或者默认不开启动态模糊，在每一帧清晰的情况下看起来就觉得假，所以一般建议开启运动模糊，尤其是制作刚体模拟动画时。Blender 的运动模糊中有个"快门"参数，此数值越大越模糊，越小越清晰，制作过程中需要根据需求合理调节运动模糊的参数。

4. 配音和输出：鸡蛋和金属都是常见物体，完全可以自己配音。首先用手机录制一个鸡蛋掉到碗里的声音，然后录制一个把金属物体丢进碗里的声音，用来模拟碎块碰撞碗的音效，然后录制一些小碎块掉在地面上的声音，把录制好的音效发送到计算机上即可。更详细的配音过程可以参看本节配套的视频教程，也可以直接使用笔者提供的音效。

最后新建 Video Editing 文件，添加渲染好的序列和音效，反复播放，调整音效的位置，设置好相应的分辨率、帧率（25fps）、输出路径和文件格式，输出 MP4 格式的文件即可，如图 6-162 所示。

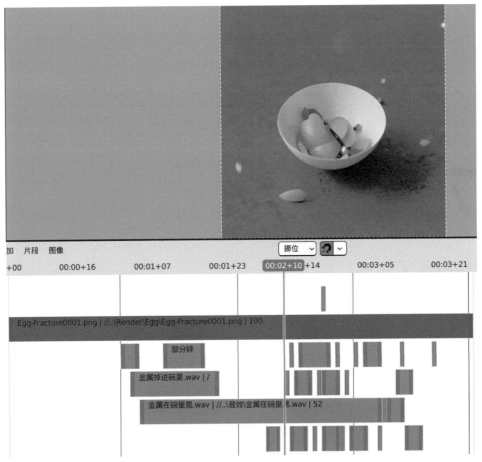

图 6-162 视频配音和输出

本章总结

　　动画的关键在于"动"，物体动、灯光动、摄像机动，甚至材质动，通过不同的东西动可以制作出各种不同的动画。不同于渲染静态图，动画的重点在于整个动画的连贯性，而不是把每一帧都要做到无比细致。本章只是通过案例介绍了 Blender 基本的动画功能，实际上动画的知识点和操作远不止这些，对每一种动画都可以深入研究。

第 7 章

特色功能介绍

本章介绍 Blender 中的几个特色功能和新功能。之所以是介绍而不是案例，是因为使用部分功能需要读者具备一些其他方面的功底。例如使用蜡笔工具需要绘画功底，如果做成案例，没有绘画功底的读者是无法完成的，所以本章只介绍其功能和基本用法。尽管如此，还是推荐阅读本章，因为这些功能都很有趣，并且是可以应用在日常工作中的。

7.1 蜡笔工具的使用——Grease Pencil

7.1.1 什么是蜡笔工具

蜡笔工具（Grease Pencil）是 Blender 最独特的工具之一，顾名思义就是用来画画的工具，也就是可以在 Blender 这样的三维软件中绘画。这是史无前例的，Blender 官方工作室的多个作品都由蜡笔工具制作，法国动画《我失去了身体》也是由蜡笔工具绘制，还有很多的艺术家专门使用 Blender 的蜡笔工具进行创作。图 7-1 所示是艺术家 Dedouze 使用蜡笔工具绘制的作品，可以在 Blender 官网的 Demo Files 中找到。

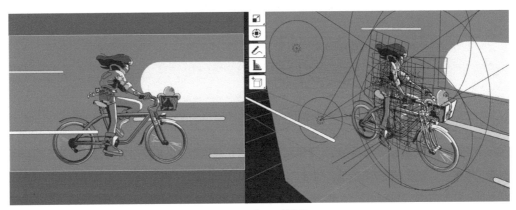

图 7-1 Dedouze 的作品

蜡笔工具可以用来绘画，也可以用来制作二维动画，还可以直接绘制在三维物体上，消除二维和三维的界限，非常好用。那么蜡笔工具画的和一般绘图软件画的有什么不同呢？普通绘画软件是以像素为单位绘画，本质上是在填充像素格子，而蜡笔工具绘制的本质还是三维物体，只是呈现出二维状态。在 Blender 中新建一个文件，添加一个"笔画"蜡笔，如图 7-2 所示，切换到编辑模式，在点选择模式下可以看到笔画是由顶点组成的，使用蜡笔工具绘制，本质上是在绘制由顶点连成的线或面。蜡笔工具的材质叫作"线条样式"（LineStyle），正是这种特殊的材质造就了二维效果。

因为蜡笔工具绘制的是顶点，所以可以直接"绘制"在三维物体上，如图 7-3 所示，其实只是形状贴近物体，并不是像贴图一样真的就画在了物体上。因为这一特性，所以可以把三维的物体制作出二维的效果，适用于二维动画的制作。例如把一个角色制作成三维的模型，再用蜡笔工具绘制成二维的风格，这样就结合了三维动画的制作速度和二维动画的风格。

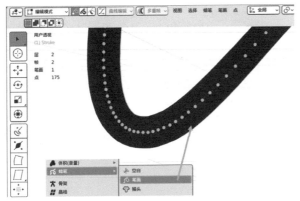

图 7-2 添加"笔画"蜡笔

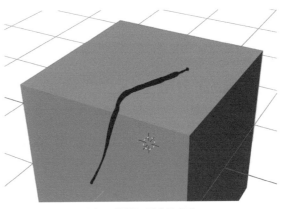

图 7-3 绘制在三维物体表面

7.1.2 在平面上绘画

1. 新建文件：新建一个 2D Animation 文件，这是 Blender 提供的一个做好了基本设置的，用于绘制 2D 动画的文件，新建好文件后即可直接在 3D 视图中绘制了，如图 7-4 所示。该文件中有一个空的蜡笔工具，并且切换到了绘制模式，旋转一下视角可以看到，场景中还有一个正对着蜡笔工具的摄像机，新建文件后就直接进入了摄像机视图。**要进行绘制一定要进入摄像机视图！** 否则绘制的内容可能在摄像机中看不到，或者看起来不一样。

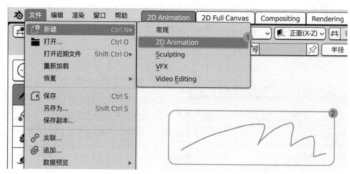

图 7-4 新建 2D Animation 文件并开始绘制

2. 优化设置：使用蜡笔工具最好使用手绘板，考虑到多数读者可能没有手绘板，所以可以提前对文件进行优化设置。找到 3D 视图顶部的"笔画"，设置如图 7-5 所示，勾选"后期处理"，设置"平滑"为 1、"细分步数"为 2，这样会对画完的笔画进行平滑处理。然后勾选"笔画防抖"，根据个人习惯设置"半径"和"系数"。"笔画防抖"非常适用于鼠标绘制，开启"笔画防抖"后，在绘制时会拖着一条"小绳子"，绘制的下一个点必须与之前的点超过设置的"半径"值，否则画不出来，这样可有效避免因手抖而画出一些小毛刺曲线。平滑前后对比如图 7-6 所示，按住 Shift 键绘制可以暂时关闭此功能。使用手绘板时，可以不用进行以上设置，或者适当降低参数，因为这些后期处理实际上是会占用计算机资源的。最后切换成一个粗一点的笔刷，如图 7-7 所示。

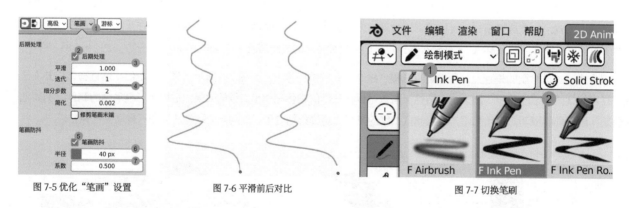

图 7-5 优化"笔画"设置　　　　图 7-6 平滑前后对比　　　　图 7-7 切换笔刷

3. 绘制逐帧动画：使用蜡笔工具在每一帧绘制的不同内容连起来后就形成了逐帧动画，就像"80 后""90 后"儿时可能玩过的一种书，快速翻页可以看到书中的内容在动，这就是逐帧动画原理的体现，传统的动画片也是这个形式。

首先**在第一帧画一个数字 1**，时间轴上自动就创建了一个关键帧，如图 7-8 所示（红色框内是自动插帧开关，启用了自动插帧才会自动添加关键帧）。然后**拖动播放头到第四帧，再画一个数字 2**，又自动创建了一个关键帧。由此可见蜡笔工具是离不开关键帧的。

每一个关键帧就相当于一张单独的画布，一个关键帧只能画一幅画，而且可以看到在第四帧画了 2 之前 1 是很明显的，在画了 2 之后 1 就变淡了，如图 7-9 所示，这叫作"洋葱皮"，也就是以透明的方式显示前一个关键帧。这样在绘画时就有参照物了，其实第四帧的内容只有数字 2，数字 1 只是作为参考，实际播放动画的时候不会存在。

按照同样的方法，每隔两帧画一个更大的数字，一直画到 10，如图 7-10 所示。画错了可以撤销或者使用工具栏中的橡皮擦工具擦除。画完一共是 28 帧，所以把"结束点"设置为 28，播放动画即可看到数字从 1 到 10 的动画，一个简易的逐帧动画就完成了，每一个数字都存在了 3 帧。如果一帧一个数字，动画速度会太快，所以间隔两帧绘制，在出现下一个关键帧之前，画面中会一直显示上一个关键帧的内容。

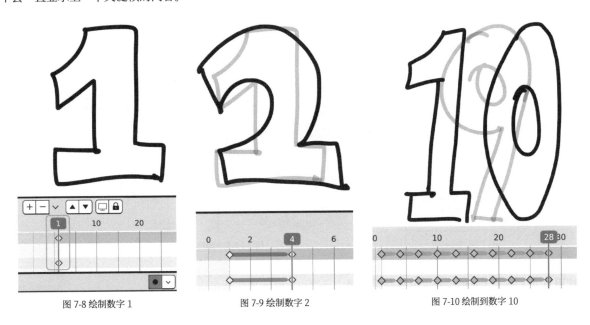

图 7-8 绘制数字 1　　　　　　　　　　图 7-9 绘制数字 2　　　　　　　　　　图 7-10 绘制到数字 10

4. 图层：蜡笔工具中是有图层的，如图 7-11 所示。在物体数据属性中，哪个图层被选中了，处于激活状态，就会画在哪个图层中，刚才就是画在了 Fills 图层中，单击图层右侧的眼睛图标即可隐藏图层，加减号按钮可以用来添加和删除图层，这都是基本操作。刚才绘制的内容都是到下一个关键帧就消失了，如果想要绘制的内容贯穿整个动画，就可以新建一个图层命名为"固定内容"，然后在第一帧绘制，如图 7-12 所示。拖动时间轴可以看到绘制的内容一直都存在，但在绘制其他内容时一定要切换回原本的图层！之所以能做到固定内容，是因为之后没有新的关键帧，所以第一个关键帧会一直存在。

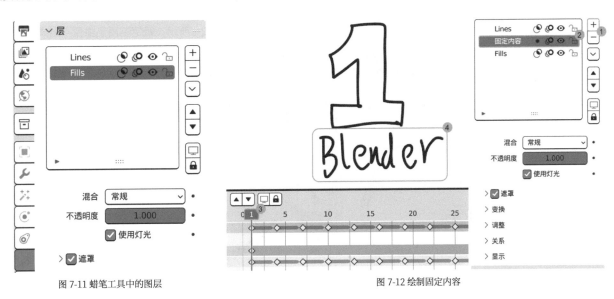

图 7-11 蜡笔工具中的图层　　　　　　　　　　　图 7-12 绘制固定内容

5. 蜡笔材质：在 3D 视图顶部和材质属性中都可以切换材质，如图 7-13 所示。蜡笔工具的材质相对简单，有"基础色""线型""样式"等参数可以修改，材质还可以决定绘制的是笔画还是实心填充的图形，或者两者都有。接下来新建一个文件，画一个圈（封不封闭都可以），然后到材质属性中取消勾选"笔画"，勾选"填充"，圆圈就填充成实心的了，如图 7-14 所示。接着再绘制就像是在绘制多边形了，填充和笔画两者是可以随时切换的。

切换材质并不会改变已经画了的笔画，而是决定新的笔画用什么材质。需要注意的是同一个图层内可以随意切换不同的材质绘画，而不是一个图层用同一种材质。笔刷和材质千万不要搞混了，同一种材质、不同的笔刷也会有完全不同的表现，两者需要配合使用。

图 7-13 蜡笔材质　　　　　　　　　　　　图 7-14 改为填充材质

6. 使用灯光：蜡笔工具的特殊之处就在于模糊了三维和二维的界限，特征之一就是蜡笔工具同样受到光照影响。蜡笔工具的每个图层都有一个"使用灯光"参数，勾选这个参数就会受到灯光的影响，如图 7-15 所示。只有在渲染模式才能看到灯光，通过给灯光制作移动之类的动画，就可以让画面更加生动，让二维动画有一种真实的感觉。

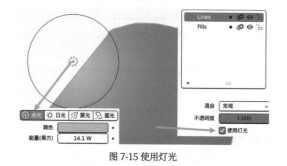

图 7-15 使用灯光

7. 顶点颜色：除了材质颜色外，蜡笔工具还可以给顶点单独设置颜色，如图 7-16 所示。蜡笔笔画是由顶点组成的，使用顶点颜色就是给顶点上色，这样就可以用同样的材质画出不同的颜色。只有在材质预览模式和渲染模式才可以看到顶点颜色，使用染色工具甚至可以给部分顶点单独上色，如图 7-17 所示。

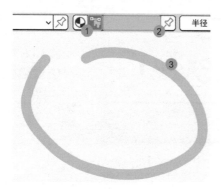

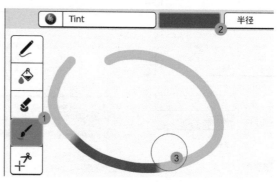

图 7-16 设置顶点色　　　　　　　　　　图 7-17 给部分顶点单独上色

8. 插值顺序：一个圆圈从左移动到右，如果要逐帧画，要画几十个不同位置的圆圈。但使用蜡笔工具的"插值顺序"功能就非常简单：首先在第一帧画一个圆圈，然后转到第 25 帧，切换到编辑模式，选中圆圈全部的点，移动到右边，如图 7-18 所示，最后切换回绘制模式。

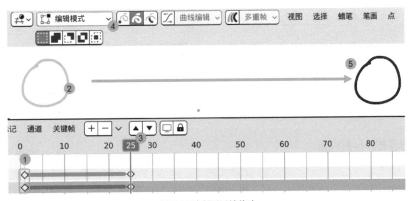

图 7-18 绘制圆圈并移动

这时只有两个关键帧，动画播放到第 25 帧，圆圈会突然到右边去。一般情况下需要在每一帧都画出圆圈移动后的样子，直到移动到第 25 帧的位置，Blender 2.93 新增了一个非常方便的功能，可以自动填充两个关键帧之间的所有帧。首先把播放头放到关键帧之间的任意位置，然后执行绘制 > 插值顺序命令，Blender 即可自动填充可以让动画自然过渡的关键帧，如图 7-19 所示。该功能并不是万能的，仅适用于简单的动画和简单的形状变化，例如从三角形变成圆形，但是要注意绘制的起点和顺序。Blender 并不能总是完美地插值出用户想要的结果，所以更多时候还是要靠手绘。

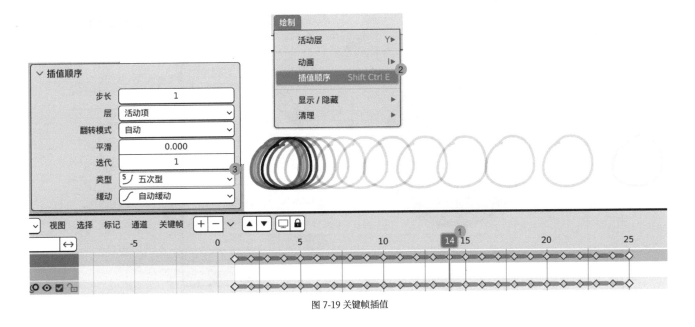

图 7-19 关键帧插值

9. 修改器和效果：蜡笔工具同样有修改器，特别的是还有视效属性，可以用于后期处理和制作一些动画，修改器和视效属性都针对使用蜡笔工具绘制的整个物体。随意画一个圈，添加一个"建形"修改器 📇，勾选"使用系数"，随意调整使用系数即可看到圆圈时少时多，如图 7-20 所示，系数就相当于笔的百分比，0.274 就是画出来 27.4% 的笔画，给"使用系数"添加关键帧就可以做出笔画画出的状态。删除"建形"修改器，然后在视效属性中添加一个"模糊"效果 ✖️，切换到渲染模式 ◎，可以看到圆圈变模糊了，如图 7-21 所示。

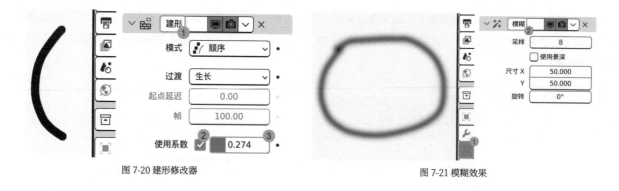

图 7-20 建形修改器　　　　　　　　　　图 7-21 模糊效果

7.1.3 在三维模型上绘画

三维绘制和二维绘制使用的工具、技术基本一样，唯一的区别是绘制使用的"画布"不同，只需要稍做设置即可在三维模型上使用蜡笔工具。

1. 文件准备：添加一个球体模型，以该球体模型为画布，然后添加一个空白的蜡笔工具🖊️并且进入绘制模式，如图 7-22 所示，基础文件就准备好了。

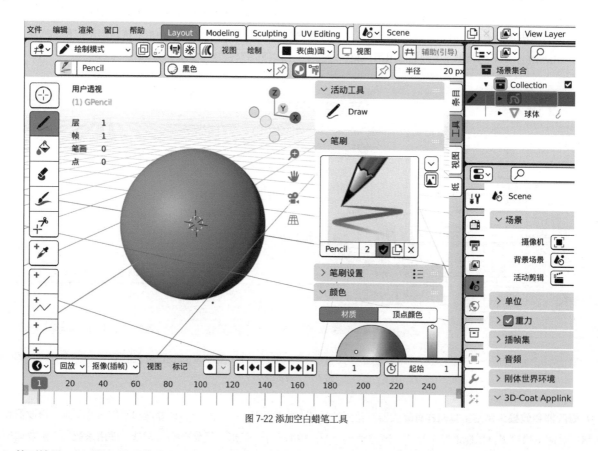

图 7-22 添加空白蜡笔工具

2. 笔画放置：把"笔画放置"改为"表（曲）面"，如图 7-23 所示，即可在球体上绘制内容，如图 7-24 所示。转动视角可以看到，绘制的笑脸是贴合球体的形状的，只是有些距离，如图 7-25 所示。这个距离是为了防止蜡笔工具绘制的内容嵌入模型内，导致看不到绘制的内容。这个距离可以在"笔画放置"参数下方的"偏移量"中设置，推荐使用大于零的数值。

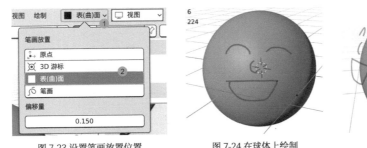

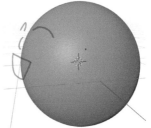

| 图 7-23 设置笔画放置位置 | 图 7-24 在球体上绘制 | 图 7-25 侧面观看效果 |

　　三维绘制跟二维绘制基本上也只有这些不同了。在三维模型上使用蜡笔工具主要是为了制作出手绘风格的模型，配合本书5.6 节所讲的三渲二的材质，可起到画龙点睛的作用。蜡笔工具更多还是用于二维动画的制作，偶尔利用简单的三维模型绘画，例如把立方体作为画布绘画，即可轻易获得有透视感的场景。Blender 的蜡笔工具如此特别而强大，势必会更多地被专业动画师和工作室所使用。

7.2 雕刻初体验

7.2.1 什么是雕刻

　　雕塑是一种古今中外都有的三维艺术，古希腊雕塑多用大理石制作，例如著名的《大卫》，如图 7-26 所示。这类雕塑是使用雕刻工具对一整块材料雕刻，而另一种相反的雕塑制作方法——泥塑，则是把泥土捏在一起，捏出大致的形状再进行雕刻，也就是逐渐增加的过程。现实中的雕刻限制比较多，进入计算机时代后，在计算机中也可以进行雕刻了，比较知名的雕刻软件有 ZBrush、3DCoat 等。除了专业的雕刻软件外，部分软件也有雕刻功能，例如 Blender。在计算机中雕刻，本质上是在建模，只是使用鼠标当作雕刻工具，对点、线、面组成的模型进行雕刻。由于是电子文件，所以更容易修改和保存，现实中如果雕刻错了是很难还原的，而在计算机

图 7-26 《大卫》

中只需要撤销即可。所以越来越多的雕塑艺术家也会学习使用计算机进行雕刻，再配合 3D 打印技术，把雕刻完的模型打印出来，变成实际存在的物体。手办制作也会采用这样的流程，比起传统的雕刻更加高效。

　　雕刻更适合制作自然形状的模型，例如人体、动物、岩石等物体，因为这些物体没有规则的形状，很难通过常规的建模方式制作，雕刻就相对自由得多。影视游戏角色建模、手办制作等行业的从业者需要使用到雕刻技术，其他行业不一定会用到。如果对雕刻没有兴趣可以不深入学习，但是学习雕刻的基础知识还是很有必要的，有些模型的制作或者处理使用雕刻技术非常快就能完成，本节会简单介绍一些雕刻的基础知识。

7.2.2 初尝雕刻

　　1. 雕刻准备：添加一个平面，在编辑模式下细分两次，再复制一个出来，细分多次，如图 7-27 所示。也就是让一个物体中有两个不同面数的平面，这样可方便之后在雕刻时进行对比。

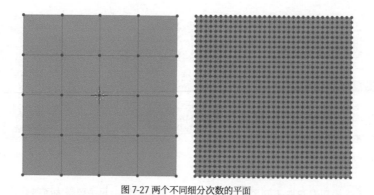

图 7-27 两个不同细分次数的平面

2. 雕刻布局和模式：切换到 Sculpting（雕刻）布局，如图 7-28 所示。雕刻布局只是把 3D 视图的物体交互模式切换到了雕刻模式✐，左侧的工具栏变成了雕刻用的工具，雕刻工具大多参考现实中存在的工具而来。顶部是工具的基本设置；右侧属性栏中是活动工具和工作区的详细设置，还会显示当前笔刷的预览图。

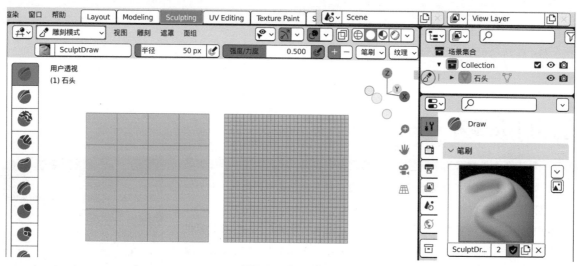

图 7-28 Sculpting 布局

3. 雕刻笔刷：使用"自由线"雕刻笔刷在平面上雕刻（按住鼠标左键拖动鼠标），过程就跟画画一样，如图 7-29 所示。可以看到面数多的雕刻效果更明显，这是因为雕刻本质上是在移动模型的点的位置，在编辑模式下手动移动顶点可以达到一样的效果，只是没有用笔刷直接刷上去方便。

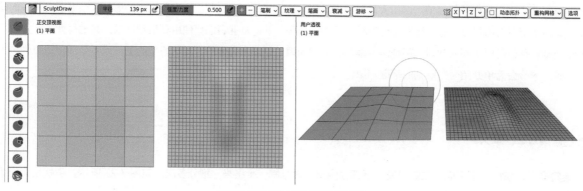

图 7-29 使用"自由线"雕刻笔刷雕刻

如果切换到模型的背面，可以看到雕刻过的地方是凹进去的，如图 7-30 所示，并不是堆叠起来的。现实中同样的操作是需要添加黏土在模型上的，由于三维模型是空心的，所以雕刻时模型不会增加厚度，正面凸出来背面就会凹进去。理解了雕刻的基本概念，就可以尝试雕刻一些小东西了。

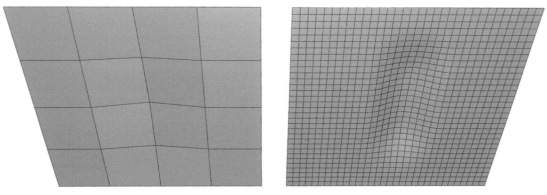

图 7-30 雕刻后模型的背面

7.2.3 雕刻一个石头

Blender 的雕刻功能虽然没有专业雕刻软件那么全面，不过 Blender 可以更好地兼顾雕刻和建模，能够非常方便地在雕刻模式和编辑模式之间切换，并且雕刻工具中有一些非常独特的工具。本小节将通过雕刻一个石头来介绍 Blender 雕刻的基本流程和常用工具的使用方法，建议使用手绘板。

1.雕刻准备：雕刻是需要参考的，本小节案例参考如图 7-31 所示。这里参考的石头棱角分明，有大面积的平面，类似多面体。接下来在参考的基础上进行抽象化、风格化处理，雕刻出风格化的石头模型。

在计算机中雕刻一般是从无到有的过程，也就是需要先准备好大致的模型，在基础模型上进行雕刻。石头比较接近球体的形状，首先添加几个球体并选中，按快捷键 Ctrl+J 合并。或者新建一个球体，进入编辑模式再添加几个球体，只要确保几个球体在一个物体中即可，如图 7-32 所示，按照想法摆放好球体即可，不需要完全跟参考图一样。接下来就在这个模型的基础上进行雕刻。

图 7-31 案例参考

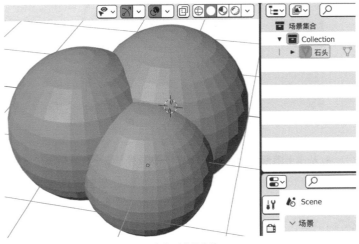

图 7-32 添加球体并合并

257

2. 重构网格：被雕刻物体需要是一个整体，就像是雕刻一块石头一样。现在的基本形由 3 个球体组成，要变成一个整体模型就需要用到"重构网格"功能，如图 7-33 所示。体素可以理解为 3D 的像素，体素越小模型就越精细。根据当前的模型大小将"体素大小"设置为 0.01，然后单击"重构网格"（Ctrl+R）按钮。重构网格不会改变模型的外观，只是改变模型的网格。打开线框就可以看到模型的布线如图 7-34 所示，现在模型就变成了一个整体。"重构网格"功能是雕刻软件中都有并且很常用的功能。

图 7-33 重构网格

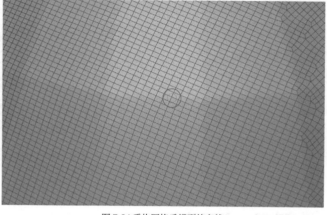

图 7-34 重构网格后模型的布线

3. 平滑模型：此处为了介绍平滑功能，在重构网格之前没有细分模型，所以保留了大块面的外观，实际雕刻前最好先细分模型，让模型有足够多的面数。无论选择了什么雕刻工具，只要在雕刻模式下**按住 Shift 键并按住鼠标左键**在模型表面涂抹即可平滑模型，如图 7-35 所示，按住 Shift 键相当于临时使用平滑笔刷。但这样一点点平滑太慢了，Blender 还提供了一个很强大的笔刷——网格滤镜，如图 7-36 所示。网格滤镜在工具栏的最后面，选中一个笔刷后，右侧的属性栏会变成当前活动笔刷的选项，当前显示的就是网格滤镜的选项。在属性栏中，把"过滤类型"改为"平滑"，然后将鼠标指针放在 3D 视图中，**按住鼠标左键从左往右拖动再放开**即可使用网格滤镜平滑模型，如图 7-37 所示。反复操作，直到模型看起来光滑，平滑后可以按快捷键 Ctrl+R 再次重构网格。

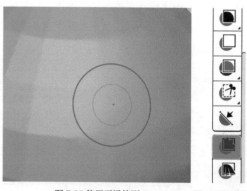

图 7-35 使用平滑笔刷

图 7-36 网格滤镜

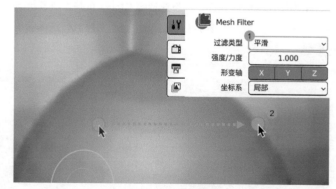

图 7-37 使用网格滤镜

4. 基本形雕刻：雕刻之前先保存一次文件，第一次雕刻需要反复练习，如果雕刻的效果不好，直接重载文件重新雕刻即可。首先要制作出大块的切面，需要使用到刮削笔刷，如图 7-38 所示。刮削笔刷可以起到刮平的作用，先设置好刮削笔刷，把"半径"改为较大的数值，将"强度 / 力度"改为 1，在"高级 > 使用初始文件"中勾选"法向"，如图 7-39 所示。笔刷设置好后即可在模型上涂抹，按住鼠标左键不放可以反复涂抹，边旋转视图边刮削，直到把模型雕刻得棱角分明，如图 7-40 所示。笔刷的设置尤其是半径要根据情况实时调整，**按一下 F 键，左右拖动鼠标即可快速调整笔刷半径**；按快捷键 Shift+F 可以调整笔刷强度。

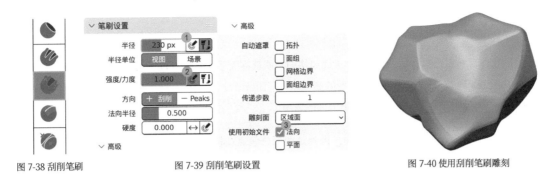

图 7-38 刮削笔刷   图 7-39 刮削笔刷设置   图 7-40 使用刮削笔刷雕刻

5. 细节雕刻：因为形状有较大的变化，所以首先重构一次网格，然后按住 Shift 键把模型粗糙的地方涂抹平滑。真实的石头上会有裂纹，显示锐边笔刷可以画出凹陷的效果，适用于制作裂纹，如图 7-41 所示。这一步有手绘板会更好，因为手绘板有压力感应，通过用笔的轻重可以雕刻出更自然的效果。制作裂纹需要把笔刷半径设置得比较小，然后在可能会出现裂纹的地方雕刻，如图 7-42 所示。如果没有手绘板，可以在雕刻的裂纹两端平滑，这样裂纹会更自然。裂纹不必太多，否则会显得假。雕刻时按住 Ctrl 键可以反转笔刷的雕刻效果，例如凹陷的笔刷会变成凸出来的。

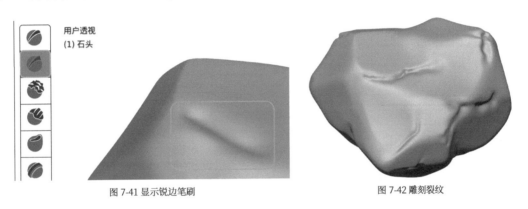

图 7-41 显示锐边笔刷   图 7-42 雕刻裂纹

6. 锐化边缘：模型经过平滑后很多地方都很圆润，而石头应该是锐利的。接下来可以使用夹捏笔刷在圆润的地方雕刻，把圆润之处"捏紧"，如图 7-43 所示。

图 7-43 夹捏圆润之处

7. 后期处理：模型经过重构后面数非常多，如果直接使用在场景中会非常消耗计算机的内存，所以需要减少面数。第一种方法是重构拓扑，就是在高面数的模型上重新建模，建立一个低面数的模型，再细分，然后把高面数模型的细节传递到低面数模型上，这属于比较专业的高级操作；第二种方法就简单多了，直接使用"精简"修改器，首先切换到 Layout 或者 Modeling 布局，给石头添加一个精简修改器 ☑，然后将"比率"改为 0.02，也就是保留 2% 的面，如图 7-44 所示，这样会损失一些细节。至此石头就雕刻完成了。

图 7-44 精简模型

259

7.2.4 绘制纹理贴图

PBR 纹理只能制作真实质感的材质，想要制作卡通风格的材质就需要手动绘制纹理。市面上有专业的绘制模型纹理的软件，例如 Substance Painter 和 Mari，这两款都是付费的商业软件。Blender 本身的纹理绘制功能就可以胜任大多数纹理的绘制，接下来使用 Blender 的纹理绘制功能给石头绘制出卡通的效果。

1. UV 展开：模型必须有 UV 才能够绘制纹理，否则贴图无法包裹在模型上。首先应用精简修改器，如图 7-45 所示，然后切换到 UV Editing 布局，进入编辑模式。

选中整个模型，执行 **UV> 智能 UV 投射**命令，如图 7-46 所示。执行命令后左侧的 UV 编辑器模块中就有石头的 UV 了，多数模型都可以使用智能 UV 投射展开。

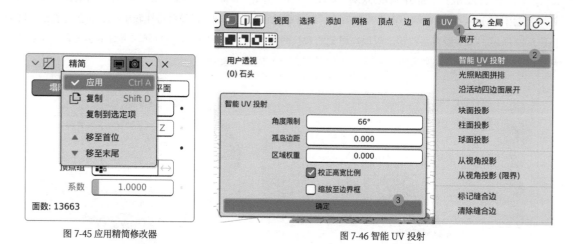

图 7-45 应用精简修改器　　　　　　　图 7-46 智能 UV 投射

2. 纹理绘制布局：切换到纹理绘制模式，如图 7-47 所示。左边是图像编辑器，显示纹理图像，并且可以在平面图像上绘制；右边的 3D 视图处于纹理绘制模式，可以在三维模型上绘制。因为还没有纹理贴图，所以模型呈现粉色的状态。

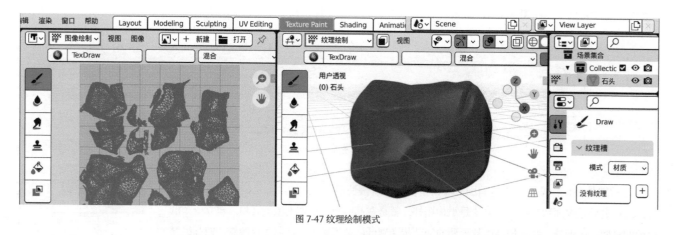

图 7-47 纹理绘制模式

单击纹理槽的加号按钮，添加一个"基础色"贴图，如图 7-48 所示。"宽度"和"高度"都是 2048px，也就是 2K 贴图。UV 一般都是正方形，所以纹理贴图的宽度和高度要一样。颜色可以选择任意颜色，新建后的纹理会被这个颜色填充满。单击"确定"按钮后 Blender 会自动为石头添加一个材质，自动新建的基础色贴图节点的"颜色"连接到"原理化 BSDF"节点的"基础色"，如图 7-49 所示，之后的纹理绘制工作实际上就是在这张贴图上画画。

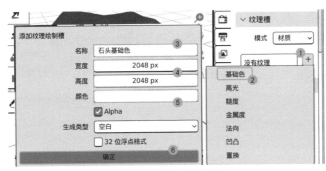

图 7-48 添加"基础色"贴图

图 7-49 "基础色"贴图连接

3. 尝试绘制：如果左边的图像编辑器中没有显示出新建的纹理，可以在顶部手动打开图像，然后设置好颜色，选择好笔刷，即可直接在平面的图像和三维模型上画画，如图 7-50 所示。在三维模型上画画等同于在平面的纹理上画画，纹理图像是根据 UV 包裹在模型上的，也可以导出到其他的软件中绘画。纹理图像只是普通的图像，任何图像都可以通过 UV 包裹在模型上。所以模型本身 UV 展开是否正确至关重要，只要 UV 没有问题，纹理绘制就非常容易。

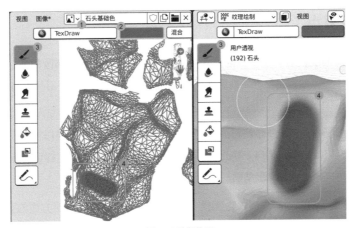

图 7-50 绘制纹理

4. 绘制纹理：首先使用填充工具给石头填充一个基础的颜色 BCAA9D，如图 7-51 所示，已经画上其他颜色的地方也可以使用填充工具填充。然后使用笔刷工具给边角涂上浅色 FFF0E6，凹槽处涂上深色，如图 7-52 所示。如果使用鼠标绘制，可以把笔刷强度降低，因为鼠标没有压力感应，所以无法根据力度画出轻重，绘制过程中需要反复调整笔刷半径，不同的地方需要有轻重缓急和粗细的变化，不要太均匀。

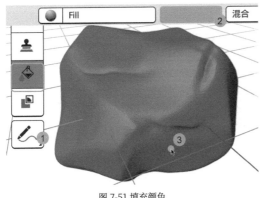

图 7-51 填充颜色

图 7-52 绘制凹槽和边角

261

5. 保存图像: 绘制完图像后要在图像编辑器中执行**图像 > 保存**命令,否则可能前功尽弃,如图 7-53 所示。以数据块的形式把图像保存在 Blender 文件中(执行"另存为"命令可以把图像保存为一个单独的图像文件),图像有更改但没有保存时,"图像"菜单旁边会有"*"出现,退出 Blender 时如果有图像没有保存,会有一个提示框出现,如图 7-54 所示,单击"保存"按钮即可。

图 7-53 保存绘制的图像

图 7-54 图像未保存提示框

7.3 几何节点

7.3.1 什么是几何节点

通过几何节点(Geometry Nodes)可用节点的形式和步骤化的方式去创建、修改模型。几何节点是 Blender 2.92 中加入的新功能,是最新的功能之一,所以仍然在不断更新优化中。图 7-55 所示就是使用几何节点制作的作品,其部分节点如图 7-56 所示。

一般建模的方式是通过不断操作,一步一步执行命令完成的。而几何节点则是把操作制作成节点,通过连接节点去创建模型。几何节点的好处是可以随时修改参数,相当于修改平常建模操作过程中的步骤,这样可以非常灵活地无损修改模型。得益于节点的灵活性,几何节点还可以轻松地制作出动画。

几何节点这种以节点创建模型的形式叫作程序化建模,并非 Blender 独有的,这方面的强者是 Houdini(一款特效制作软件)。Houdini 中几乎所有操作都是靠节点完成,这一点很特别。Blender 和 Cinema 4D 的新版本都开始尝试加入程序化建模的功能,但都还处于初级阶段,能做的内容还有限,本节只介绍一些基本的操作。

程序化建模也并非万能的,在制作复杂模型时,节点就会非常多,会花很多的时间,而如果是正常建模就会快得多。简单、经常需要修改的模型或者需要创建很多不同样子的模型,适合使用几何节点创建。例如需要 1000 个外观不一的石头,这时候就可使用几何节点。几何节点跟材质节点的操作和基本逻辑是一样的,因为把步骤都展示出来了,所以学习起来反而可能比一般的建模方法要简单,适合艺术创作者学习使用。

图 7-55 *Flower Scattering* By Blender Studio

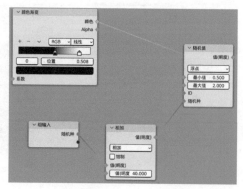

图 7-56 部分几何节点

7.3.2 初尝几何节点

1. 几何节点布局: 因为几何节点是新功能, 会不断更新, 所以必须使用跟笔者完全一样的版本（Blender 3.0）, 否则可能会遇到一些问题。Blender 中内置了一个几何节点的布局, 如图 7-57 所示, 没有的话可以在布局栏最后的加号按钮中找到。与几何节点功能一起新增的有"几何节点编辑器"和"电子表格"两个模块, 几何节点的操作都在几何节点编辑器中完成; 电子表格中会显示模型的点、线、面等信息, 只要是模型就会显示, 不一定需要是几何节点。

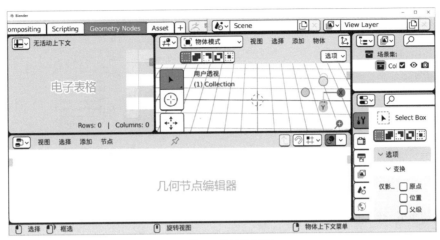

图 7-57 几何节点布局

2. 添加几何节点: 几何节点是以修改器的形式存在的, 所以需要先添加一个模型, "添加 > 网格"菜单中的任何模型都可以。笔者以立方体为例制作, 然后在修改器属性中添加一个几何节点修改器, 准备工作就完成了, 如图 7-58 所示。也可以直接单击几何节点模块中的新建按钮来添加几何节点。

几何节点编辑器中默认有"组输入"和"组输出"共两个节点, 相当于材质节点中组的输入和输出。"组输入"节点用来输入创作者设置的参数, 不是必须要有的。"组输出"节点用来输出最终的模型, 是必须存在的。几何节点就像材质一样, 对一个模型可以添加多个几何节点。几何节点也是数据块, 可以直接添加给其他任何模型。

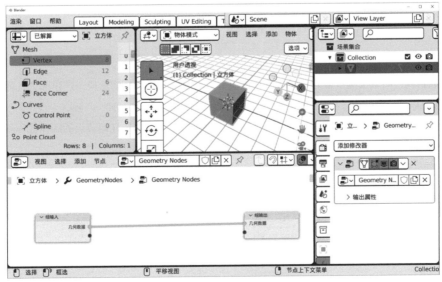

图 7-58 添加几何节点修改器

3. 创建几何基本体：对几何节点添加节点，同样也是使用"添加"菜单，或者按快捷键 Shift+A 添加。几何节点中很多都是常见的节点，例如网格基本体中就是基本的几何体，纹理组中的纹理跟材质节点中的纹理一样，但也有很多几何节点特有的节点。通过这些节点的各种组合就能制作出无限可能的模型。

首先从基础节点开始，先添加一个网格基本体中的"柱体"节点，把柱体的"顶点"改为 6，"深度"改为 5，柱体就变成了比较高的六棱柱；然后把柱体连接到组输出（"组输入"节点暂时不会用上），可以看到 3D 视图中的立方体居然变成了柱体，如图 7-59 所示。所以说物体本身的模型并不重要，最终以几何节点的输出为准。然后再添加一个棱角球，"半径"为 2m，连接到组输出，如图 7-60 所示，3D 视图中的模型又变成棱角球了。由此可见几何节点只能有一个输出，哪个节点连接到组输出，最终的模型就是什么样。

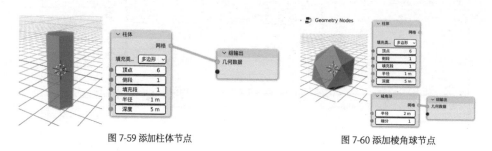

图 7-59 添加柱体节点　　　　　　　　　　　图 7-60 添加棱角球节点

4. 在几何节点中使用布尔：在几何节点中，布尔当然也是一个节点。首先添加一个"网格布尔"节点，将布尔类型改为"交集"，并且把柱体和棱角球连接到"网格布尔"节点的"网格"输入，如图 7-61 所示。使用交集时"网格布尔"节点的"网格"输入是一个长条的圆角矩形，这代表可以同时连接多个节点，"网格布尔"节点会计算所有输入的网格的交集。柱体和棱角球的交集呈现出水晶的形状，这时候可以随时修改"柱体"和"棱角球"节点的参数，输出的模型会立马做出反应，这就是几何节点的灵活之处。

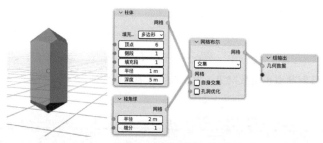

图 7-61 使用"网格布尔"节点

5. 给几何节点添加材质：如果按照平常的方式赋予水晶模型材质会发现没有任何反应，这是因为几何节点的材质也需要通过节点赋予。首先任意添加一个材质，将基础色修改为蓝色，然后在几何节点中添加一个材质 > 设置材质节点，选择新建的材质，如图 7-62 所示，切换到材质预览模式就可以看到几何节点的材质了。基本的几何节点的制作流程就介绍到这里，接下来通过一个更完整的案例来深入探究几何节点。

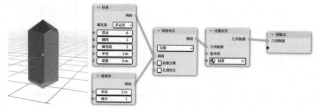

图 7-62 设置材质

7.3.3 桌子资产基础

本小节标题叫作"桌子资产基础",而不是"桌子建模基础",这是因为几何节点是适合制作资产的。资产跟普通模型的区别是,修改资产参数可以轻松生成很多类似但不相同的模型,例如桌椅这类物体,如图 7-63 所示。如果需要一百张桌子,那么靠建模制作一百张桌子显然不是聪明的做法。重复用同一个模型是可以,但是看起来会很假,因为现实中物体在生产时就会有差别,使用中又会有不同程度的磨损。这时候就适合使用程序化建模的方式制作一个桌子的资产出来,通过修改参数就可以产出很多类似但不同的模型。石头、桌椅、房子,甚至人都可以这样做。但一般这样产出的模型只是作为远景,若需作为近景使用还是需要精细建模。本小节案例就是使用 Blender 的几何节点制作出一个灵活的桌子资产。

图 7-63 大量的椅子

1. 桌腿制作:添加一个立方体,新建一个几何节点,名称为"桌子资产",如图 7-64 所示。桌子主要由 4 条桌腿和一个桌面组合而成,首先来制作桌腿。添加一个"立方体"节点作为一条桌腿,参数如图 7-65 所示。如果是一般建模,会用阵列修改器阵列出 4 条桌腿,目前几何节点中没有阵列节点,可以使用实例化的方式去制作。

实例化也就是把模型以分身的形式复制到指定的位置上,实际操作之后很容易就能理解这一概念。4 条腿正好可以对应一个平面,所以接下来添加一个网格基本体中的"栅格"节点(栅格就是能够设置细分的平面),打开视图叠加层中的线框可以看到,栅格的顶点为 3,所以平面被划分成了 4 个面,整个模型有 9 个点,如图 7-66 所示。接下来添加一个实例中的"点上的实例"节点,并且把"栅格"节点连接到"点","立方体"节点连接到"实例",如图 7-67 所示,模型就变成了 9 个立方体,这就是把立方体实例化到栅格的 9 个点上去了。如果把栅格的顶点 X、Y 都改为 2,就只有 4 个立方体了,也就是 4 条桌腿。栅格有多少个点就有多少个立方体,栅格只提供点,最终不会输出栅格的模型。至此基本的桌腿就做好了。

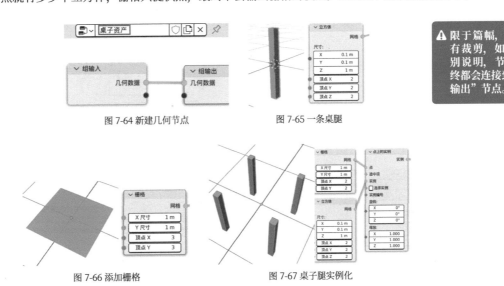

图 7-64 新建几何节点 　　图 7-65 一条桌腿

⚠ 限于篇幅,图片有裁剪,如无特别说明,节点最终都会连接到"组输出"节点。

图 7-66 添加栅格 　　图 7-67 桌子腿实例化

265

2. 桌面制作并合并: 桌面制作就简单多了,添加一个"立方体"节点,将尺寸 Z 改为 0.1,参数如图 7-68 所示。只能有一个节点连接到组输出,那么如何把桌面和桌腿都输出呢?这就需要用到几何数据中的"合并几何"节点,把桌腿和桌面的输出都连接到"合并几何"节点即可,如图 7-69 所示,该节点可以接受多个节点。最终输出整个模型后发现桌面的位置不太对,下一步来解决这个问题。

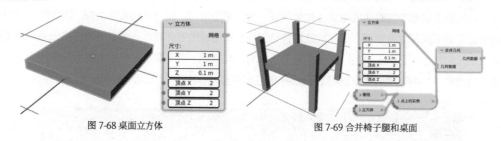

图 7-68 桌面立方体　　　　　　　　　　　　图 7-69 合并椅子腿和桌面

3. 调整位置: 虽然说几何节点输出的模型跟原本的模型没有什么关系,但是模型的位置和原点还是由原本的模型所决定。桌面和桌腿都是以原点为中心创建的,桌面正好在桌腿中间的位置,所以需要单独把桌面往上移动。在桌面的"立方体"节点后添加一个几何数据中的"变换"节点,因为桌腿"立方体"节点的 z 轴高度是 1m,所以往上移动 1m 的一半 0.5m 即可,如图 7-70 所示。但由于桌面本身还有厚度,所以还需要再往上移动 0.1m 的一半也就是 0.05m,然后把桌面的 X 和 Y 都改为1.2,这样桌面就能覆盖桌腿了,如图 7-71 所示。

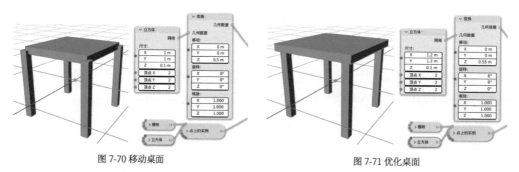

图 7-70 移动桌面　　　　　　　　　　　　图 7-71 优化桌面

4. 添加标签: 避免节点多了难以分辨,接下来给节点添加标签。按 N 键打开侧边栏,选中节点即可添加标签,如图 7-72 所示。名称是唯一的,而标签是可以重复的,只是用来标记节点,按照自己的习惯给节点添加标签即可。建议在标签最后加上节点的类型,这样更好分辨,笔者最终的节点连接如图 7-73 所示。基本的桌子资产就完成了,通过修改节点的参数就可以得到不同外观的桌子。但是如果增加桌腿的高度,桌腿就会直接穿过桌面,下一小节将解决此类问题。

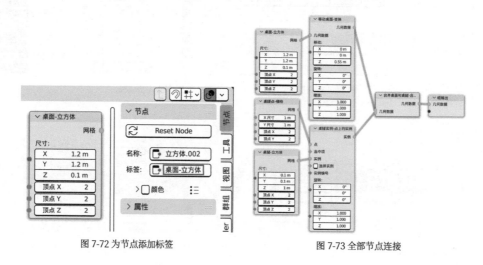

图 7-72 为节点添加标签　　　　　　　　　图 7-73 全部节点连接

7.3.4 桌子资产进阶

1. 高度参数：如果把桌腿的高度改为 2m，桌腿会直接穿过桌面，这就表明这个资产还不够灵活。标准的资产应该是调节桌腿，桌面的位置也会自动调整，始终保持在桌腿上方。这时候就需要做一些数学运算了，桌面向上移动的距离 = 桌腿高度 /2+ 桌面厚度 /2，有了这个公式就可以开始制作了。

首先添加一个实用工具中的运算节点，跟材质节点中的运算节点是完全一样的，运算模式改为"相除"，参数如图 7-74 所示，1/2 也就是 0.5；再直接复制出一个运算节点，参数如图 7-75 所示，0.1/2 也就是 0.05；再添加一个运算节点，把之前两个节点的数值相加，如图 7-76 所示。

图 7-74 桌腿高度除以 2　　图 7-75 桌面高度除以 2　　　　图 7-76 将节点相加

目前相加后的值是 0.55，是一个浮点数，而变换节点的紫色的"移动"输入是需要矢量参数的，也就是需要一组（0, 0, 0.55）这样的矢量数值，如果直接把相加节点连入就会变成（0.55, 0.55, 0.55），如图 7-77 所示。所以还需要一个节点，矢量参数的节点当然在矢量节点分组中，添加一个"合并 XYZ"节点，把相加的节点连入 Z，X 和 Y 都保持 0，即可得到（0, 0, 0.55）的矢量数值，再连接到变换节点的"移动"，并且把桌腿的高度改回 1m，结果如图 7-78 所示。

图 7-77 桌面变换后　　　　　　　　　　　图 7-78 桌面移动到正确的位置

此时桌腿的高度和相除节点中的值都是 1，所以才能正确摆放桌面。但如果修改桌腿高度，同时也要修改"桌腿 - 相除"节点中的值，有没有办法用一个数值控制这两个参数呢？组输入就派上用场了，直接把"组输入"节点空白的输出节点连接到节点的输入参数中，即可自动生成相应的组输入，如图 7-79 所示。连接之后，几何节点修改器就会添加一个参数，用来控制这个数值，如图 7-80 所示。这就跟平常调整修改器的参数是一样的，只是几何节点的参数是可以手动添加的。打开几何节点的侧边栏，打开"群组"，即可看到所有输入的参数，如图 7-81 所示。第一个参数是几何，也就是原本的模型；第二个开始就是自己添加的参数，对每一个参数都可以修改名称、类型、最大 / 最小值和默认值。首先把"名称"改为"桌腿高度"，"最小值"改为 0.1，"最大值"改为 10，如图 7-82 所示，这样桌腿的高度被限制在了 0.1m ～ 10m，默认是 1m。

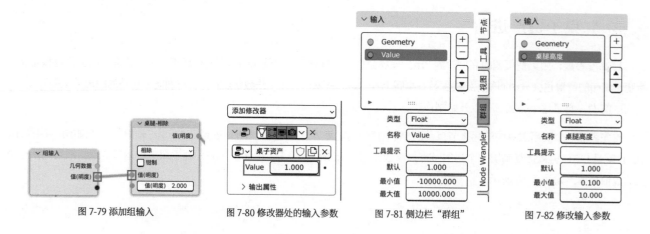

图 7-79 添加组输入　　　　图 7-80 修改器处的输入参数　　　图 7-81 侧边栏"群组"　　　　图 7-82 修改输入参数

同一个参数可以输出给多个节点，桌腿高度还需要输出给"桌腿 - 立方体"节点，尺寸是矢量参数，所以还是需要一个"合并 XYZ"节点，也是连接到 Z 值；X 和 Y 都为 0.1，否则桌腿就没有粗细了，如图 7-83 所示。此时再去调整桌腿的高度参数，桌面便会随着桌腿高度的变化移动，如图 7-84 所示。

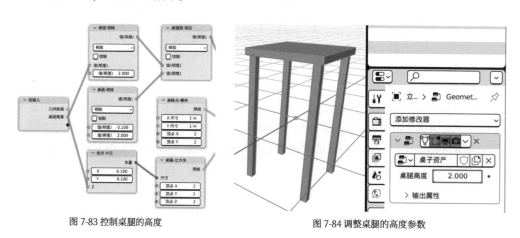

图 7-83 控制桌腿的高度　　　　　　　　　　　　图 7-84 调整桌腿的高度参数

目前的节点连接如图 7-85 所示。添加输入的参数是制作资产所必需的，除桌腿高度之外，桌面厚度、桌腿粗细、桌子长宽都需要有参数控制。接下来添加这些参数。

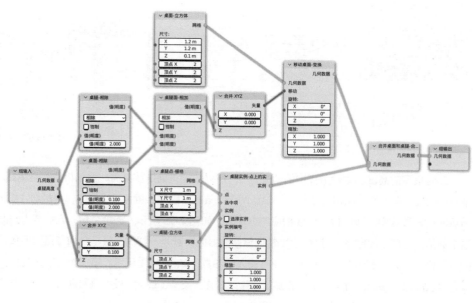

图 7-85 全部节点连接

2. 桌面尺寸参数：添加一个参数并命名为"桌面厚度"，桌面厚度需要连接到"桌面 - 立方体"节点的"尺寸"和"桌面 - 相除"节点，尺寸连接前同样也需要"合并 XYZ"节点，如图 7-86 所示。"合并 XYZ"节点中的 X 和 Y 决定桌面的长宽，X 和 Y 暂时输入 1.2。添加输入参数后默认的数值为 0，**需要在几何节点修改器中手动输入参数，否则桌面是没有厚度的**，如图 7-87 所示。

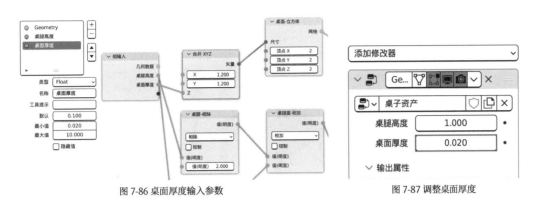

图 7-86 桌面厚度输入参数　　　　　　　　　　　图 7-87 调整桌面厚度

桌面的长宽决定了整个桌子的长宽，目前是"合并 XYZ"节点的 X 和 Y 控制桌面的长宽，直接把"组输入"节点连接到 X 和 Y，即可增加两个输入的参数，分别命名，如图 7-88 所示。将范围限制到 0.5 ~ 10，以避免桌子太大或太小。如果调整桌面的长宽，桌腿并不会变，因为桌腿由一个栅格节点控制，所以要把桌面的 X 和 Y 连接到栅格节点，如图 7-89 所示。

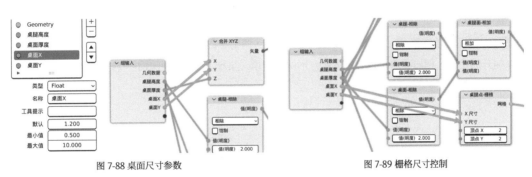

图 7-88 桌面尺寸参数　　　　　　　　　　　图 7-89 栅格尺寸控制

由于桌腿是以栅格的点为中心的，所以桌腿超出了桌面的大小，栅格需要比桌面更小才行。首先笔者复制了一个"组输入"节点，分开连接线，这样看起来清晰点，如图 7-90 所示，**无须跟着操作**；然后添加两个运算节点，使用"相减"模式，分别连入"桌面 X"和"桌面 Y"，相减的值为 0.2，这样无论怎么调节，桌面和桌腿之间都有 0.2 的边距，如图 7-91 所示。边距同样可以使用参数控制，试着自己添加边距的参数，范围控制在 0.05 ~ 1，默认值为 0.2。

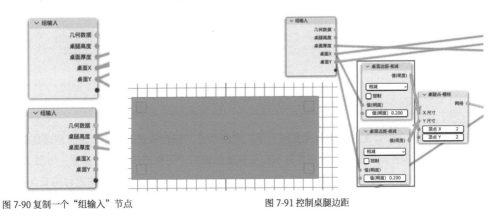

图 7-90 复制一个"组输入"节点　　　　　　　　　图 7-91 控制桌腿边距

3. 桌腿粗细参数: 桌腿的尺寸也可以添加输入参数, 如图 7-92 所示。如果增加桌腿尺寸, 可能会超出桌面的大小, 所以为了限制桌腿大小, 需要让桌面的长宽减去边距, 再减去桌腿的粗细才能是 "桌腿点 - 栅格"的大小。只需要添加 "相减"的运算节点即可做到, 如图 7-93 所示, 减去边距后再减去桌腿粗细, 这样无论桌腿多粗都始终限制在桌面内了。

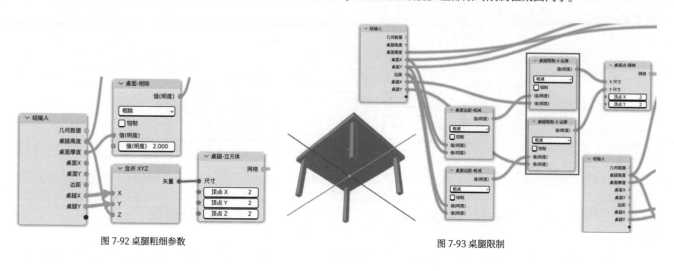

图 7-92 桌腿粗细参数　　　　　　　　　　　　　图 7-93 桌腿限制

7.3.5 更多尝试

⚠ 在偏好设置 > 主题中找到 "节点编辑器", 把 "连线曲度" 数值改大, 即可让节点之间的连线变成曲线。

目前的桌子资产已经比较完整了, 节点连接如图 7-94 所示, 调整参数桌子会立马做出反应, 长、宽、高都会自动处理。但还有很多可以提升的空间, 例如桌腿可以有圆形和方形两种选项, 桌腿上下粗细可以不一样等, 本小节主要尝试切换选项的制作。

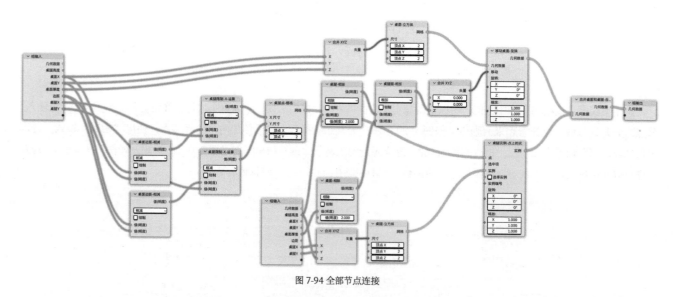

图 7-94 全部节点连接

1. 整理节点: 目前节点太多、太混乱, 可以先整理一下。选中节点, 按快捷键 Shift+P 即可框选选中的节点 (使用快捷键需要启用 Node Wrangler 插件), 把做同一件事的节点都框选起来后, 可以修改颜色和标签, 如图 7-95 所示。框选节点不是必须的, 按照个人习惯来即可。如果不想看到这么多节点还可以使用分组功能, 操作方法跟材质节点中的一样, 这样看起来会更简洁。

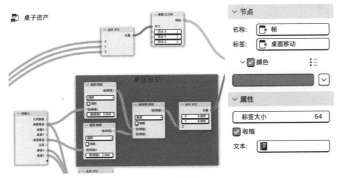

图 7-95 框选节点

2. 切换柱体桌腿：桌腿只是方形有些单调，圆形的桌腿会更好看。可以添加一个网格基本体的"柱体"节点作为桌腿替代立方体，连入实例，桌腿高度的输入参数连入"柱体"节点的"深度"，如图 7-96 所示。几何节点中不只有数值类的参数，还有布尔参数，也就是可以有"真""假"两个选项，这样就可以通过参数切换形状。添加一个实用工具中的"切换"节点，如图 7-97 所示，输入一个切换参数，柱体连接"真"，立方体连接"假"。布尔值中 1= 真、0= 假，也就是说切换 =1 的时候，输出柱体到实例端口；切换 =0 的时候，输出立方体到实例端口。目前几何节点还不完善，用 0 和 1 表示布尔值，之后可能会更新为一个检查框，通过勾选和不勾选来切换。

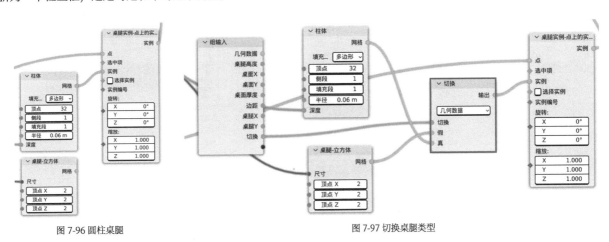

图 7-96 圆柱桌腿　　　　　　　　　　　　　　　　　　图 7-97 切换桌腿类型

3. 倒角和平滑着色：目前几何节点还没有倒角功能，需要倒角只能在几何节点修改器之后添加倒角修改器，如图 7-98 所示，倒角的"段数"可以给多一点。常规的"平滑着色"也是无效的，因为模型是由几何节点输出的，所以"平滑着色"也需要在节点中完成。在组输出之前添加一个网格中的"设置着色平滑"节点，并勾选"平滑着色"，如图 7-99 所示。但奇怪的是桌腿虽然平滑了，但是没有倒角，因为桌腿是实例，需要转换成实际的模型才会受到修改器的影响。添加一个实例中的"实现实例"节点即可，如图 7-100 所示。

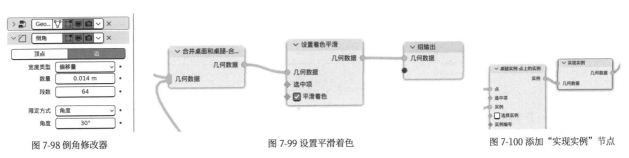

图 7-98 倒角修改器　　　　　　　　　图 7-99 设置平滑着色　　　　　　　　　图 7-100 添加"实现实例"节点

4. 圆形桌面切换："柱体桌腿"节点的"半径"可以直接使用"桌腿 X"输入，避免增加更多的参数，如图 7-101 所示。使用同样的方式可以添加切换圆形桌面的选项，如图 7-102 所示。因为是半径，所以"桌面 X"乘以 0.8 之后的大小会更合适，桌腿也是一样。

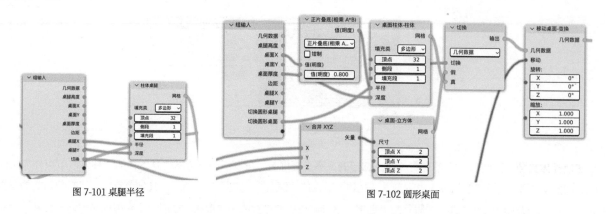

图 7-101 桌腿半径　　　　　　　　　　　　　图 7-102 圆形桌面

5. 桌子移动到基面：最终还需要把整体模型往上移动桌腿高度的一半，这样才能把桌面移动到基面，也就像是在地平面上。至此本节案例就完成了，最终节点连接如图 7-103 所示。

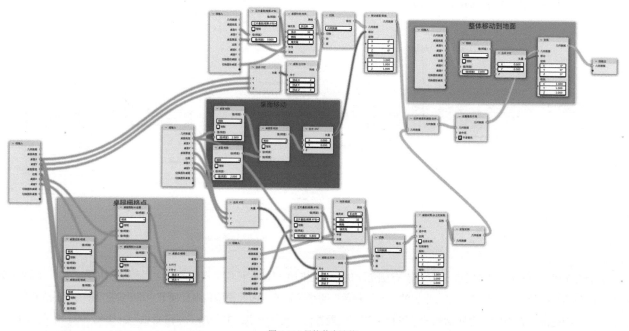

图 7-103 最终节点连接

制作好桌子资产后直接调节几何节点修改器中的参数，即可制作出各式各样的桌子。使用 Blender 最新的资产管理器还可以把桌子资产添加进资产库，以方便在其他文件中使用。

本章总结

Blender 是一个年轻、有活力的软件，新功能层出不穷。但万变不离其宗，打好基础才是最重要的，不能出任何新功能都去学，新功能往往不稳定、不完善。可打好基础，钻研成熟的技术，等待新技术相对完善后再去学习。

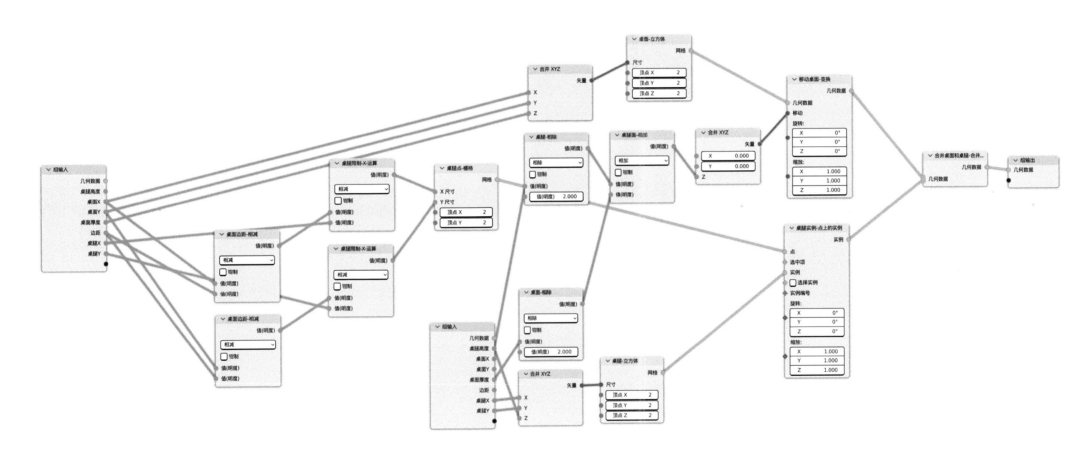

图 7-103 全部节点连接放大展示图

Blender 3D 保姆级基础入门教程

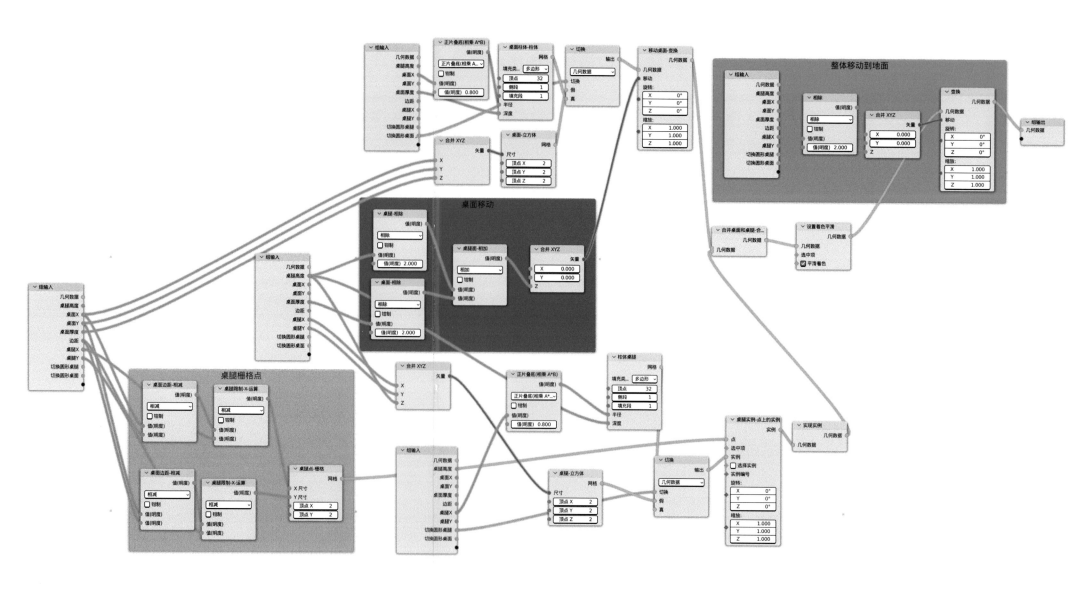

附录

软件界面常见词汇

英文	中文	英文	中文
Active/Disable(d)	激活、活动项 / 禁用状态	Add/Remove	添加 / 移除
Audio	音频	Browser	浏览（文件或浏览器）
Copy/Paste	复制 / 粘贴	Custom	自定义
Display	显示	Edit	编辑
Import/Export	导入 / 导出	File	文件
Folder	文件夹	Help	帮助
Install	安装	Item	项目
Layout	布局	Lock/Unlock	锁定 / 解锁
Main	主要的	Menu	菜单
Merge	合并	Mode	模式
New	新建	Option	选项
Orient	朝向	Perspective	透视
Pin	固定	Properties	属性
Quit	退出	Render	渲染
Save	保存	Scene	场景
Select	选择	SideBar	侧边栏
Surface	界面、表面	Switch	切换
Tool/Tool Bar	工具 / 工具栏	Unit	单位
Update	更新	User	用户
Viewport	视图	Window	窗口
Workspace	工作区	Zoom	缩放

部分常见专业术语（以下专业术语主要适用于 Blender）

英文	中文	英文	中文
Align	对齐	Alpha	透明度通道
Ambient Occlusion	环境光遮蔽	Anisotropy	各向异性，多用于金属材质中
Armature	骨架（Blender 中）	Bevel	倒角
Bloom	辉光效果	Boolean	布尔
CPU	中央处理器（主要用于模拟和渲染）	Caustics	焦散效果（主要见于玻璃和液体中）
Clamp	钳制（限制参数在某个范围内）	Collection	集合，用于对物体进行分组
Collision	碰撞	Depth of Field	景深（背景模糊，主体清晰的效果）
Diffuse	漫反射	Displacement	置换
Duplicate	直接复制，不用复制粘贴	Edge	边线
Emission	发光	Extrude	挤出
Face	面	Fluid	流体
GPU	图形处理器，主要用于渲染	Glossy	有光泽的
IOR	折射率	Indirect	间接（光）
Inset	内插（面）	Instance	实例
Keyframe	关键帧	Linear	线性
Loop	循环	Mask	遮罩、蒙版
Material	材质	Mesh	网格组成的形状
Metallic	金属度（材质参数，一般都为 1）	Mirror	镜像
Modifier	修改器	Motion Blur	动态模糊
N-gon	多边面（超过 4 条边）	Node	节点

英文	中文	英文	中文
Noise	噪点（应用范围广泛）	Normal	法线方向
Object	物体（包含模型、修改器等信息）	Offset	偏移量
Origin	原点	Parent	父级
Particles	粒子	Path	路径
Perspective	透视（近大远小）	Pin	固定
Pivot	轴心点	Point	三维空间中有（X, Y, Z, W）坐标的点
Quad	四边面	Render	渲染
RGB	红、绿、蓝三原色	Resolution	分辨率
Rigid Body	刚体	Roughness	糙度
Sample	采样	Scene	场景
Script	脚本（由编程代码组成）	Shade	着色
Sharp	锐利（边线）	Simulation	模拟计算（烟雾、火焰、流体等）
Slot	槽	Smooth	平滑、光滑
Snap	吸附	Specular	镜面反射
Stroke	描边	Subdivide	细分
Subsurface Scattering	次表面散射（常用于蜡烛、皮肤材质）	Texture	纹理
Threshold	阈值	Transmission	透射系数
Transparent	透明的	Triangle	三角形
Vector	矢量	Vertex/Vertices	顶点
Volume	体积（常见于雾、云之类的物体）	Weight	权重

附录 2 常用第三方插件

市面上插件很多，附录中只推荐笔者经常使用的一些插件，无利益相关。

建模类

名称	基本介绍
BoxCutter	可以在模型上快速切割形状，适用于快速制作基本形
Hard Ops	整合 Blender 操作，快速制作各种效果
Building Tools	快速制作简易的房屋模型
MiraTools	一系列建模相关的功能，非常强大和实用
Meshmachine	强大的模型处理插件，可以重新调整倒角大小等
Retopoflow	可以快速重新拓扑
Edge Flow	可以快速均匀分布边，非常实用的小插件

UV 类

名称	基本介绍
UV Squares	一键把 UV 网格变成方形
Textools	众多 UV 相关功能，最好用的是烘焙贴图
Uvpackmaster	使用 GPU 加速快速整理 UV
UV Toolkit	包含 UV 变换、对齐、布局等众多功能
UV-Packer	超强的开源 UV 整理软件

其他

名称	基本介绍
Node Preview	节点预览
Auto-Rig Pro	快速绑定角色骨骼
Rbdlab	让破碎更加丰富
MB-LAB	一键创建人物角色模型